景观设计手绘技法强训

28天速成课
+
1个项目实践

王俊翔 主编 代光钢 编著

人 民 邮 电 出 版 社
北 京

图书在版编目（CIP）数据

景观设计手绘技法强训 ：28天速成课+1个项目实践 / 王俊翔主编 ； 代光钢编著. -- 北京 ： 人民邮电出版社, 2017.6
ISBN 978-7-115-44336-6

Ⅰ. ①景… Ⅱ. ①王… ②代… Ⅲ. ①景观设计－绘画技法 Ⅳ. ①TU986.2

中国版本图书馆CIP数据核字(2017)第076153号

内 容 提 要

在当代建筑景观工程设计中，很多工作都由计算机来完成，虽然提高了工作效率，但却忽略了手绘在工作中发挥的作用，本书的编写目的就是强调手绘的重要性，让徒手表达成为方案设计中的一把利器。

本书从景观手绘基础知识开始讲解，包括工具的运用和线条训练方法等，然后是对景观设计的透视和构图知识的讲解，为空间透视表达打下基础。接着讲解了园林设计要素与景观场景线稿的基本画法，包括空间元素组合、光影和虚实关系处理等。马克笔是目前在设计手绘表达中最常用的工具，所以，在第 5 章~第 6 章中着重讲解了马克笔的用法，如马克笔基础表现技法和马克笔色彩表现，案例步骤演示与技法细节分析相结合，使初学者对马克笔的运用有个全新的认识。在此基础上，详细讲解了平立面图的基本画法以及上色过程；同时，结合实际案例讲解了手绘在整个设计过程中的运用，使初学者更加有信心去学习手绘并懂得如何运用。

本书附赠景观手绘视频教程，共 27 集，时长 726 分钟，读者可结合视频进行学习，提高学习效率。

本书适合景观设计专业的学生阅读使用，同时也可以作为高校和培训机构的参考用书。

◆ 主　　编　王俊翔
编　　著　代光钢
责任编辑　张丹阳
责任印制　陈　犇

◆ 人民邮电出版社出版发行　　北京市丰台区成寿寺路 11 号
邮编　100164　　电子邮件　315@ptpress.com.cn
网址　http://www.ptpress.com.cn
北京市雅迪彩色印刷有限公司印刷

◆ 开本：787×1092　1/16
印张：14.5
字数：444 千字　　　2017 年 6 月第 1 版
印数：1－3 000 册　　　2017 年 6 月北京第 1 次印刷

定价：78.00 元

读者服务热线：(010)81055410　印装质量热线：(010)81055316
反盗版热线：(010)81055315
广告经营许可证：京东工商广字第 8052 号

前言
PREFACE

中国园林设计在殷商时期就已存在并不断发展，经过发展、转折、高潮等曲折而漫长的过程，成为世界园林体系的重要组成部分。而这些成果主要是由画家、诗人以及工匠等共同完成的，他们并非专业园林设计施工人员。到今天，中国园林随着时代发展而变化，在高校设立园林设计、环境艺术设计和景观设计等专业，有了专门从事景观设计的大学生。那么对于我们从事园林空间设计的初学者来说，需要什么样的基础来做好园林空间设计呢?

本人从事园林设计工作近15年，从事园林设计教学工作10年有余。在此过程中遇到过各种对园林设计的解读。有人说“园林设计就是种花、种草、修路”，没有那么复杂。也有开发商说“园林设计是所有建筑工程设计专业中综合性要求最高的，是比较难做的空间设计”。

根据本人多年的设计经验，好的园林设计师，一定是综合素质较高且知识比较全面的人。从中国历史上看，园林设计主要从业者是画家、诗人、文学家、雕刻家和书法家等，就可见一斑。

今天的园林空间主要以公共空间为主，信息来源、需求以及需要考虑的因素更加复杂，对园林设计师的综合素质要求更高。风水、心理学、文学、绘画、制图规范、植物造景、生态技术、材料工艺和建筑规划等知识都需要了解和掌握。

这本书定位为景观设计基础教程，主要针对在校园林景观设计专业的学生以及景观设计初学者。本书主要从徒手构思这个角度来提高初学者对设计的认识，提高动手能力。因为徒手构思表达是现在年轻设计师普遍缺失的部分，它是检验空间设计的有效途径，也是与甲方交流成本最低、最直接的方式。本书主要内容包括线条表达、空间透视、平立面图画法、实际案例分析及快速设计方法等，使读者能从元素表达到设计成果表达，再到实际设计案例分析，全面对设计有所了解。另外，本书还附赠景观手绘的视频教程，读者扫描“资源下载”二维码即可获得下载方法。

资源下载

本书的出版得到了很多老师和学生的支持，在此，对代光钢先生的鼎力支持表示感谢，对出版社编辑的努力付出表示感谢，最后感谢夫人兰莎女士在文字编辑上给予的支持。由于时间和水平有限，内容难免有遗漏，望批评指正!

编者：王俊翔
2017年4月

目录
CONTENTS

04 景观场景线稿表现技法 097

05 景观手绘马克笔表现技法 133

06 景观空间综合表现技法 159

07 景观设计手绘平立面表现技法 191

08 生成透视空间 201

09 景观设计思维与方案表达 209

10 景观方案设计快速表达 223

01 景观手绘基础知识

SUN	MON	TUE	WED	THU	FRI	SAT
1	2	3	4	5	6	7
8	9	10	11	12	13	14
15	16	17	18	19	20	21
22	23	24	25	26	27	28

第1天 感受景观手绘的世界

一 手绘表现类型

1.黑白表现

黑白表现一般是通过黑、白、灰3个层次来表现画面，在景观手绘中我们称之为线稿。线稿根据不同的用途又分为以下几类，即设计类草图线稿、写生类草图线稿、写生速写和效果图线稿。这些类型都是根据不同的用途而形成的。

设计类草图线稿

设计类草图线稿是设计过程中形成的一种线稿类型，它可以称为灵感草图，也可以称为概括性草图，是设计师构思与记录灵感的一种快速表现形式。这种类型的草图往往比较简单概括，它不在乎线条是否漂亮、效果是否写实，重要的是如何将一些场景元素运用简单的线条，快速地表达出来，让设计师随时随地记录自己的灵感。如下面的这些图都是通过一些概括性的线条来表现设计意图，并不注重太多的细节，只需要表现出设计意图即可。

写生类草图线稿

在选择这一类实景的时候要注意，应该选择一些具有创意设计的实景，选择能对后续设计方案有利的实景作为绘图参考。

写生类草图线稿主要是通过快速表现具有特色的设计实景图来达到学习的目的。通过别人设计出来的实景，融入自己的一些思想可以为我们的设计积累素材、激发灵感。这类线稿在练习的时候要快速地勾画，多思考，并试图去了解这些作品的设计意图，这样会更加有利于对方案的了解与学习，便于提高自身的设计能力。这就是写生类草图线稿的训练目的。如下面的这些图，我们可以在做方案设计的时候，融入自己的思想把它变成自己的设计作品。

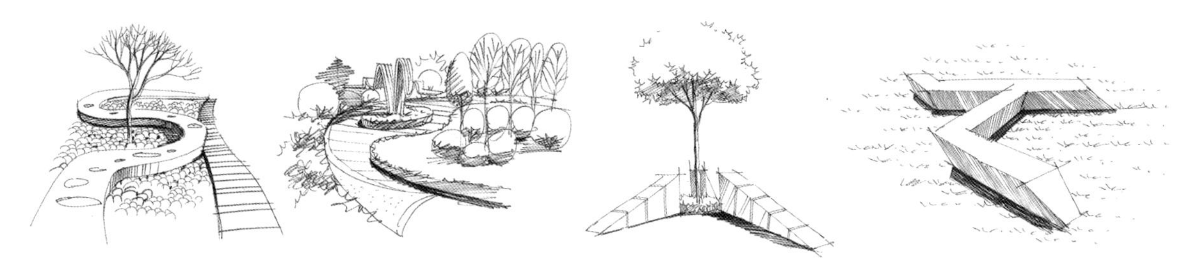

写生速写（钢笔画）

写生速写是一种以成品建筑景观实物为依据的绘画艺术，主要是通过这种形式积累设计素材，熟练掌控画面，便于我们画设计效果图时很好地把控画面的空间、体量与透视关系。写生速写是设计师对真实建筑与景观的情感流露。外出写生时，针对实体建筑与景观的信息，通过设计师的提炼与概括，写生速写便诞生了，写生速写具有鲜明的艺术性与主观性，它是对实物进行提炼概括的一种艺术形式。

效果图线稿

在景观手绘当中，效果图线稿相对来说要比草图细致，对透视要求更高一些。效果图线稿也可以分为两大类，一类是通过排线或者排点的方式表现出景观场景的明暗关系，这样的图也称为钢笔画；另一类是为马克笔或者水彩上色做准备的，称为效果图正稿，往往以线条表现轮廓与细节，没有过多的明暗调子，最终的明暗关系是通过马克笔或是水彩逐步完善。

明暗层次丰富的效果图线稿1

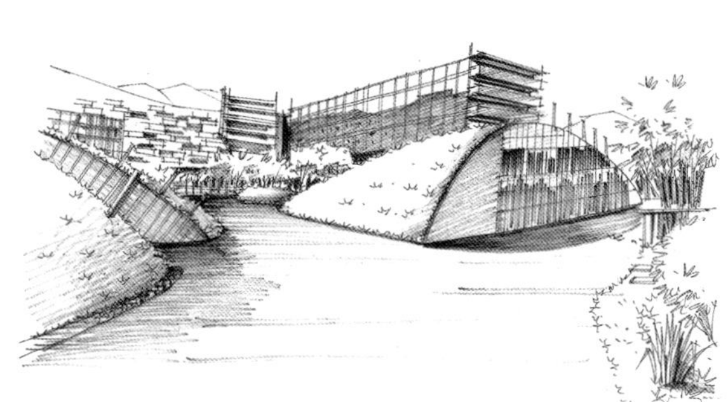

明暗层次丰富的效果图线稿2

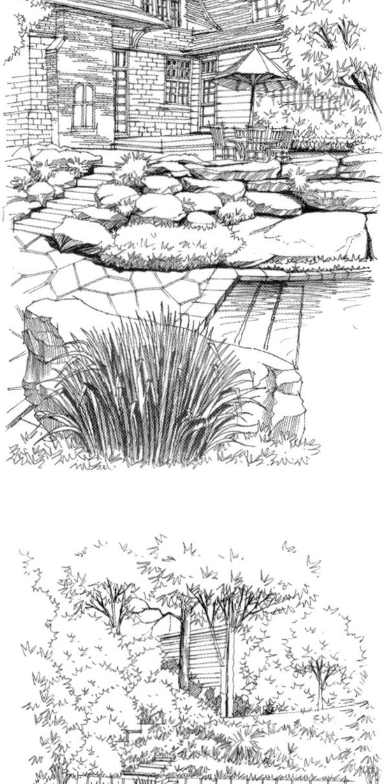

效果图正稿

2.色彩表现

马克笔设计草图表现

马克笔设计草图表现主要是通过马克笔的晕染技法达到更好的效果，它的训练目的还是以设计为主。在用马克笔表现设计类草图时，要特别注重设计意图的表现，要快速、高度地概括画面，而不需要注重细节的表现，这也是设计师记录灵感的一种方式。

马克笔写生草图表现

马克笔写生草图表现主要是快速表现场景的大体色调，对形体的要求相对设计草图要高一些。它是为了训练造型能力与学习优秀的景观设计案例而展开的绘画练习，它的目的不仅是训练造型能力，更多的是学习别人的设计，开阔视野，积累设计素材。

马克笔效果图表现

马克笔效果图表现相对于其他的草图、快速表现要细致得多，因为它不仅强调画面的构图、材质、色调、光影以及植物的搭配，更注重视觉效果，所以效果图往往是几类图当中视觉效果最为精美的。它呈现的是最终的设计效果或是写生的完美诠释。

彩铅表现

彩铅效果图表现相对于马克笔颜色要灰一些，彩铅线条之间的明暗对比相对要弱一些。在表现暗部的时候要注意叠加的次数不宜过多，避免出现脏、腻的效果。想达到一种理想的视觉效果，要注意用笔的轻重与虚实。

二 手绘快速表现的特点

1.设计性

手绘效果图的主要价值在于可以把大脑中的设计构思表达出来，手绘表达的过程是设计思维由大脑向手延伸，并最终被艺术化表现出来的过程。在设计的初始阶段，这种“延伸”是最直接和最富有成效的，一些好的设计想法往往通过这种方式被展现和记录下来，成为完整设计方案的原始素材。设计性是手绘效果图最重要的特点，现在有许多设计师在努力提高手绘的艺术表现技巧，让画面看上去更加美观，这其实偏离了手绘效果图的本质。片面追求表面修饰，无异于舍本逐末，对设计水平的提高没有太大帮助。手绘效果图是与设计挂钩的，通过手绘的方式将各种构思的造型绘制出来，并进行分解和重组，创造出新的造型样式，这种设计的推敲过程才是设计创作的本源，也是手绘效果图应该表达的核心内容。

2.科学性

手绘效果图是工程图和艺术表现图的结合体，它要求表达出工程图的严谨性和艺术表现图的美感。其中，前者是基础内容，后者是形式手段，两者相辅相成，互为补充。作为工程图的前身，手绘效果图具有严谨的科学性和一定的图解功能。如空间结构的合理表达、透视比例的准确把握以及材料质感的真实表现等。只有重视手绘效果图的科学性，才能为下一步的深化设计和施工图绘制打下坚实的基础。

3.艺术性

手绘效果图是设计师艺术素养与表现能力的综合体现，它以其自身的艺术魅力和强烈的感染力向人们传达着创作思想、设计理念和审美情感。手绘效果图的艺术化处理，在客观上对设计是一个强有力的补充。设计是理性的，设计表达则往往是感性的，而且最终必须通过有表现力的形式来实现，这些形式包括形状、线条和色彩等。手绘效果图的艺术性决定了设计师必须追求形式美感的表现技巧，将自己的设计作品艺术地包装起来，更好地展现给公众，所以“伟大的艺术从来就是最富于装饰价值的”。

三 手绘工具介绍

1.绘图用笔

不同类型的用笔有不同的笔触以及运笔方式，能够表现出多种多样的效果。如钢笔、美工笔、针管笔、草图勾线笔、彩铅以及马克笔等。大家可以根据自己的爱好，选择自己擅长的表现工具以及纸张，这样在绘图时才能够得心应手、事半功倍。初学者在绘画时多以临摹为主，因此，在选择表现工具以及纸张时，建议选用签字笔、钢笔以及复印纸，这几种材料价格比较实惠，在节约成本的同时，又能较好地表现出画面效果。

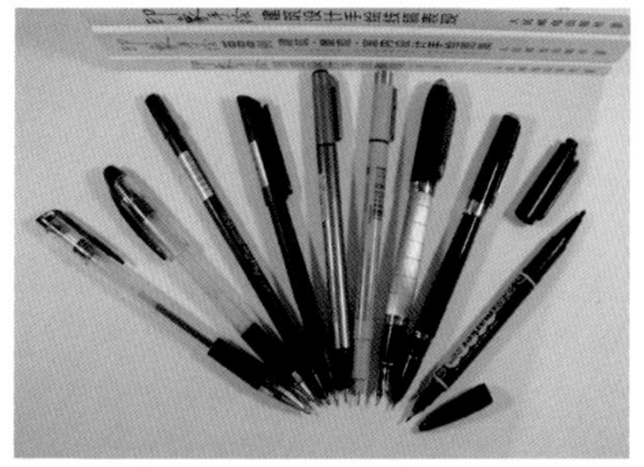

线稿绘图用笔

综合用笔

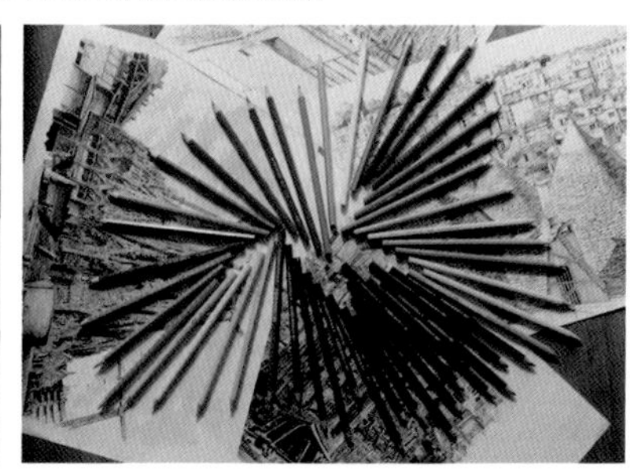

彩色铅笔

马克笔

用笔手绘图

2.绘图用纸

初学者可以选择以下几类用纸，如速写本、牛皮纸、拷贝纸、硫酸纸和普通打印纸等都可以作为绘图用纸。比较适合初学者的是普通打印纸，初学者对于纸张尺寸的选择不宜过大，以A3或A4为宜。外出写生常常采用速写本作为绘图用纸，这样便于携带。而对于拷贝纸与硫酸纸（具有通透性），常常用来作为方案设计前期的草图推敲用纸，主要是便于方案的修改与完善。而牛皮纸等其他特殊用纸，用于表现一些特殊的场景与渲染不同的效果。

速写本

牛皮纸

拷贝纸

硫酸纸

普通打印纸

3.辅助工具

辅助工具主要是帮助我们在绘图时更好地完成画面效果。一般对于较长的直线采用徒手的方式很难一笔画到位，所以常常会采用不同的尺规进行复制，常用的有三角板、直尺和水平尺等。

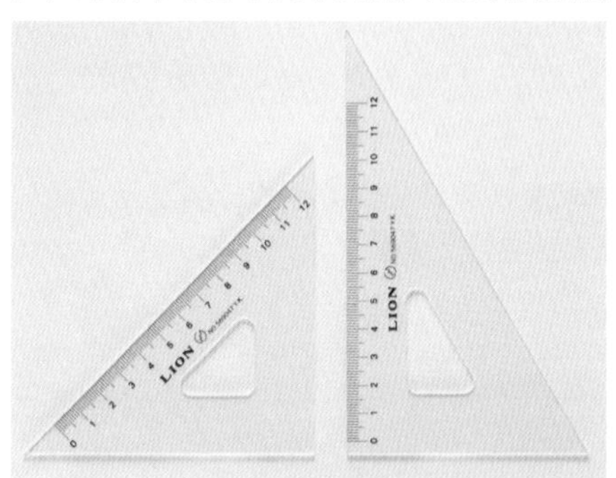

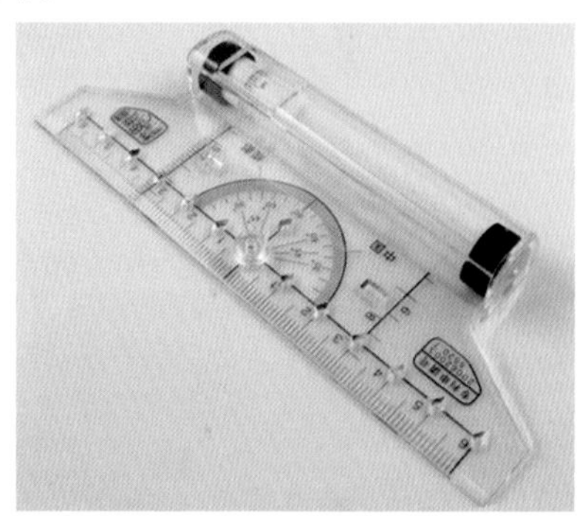

柔化工具主要用于铅笔和彩铅绘画，它能够使画面黑白灰过渡得更加自然。一般常用的柔化工具有纸笔（又称擦笔）、卫生纸和棉签等。纸笔一般是用宣纸卷的，外形与铅笔差不多，有粗细之分。它主要用来处理调子和做一些特殊效果，也可以像用铅笔那样，用笔尖去擦画面一些细小的部位，起到过渡画面的效果。卫生纸和棉签的使用方法与纸笔一样，都是用于擦拭柔和画面。

橡皮是一种用橡胶制成的文具，能擦掉铅笔石墨或钢笔墨水的痕迹。橡皮的种类繁多，形状和色彩各异，有普通的橡皮，也有绘画用的2B、4B和6B等型号的美术专用橡皮，以及可塑橡皮等。

在景观手绘中常用到的便是美术专用橡皮以及可塑橡皮。可塑橡皮与其他普通橡皮相比，具有3个特点：一是具有可塑性，十分柔软并具有良好的黏附力，使作品修改部分过渡均匀，同时不会使画面表面混浊；二是不掉色，不粘手；三是无毒环保。

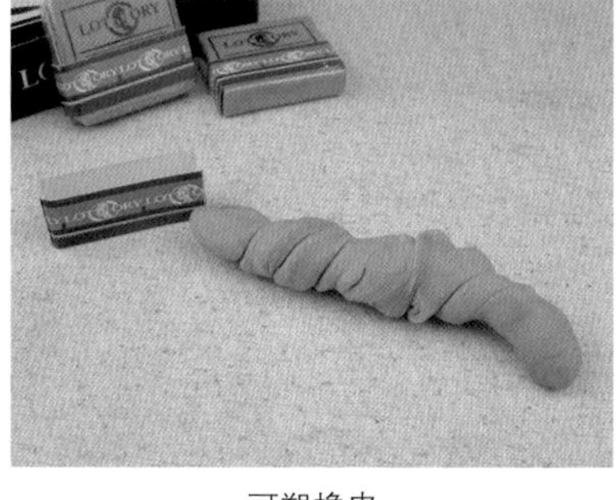

可塑橡皮

美术专用橡皮

第2天 线条的绘制技巧与训练

一 线条的风格

1.刚硬挺拔的直线

硬直线的绘制技巧

画直线时要流畅、快速、下笔稳定，这些是练习直线条的要点。此外，不仅要练习横竖向的线条，还要练习各个角度的斜直线。

如何徒手画出很直的线是关键，而画出来的直线如何能和尺子画出来的线相媲美，在画时又需要注意哪些问题呢？首先说到的就是手腕。画直线时手腕处于僵持状态，笔尖和所画的直线应该成90° 角，以小拇指为稳定点，以肩为轴平移手臂，这样就能画出很直的线。画直线时尽量保持坐姿端正，把纸放正是画好直线的前提。初学者画直线时常常会出现不流畅、中间断点较多、呆板、轻重画得不到位和下笔犹豫不决等问题。

硬直线讲究起笔、回笔、运笔和收笔。起笔与回笔要快，收笔要稳。保证起笔、回笔、收笔在一条直线上。

回笔 起笔 运笔 收笔

两头重中间轻的直线适合作为设计类绘画用线，而两头轻中间重的直线适合素描用线。

重 轻 重

轻 重 轻

下面是几种错误的硬直线画法。

错误1：起笔、回笔、收笔不在同一条直线上。

错误2：收笔起勾。

错误3：手腕活动导致线条弯曲。

下面是几种正确的硬直线画法。

硬直线的训练方法

控制点的练习能让我们在具体写生与创作中很好地控制画面的透视关系，同时，这也是一种控笔能力的训练。连接2点可以得到一条直线。连接3点，但这3个点不在同一条直线上可以得到一个面。打点练习直线是绝佳的训练方法。

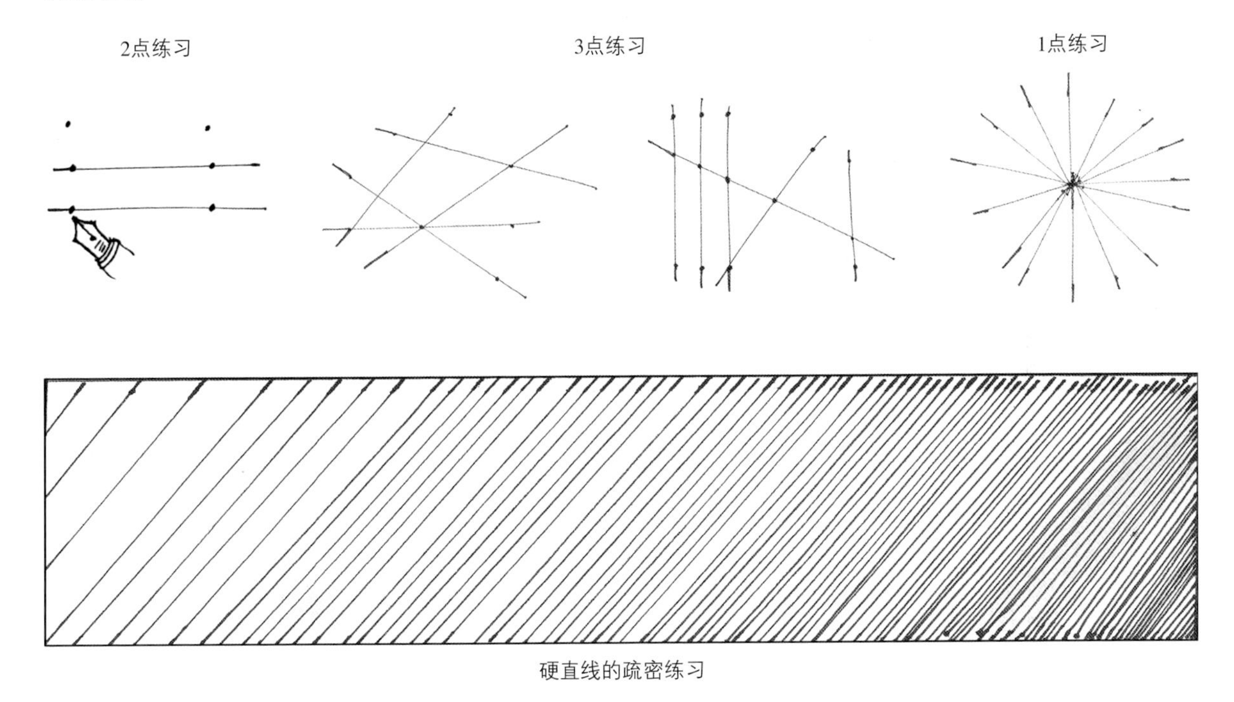

硬直线的疏密练习

2.柔中带刚的软线

软线的绘制技巧

软线讲究就小曲而大直、流畅、生动、美观。

下面是几种错误的软线画法。

错误1：反复续线。

错误2：停顿过久，出现黑点。

错误3：用力平均且缓慢，导致线条生硬死板。

下面是几种正确的软线画法。

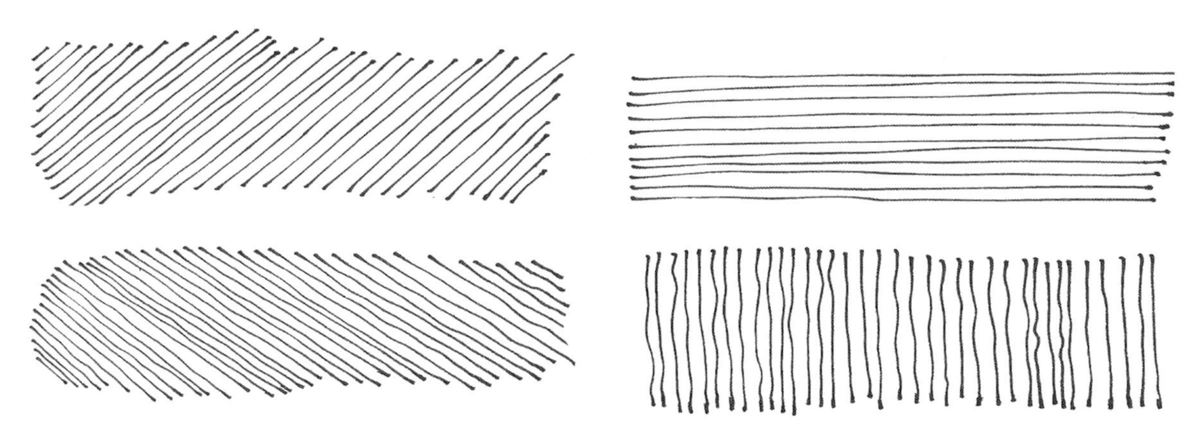

软线的训练方法

软线相对于硬直线要灵活很多。软线可以通过不同的几何形体来具体练习，如长方形、正方形、方体、棱锥和椭圆等都可以，以及使用软线绘制一些特殊的造型，都是很好的训练方法。

软线的疏密练习

3.曲折有序的抖线

抖线的绘制技巧

抖线是园林景观设计手绘中运用得最多的一种线条，一般运用在乔灌木树冠、草地和绿篱等地方。绘制抖线时要注意“出头”的方向要有所变化，避免朝向同一个方向。

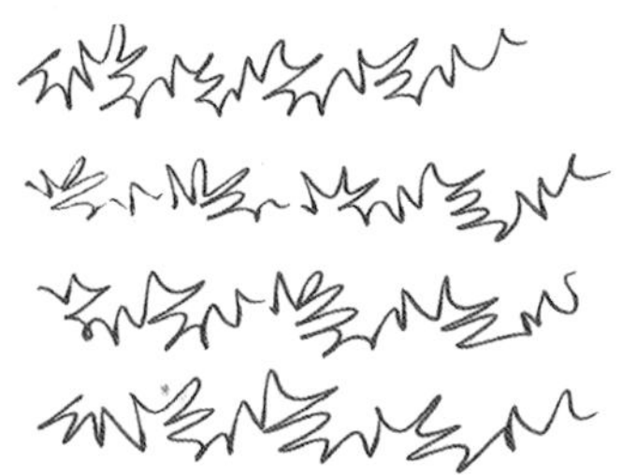

抖线运用在树冠上时，要注意树冠轮廓形体的伸缩变化，体现出不规则的轮廓美感，同时要注意线条伸缩自如，高度不能太平均画成一条直线，要有高低起伏变化。

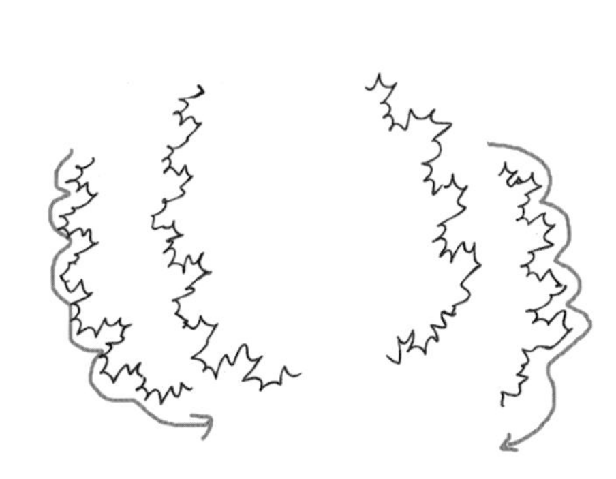
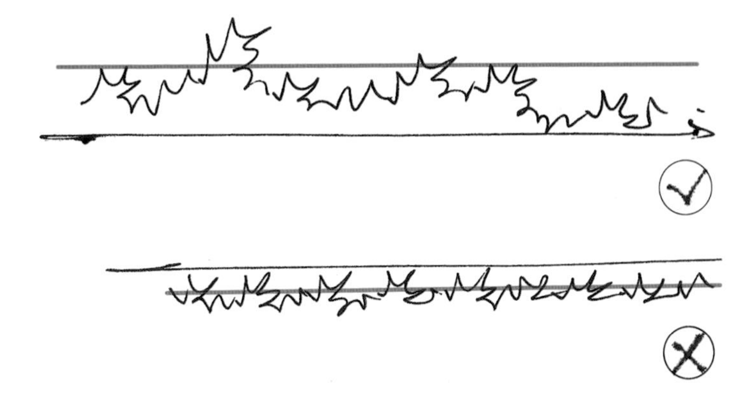

抖线的训练方法

抖线一般用于树冠的造型上，将树冠抽象或概括成不同形状，然后运用抖线进行造型，这是练习抖线较常用的方法。

4.动感弧线

弧线的绘制技巧

弧线相对于直线而言就是弯曲有弧度的线条，弧线可以用来刻画一些有弧度的、圆形的、有纹理的物体。比起直线显得更随意。一个物体想要在三维的空间内生动和美观，是离不开优美的弧线的。

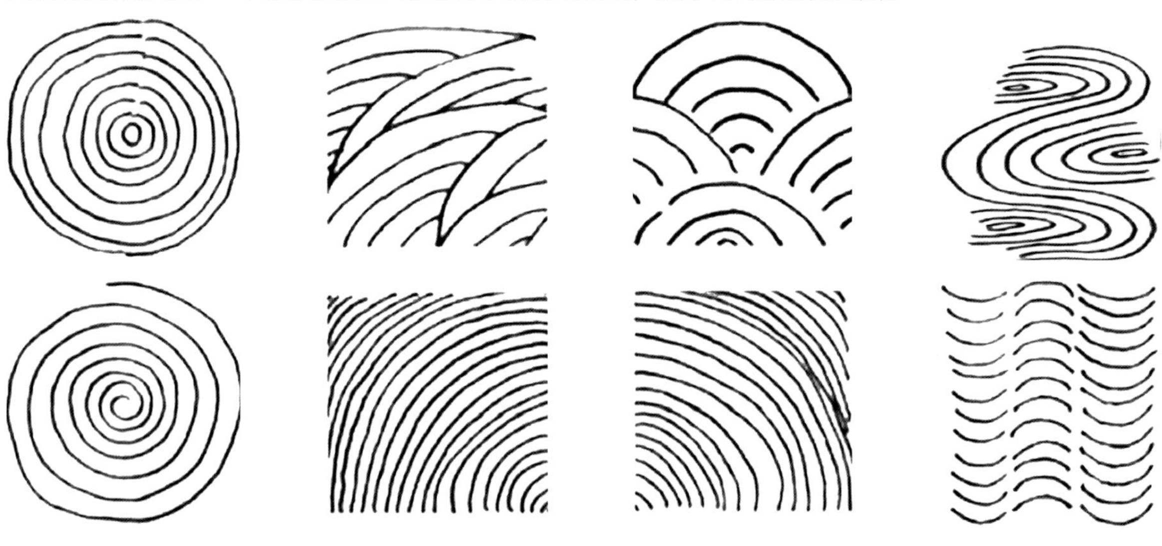

弧线的训练方法

划定几个不同的弧度，根据不同方向弧度的大小进行弧线的练习，能起到非常好的效果。

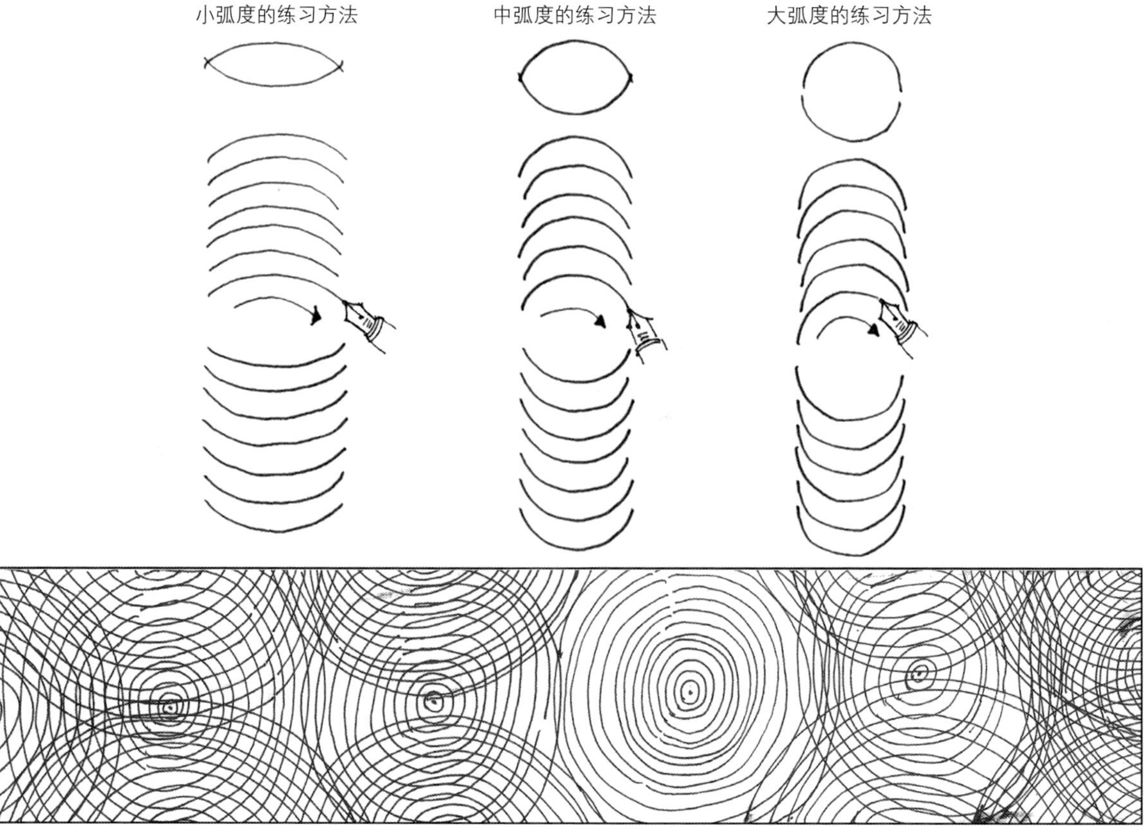

不同疏密的弧线排列

5 .弯弯曲曲的线

曲线的绘制技巧

曲线与抖线或软线相比，它的弧度稍大、距离更长。曲线是景观手绘中用于表现异形景观小品或道路等的较为合适的线条，所以一定要很好地掌握曲线。以便绘制与创作出精美的景观场景。

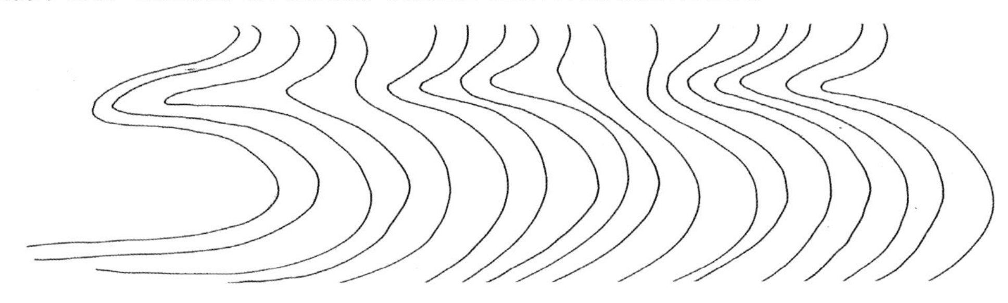

曲线的训练方法

曲线的训练方法也是对点的控制训练，这样有利于把控具体画面当中的透视关系。点的控制十分重要，如地面曲线形式的铺装，我们可以通过确定铺装的几个转折点一笔画出透视关系。以3个~5个点为依据快速运用曲线连接，将几个点统一到一条曲线上，如下图所示。

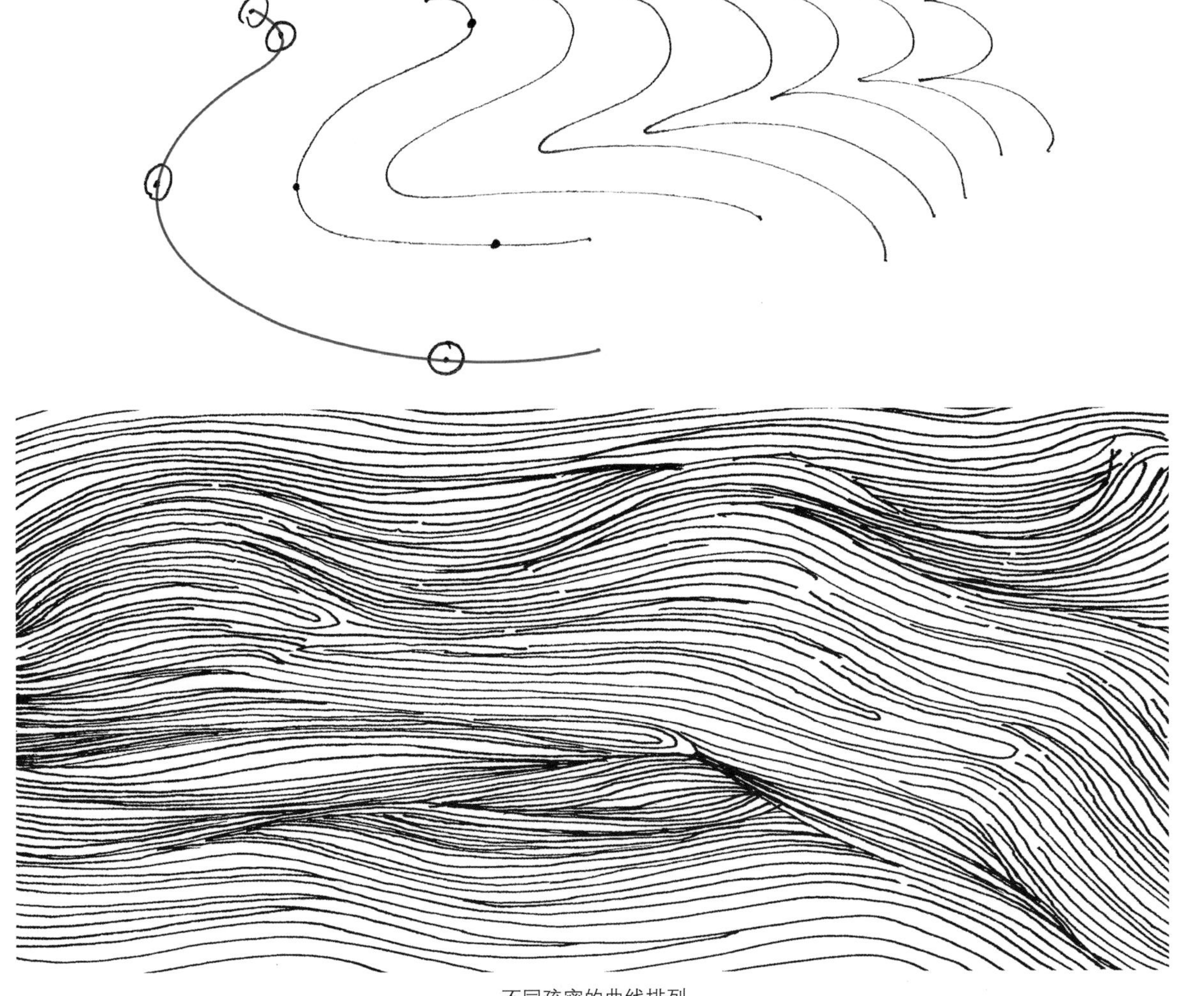

不同疏密的曲线排列

6.方向不一的自由线

自由线的绘制技巧

自由线之所以称为自由线是因为它不受任何方向的约束，是建立在直线与曲线的基础之上，任意描绘对象的线条。当直线与曲线运用十分熟练时再以快速的方式进行线条绘制，这时所描绘的线条自由、随性，自由线就随之产生了。

自由线的训练方法

自由线的练习方法很多，可以借助不同植物树冠的暗部、建筑暗部或石头大面积暗部等进行练习。

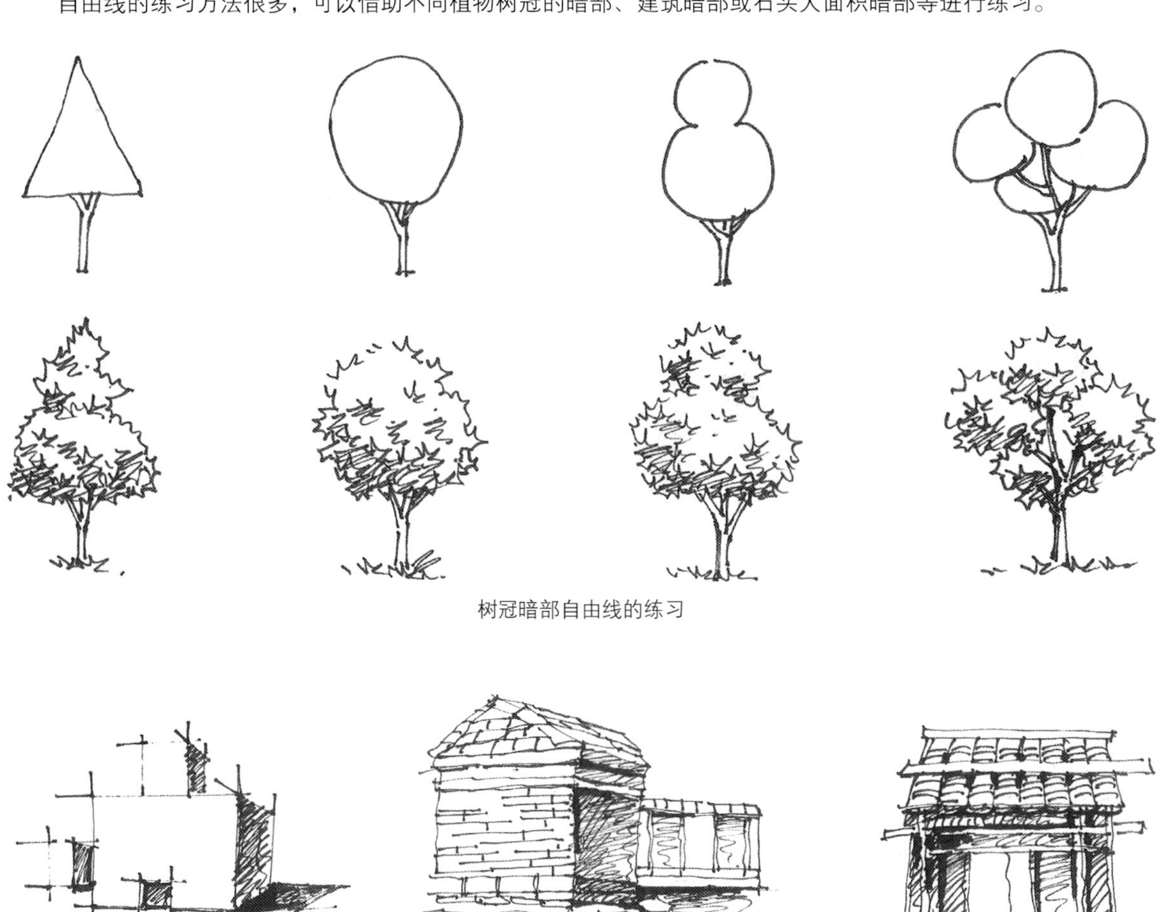

树冠暗部自由线的练习

建筑暗部自由线的练习

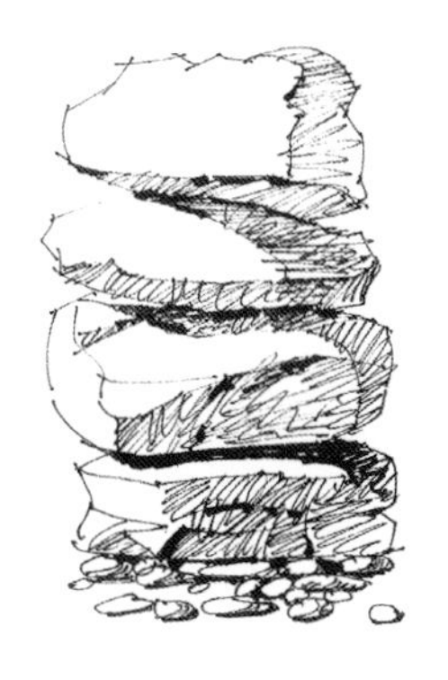
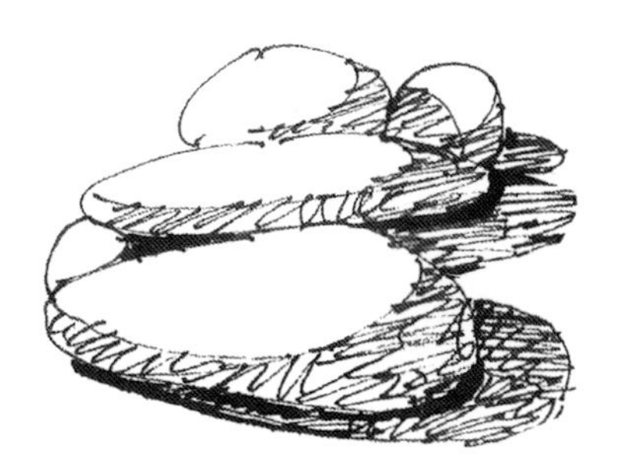
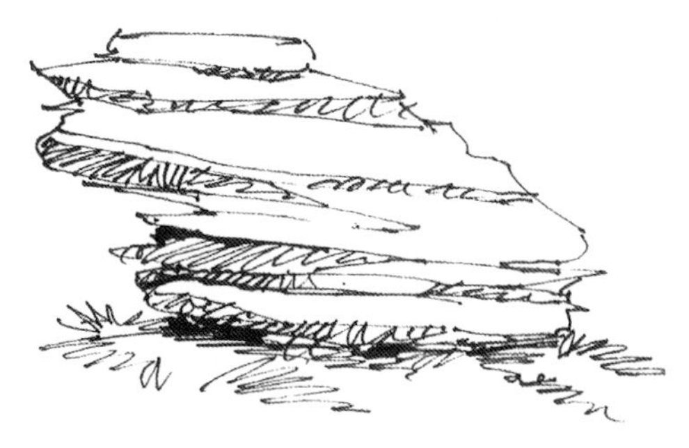

石头暗部自由线的练习

不同疏密自由线的排列

7.随心所欲的乱线

乱线的绘制技巧

乱线是一种特殊的线条，在画面中并不常见，尤其不太适合初学者。当画面需要表现出朦胧的层次时，只要依据物体的结构与明暗层次用乱线进行绘画就可以达到效果。使画面的某些部分产生朦胧感是一种很好的表现方法。

乱线的训练方法

乱线的练习方法也很多，可以借助不同植物树冠的暗部、绿篱暗部、建筑暗部或石头大面积暗部等进行练习。

建筑暗部乱线练习

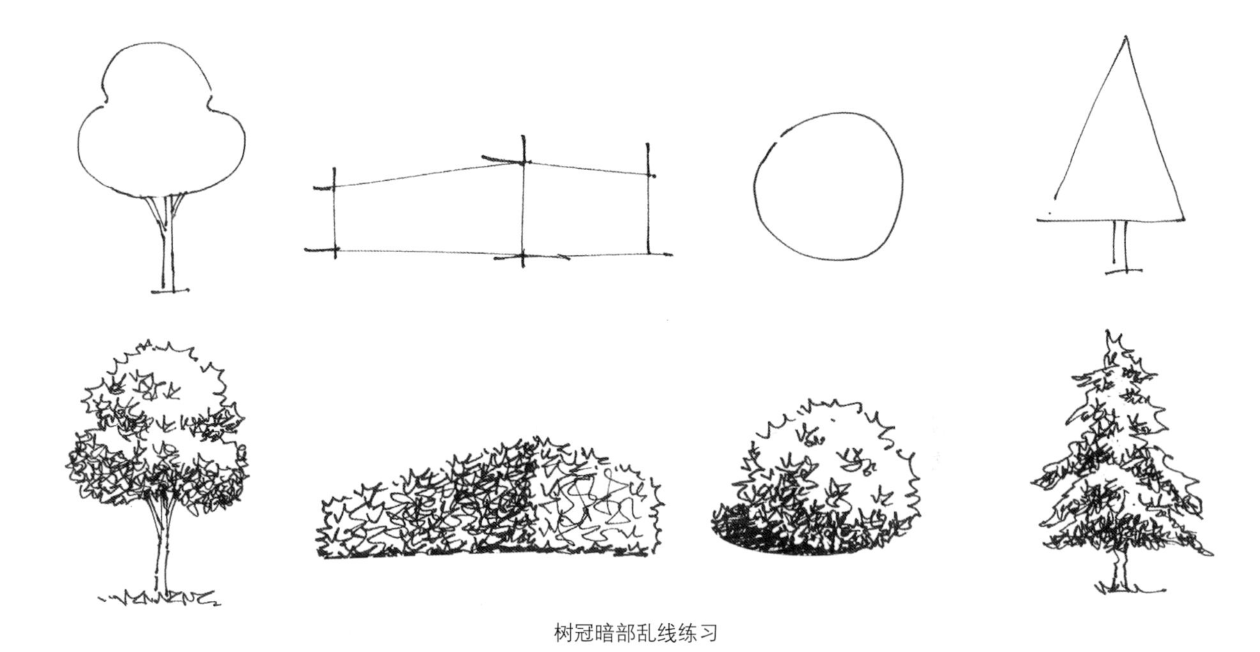

树冠暗部乱线练习

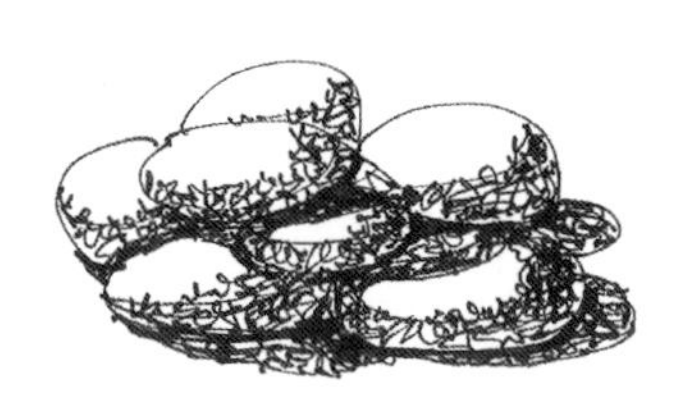

石头暗部乱线练习

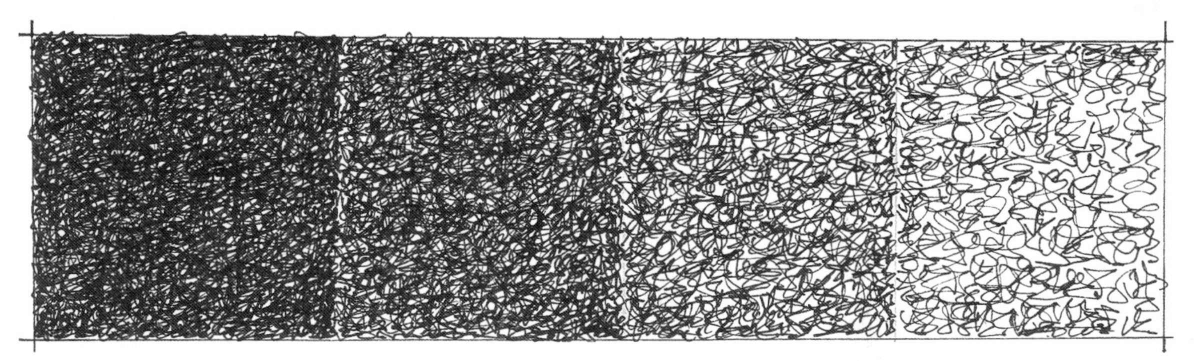

不同疏密的乱线的排列

8.线条的退晕与图案表现

不同线条表现出的退晕与渐变效果，常常被用到明暗层次的过渡当中。这种表现形式本身就是一种深浅纹理，只不过它具有明显的虚实与变化。

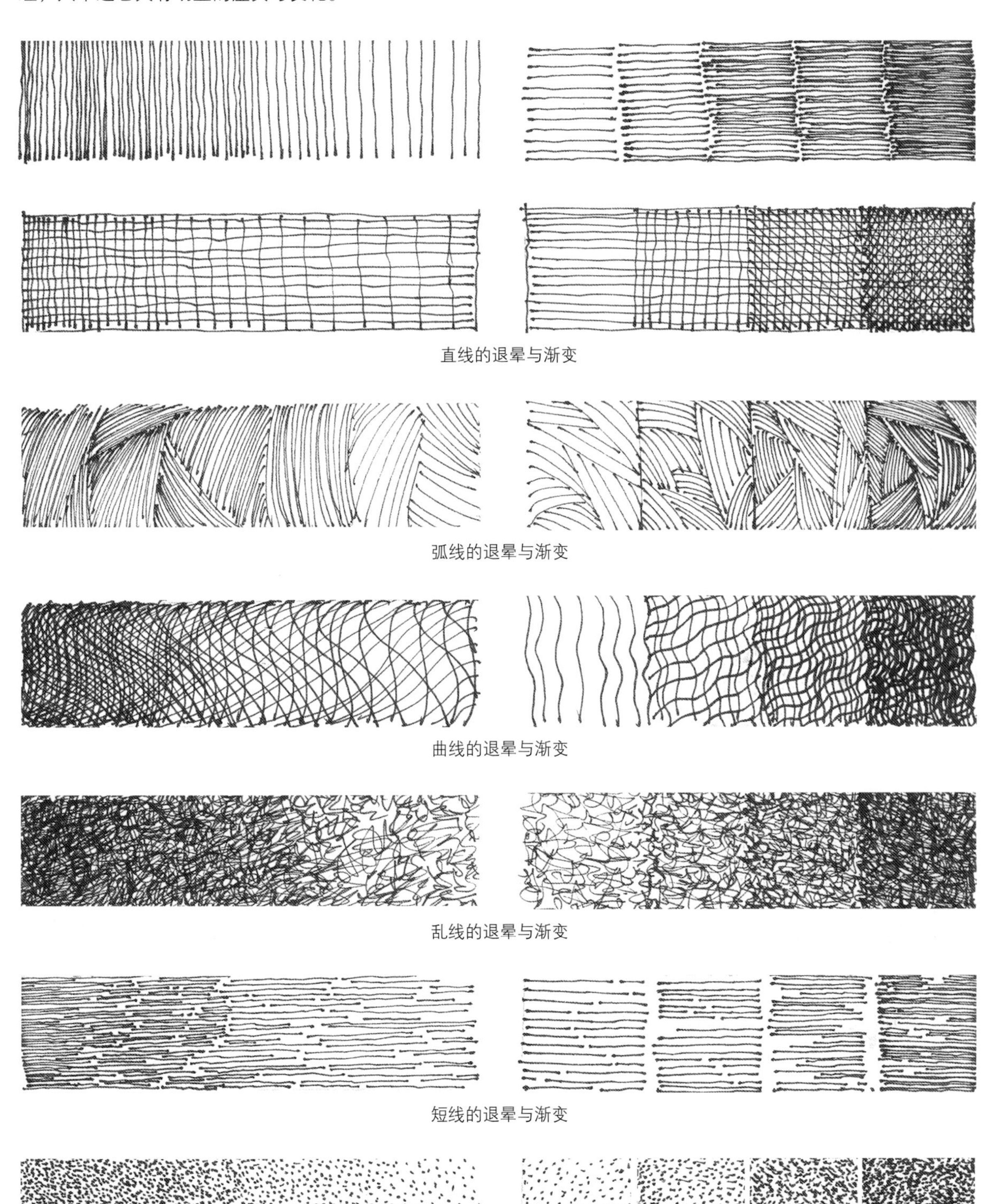

直线的退晕与渐变

弧线的退晕与渐变

曲线的退晕与渐变

乱线的退晕与渐变

短线的退晕与渐变

点的退晕与渐变

图案的表现是景观设计当中最为常见的。熟练地利用不同线条表现图案，有利于我们绘制景观材质铺装、景观小品与植物的暗部等，所以应该加强线条的练习为后期绘画打下坚实的基础。

徒手线条训练

1.徒手线条训练基础

徒手表现是指不借助尺规徒手绘制图画，称为徒手作图。徒手作图产生的线条称为徒手线条。在写生速写与方案前期草图表现阶段一般运用徒手作图代替其他的作图方式。而在这个阶段对线条有一些基本的要求，如线条要流畅，线条的勾勒要符合画面的整体透视关系，保证线条的方向准确，在勾画时要注意线条尽量保持平直，笔触的浓淡一致，粗细均匀等。在写生与草图表现阶段列举了下面这些大量使用的工具，对这些工具绘制出来的线条效果，要很好地掌握，平时要多加练习。

铅笔

普通钢笔

美工钢笔

草图笔

针管笔

签字笔

徒手线条绘画注意事项

保持线条连贯平直，一次性完成一条线。

不要反复地画线，避免线条僵硬，出现黑点。

过长的线条衔接处，要适当断开。

不要在落笔的地方起笔衔接，导致黑点明显。

小曲而大直，保持整体线条的平直流畅。

不要一味追求平直导致线条过抖。

线条有虚实、粗细。

避免线条粗细平均与死板，线条不准确。

2.徒手线条排列与组合训练

同一物体通过徒手线条的不同方向排列，能产生不同的视觉效果，一般按照结构排线比较适合表现物体的体积与质感，下面以长方体为例，通过对3个不同方向进行排线练习，表现物体的结构。

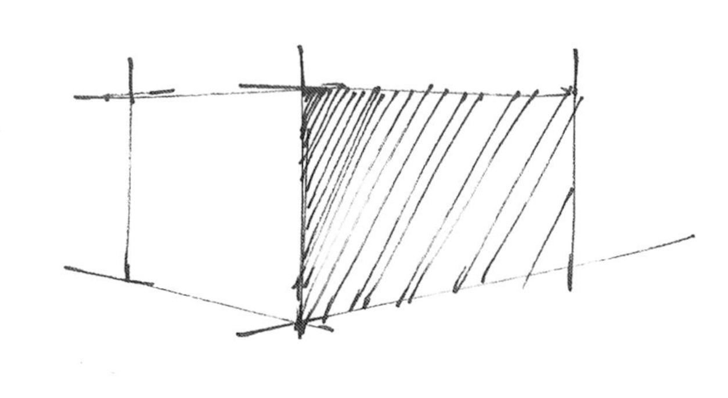

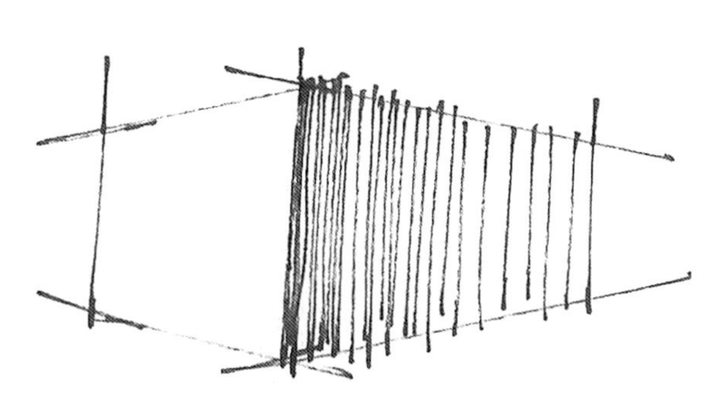

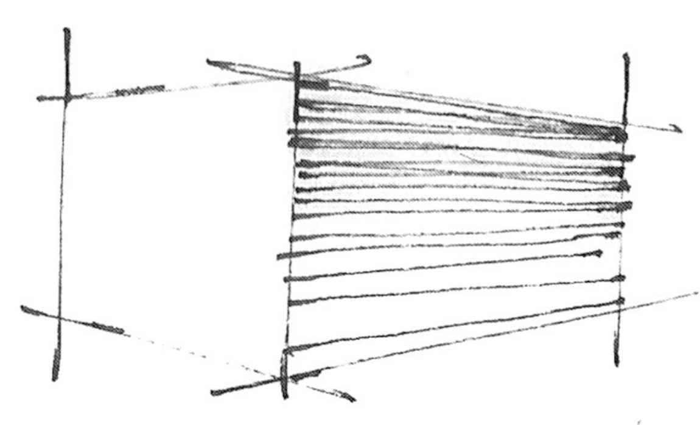

以斜线为例练习徒手线条的疏密排列。

在景观手绘当中物体不同的质感可以通过排线的疏密来表现，如下图中石头、座椅和垃圾桶3种不同材质的物体通过不同线条的疏密排列表现出了质感。在表现时要注意线条之间的间距、轻重和虚实关系，这样才能更好地体现物体的质感。

3.徒手线条的综合空间训练

徒手线条的综合空间训练是，通过徒手绘制线条的方式将不同的线条糅合在一张画面上，快速地勾勒出画面场景的一种训练方法。在此过程中要把控好决定整体透视的线条，这些线条要符合基本的透视规律，其他的线条可以相对随意一些。这种随意是建立在物体造型基本准确的基础之上，并不是一味地追求随意而随意。

02 景观手绘透视与构图基础

SUN	MON	TUE	WED	THU	FRI	SAT
~~1~~	~~2~~	3	4	5	6	7

- 第3天 一点透视 »
- 第4天 两点透视 »
- 第5天 构图的基本原理与规律 »

SUN	MON	TUE	WED	THU	FRI	SAT
8	9	10	11	12	13	14
15	16	17	18	19	20	21
22	23	24	25	26	27	28

- 项目实践

一点透视

一 一点透视空间训练

1.一点透视概念

一点透视又叫平行透视，因在视平线上只有一个灭点，所以被称为一点透视。简单地说，一点透视是画者的视线与所画物体的立面成直角关系，物体纵向消失线最终交于一点（图中的VP为消失点，HL为视平线）。

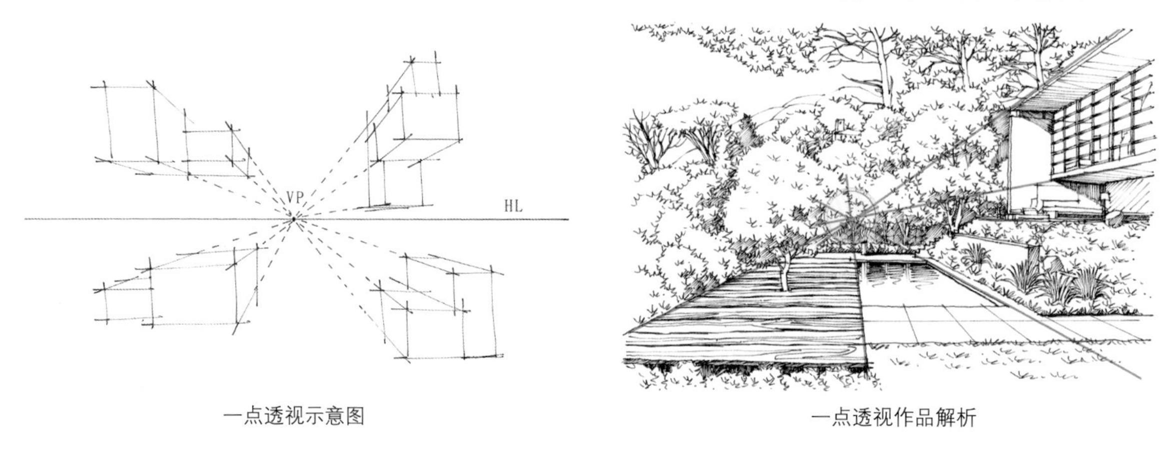

一点透视示意图　　　　一点透视作品解析

接下来为大家讲解一下透视的基本术语。

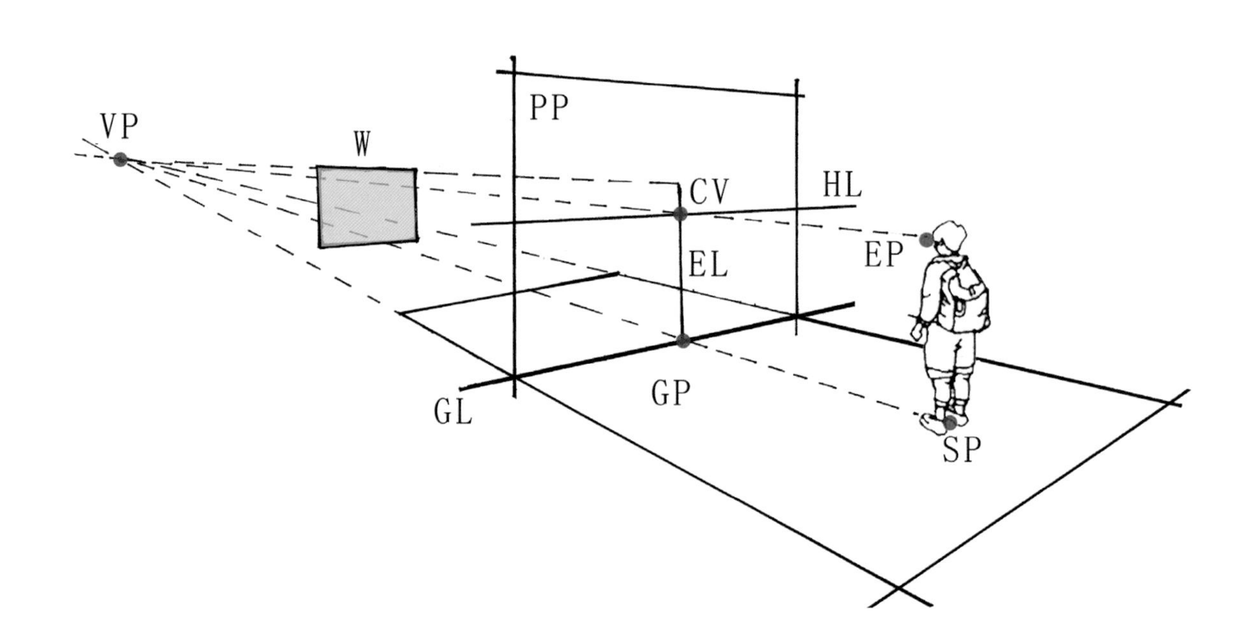

画面（PP）：画面是介于眼睛与物之间的假设透明平面，在透视学中为把一切立体的形象都容纳在画面上，这块透明的平面可以向四周无限地放大。

基面（GP）：承载着物体（观察对象）的平面，如地面和桌面等，在透视学中基面默认为基准的水平面，并永远处于水平状态，并与画面相互垂直。

基线（GL）：画面与基面相交的线为基线。

景物（W）：所描绘的对象。

视点（EP）：观察者眼睛所在的位置叫视点。它是透视的中心点，所以又叫“投影中心”。

站点（SP）：从视点做垂直线交于基面的交点叫站点，又称“立点”。

视高（EL）：视点到基点的垂直距离叫视高，就是视点到站点间的距离。

视平线（HL）：视平线是指与视点同高并通过视心点的假想水平线。

视心（CV）：视点垂直于画面的点叫做视心，也称“主点”。

消失点（VP）：与视平线平行，而不平行于画面的线会聚集到一个点上，这个点就是消失点，又称“灭点”。

2.一点透视快速表现

接下来，以简单的种植池与平台结合的一个空间作为练习对象，便于大家理解一点透视，掌控画面。

（1）确定灭点，然后绘制出左右两边的种植池。

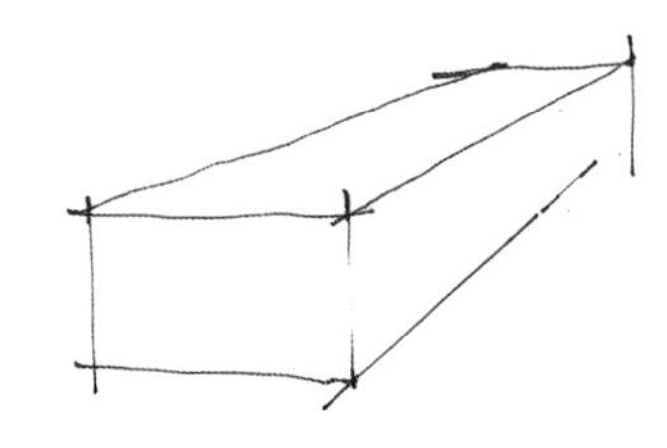

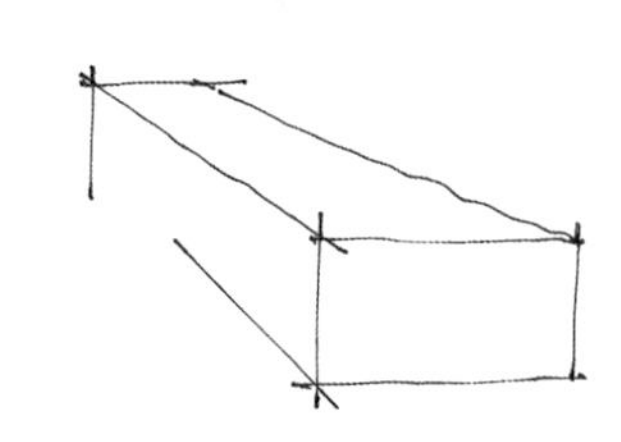

（2）勾画地面铺装、台阶以及平台。

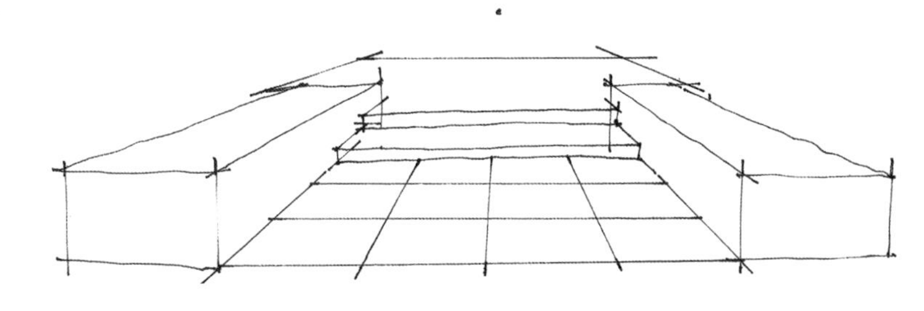

（3）绘制出草地与种植池中的地被植物。

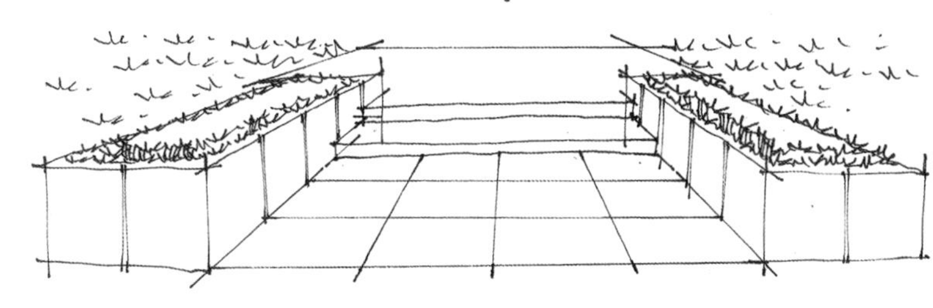

（4）表现种植池的明暗光影关系，突出主体。

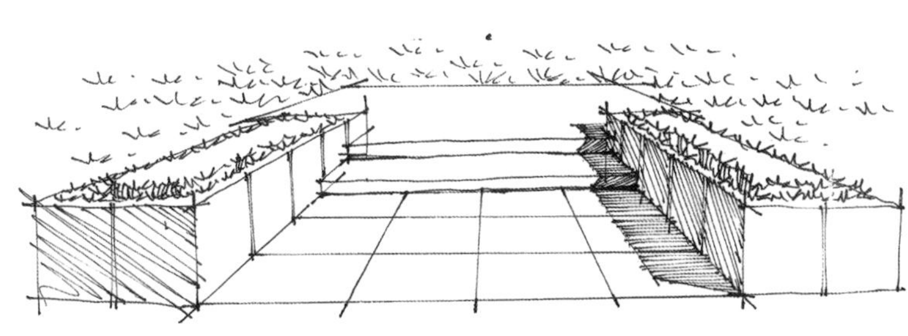

3.一点透视构图要点

一点透视当中的构图要注意以下4点。

第1点：画面中的视平线位置，尽量处于整个画面的1/3处。压低视平线能让画面景物形成遮挡，从而降低画面的难度，便于表现。

第2点：消失点的移动也会影响一点透视的空间。

第3点：画者与景物的距离，这个距离是由纵向的变线（透视线）决定，变线越长，透视场景的进深感越强，透视空间就会越大。

第4点：将主体景观放在灭点周围。灭点是所有变线汇聚的地方，会有聚焦的作用，这样能更好地突出主体景观。

接下来通过图示具体说明这些要点，以便我们在绘制一点透视场景时能更好地构图。

在下图中视平线都处于画面1/3的位置，视平线相对较低，画面的部分景物形成遮挡，有利于更好地控制画面，然后通过移动灭点，让画面的空间产生相应的变化，而主体景物也会随之改变。

当主体景物不变时，灭点从左往右移动，透视空间的变化会更加明显。

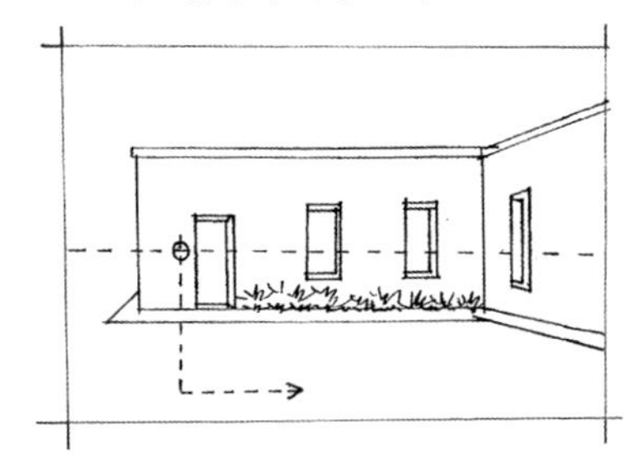

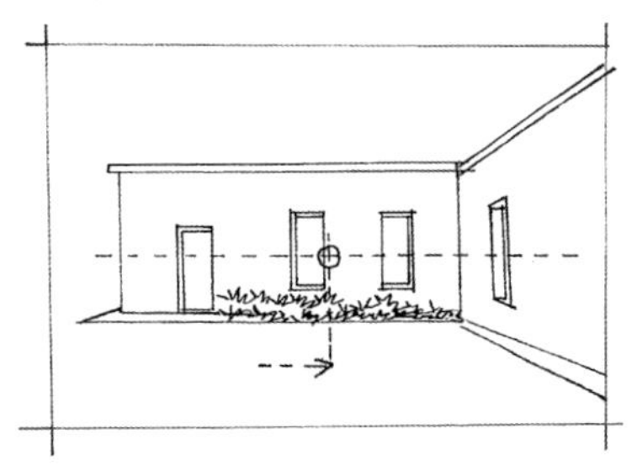

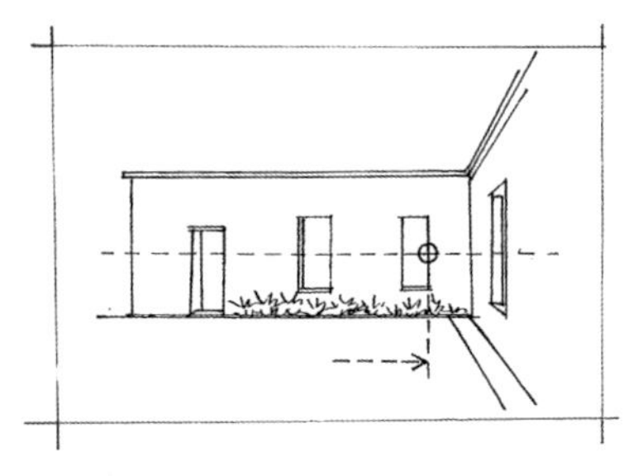

将画面中的景物安排在灭点周围，能聚焦画面的视觉中心，从而突出主体。

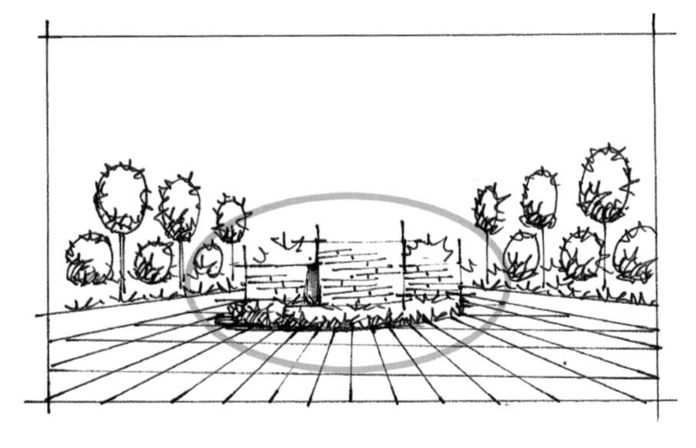

画者与表现景物的距离变化，往往是通过物体的大小与纵向的变线双向决定的。

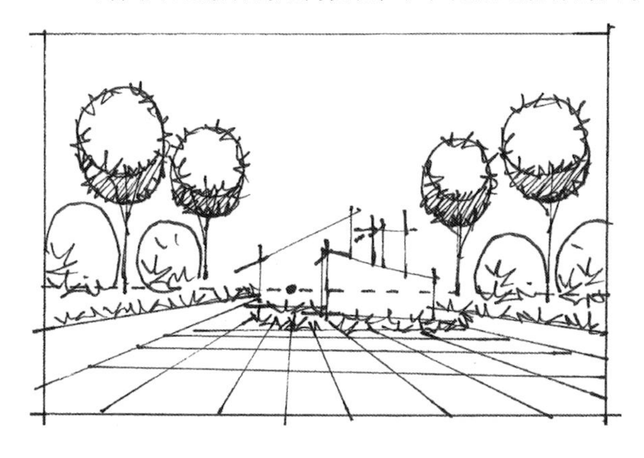

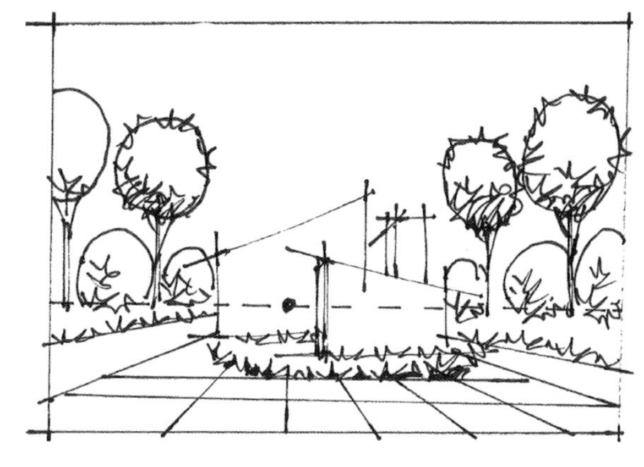

一点斜透视空间训练

1.一点斜透视概念

一点斜透视也叫微角透视，它是建立在一点透视基础之上的一种透视原理。一点斜透视的计算方法更接近一点透视，但同时能展现出两点透视的效果。如左下图所示，虽然基准面ABCD形状发生了变化，形成FBCE的形状并产生了新的计算方法，但空间计算仍然是按照变形前的一点透视的方法，纵向透视线依然向灭点（VP）消失，而垂直方向上的线条不变。在此之前我们要先确定消失点，通过消失点画出视平线（HL），然后定出原始的基面ABCD，注意一点斜透视的变形后的基面，是由∠ABF与∠ECD决定的。这两个角一般控制在5°之内比较容易掌控，画面透视空间会较为舒服。再通过BF、CF与视平线的交点绘制出地面铺装，但这个交点往往在画面之外，要通过我们的透视感知绘制。

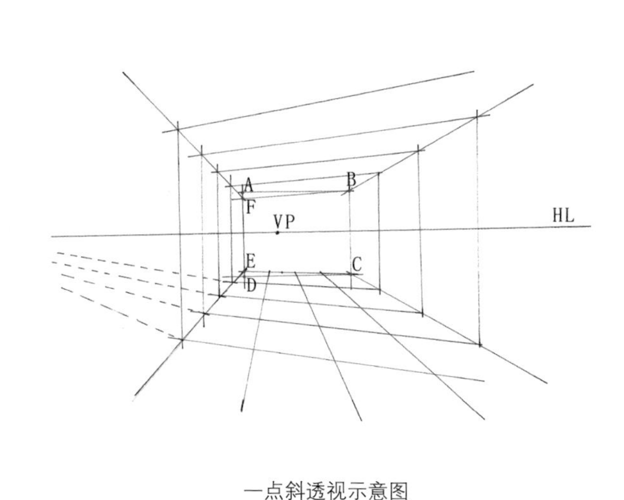

一点斜透视示意图

一点斜透视作品解析

2.一点斜透视快速表现

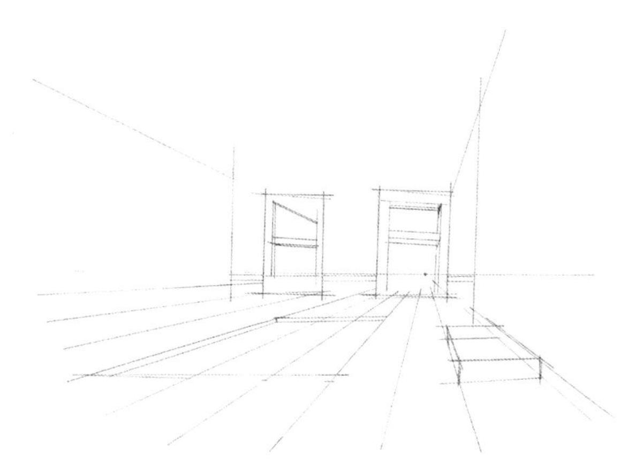

（1）根据一点斜透视的作图规律，用铅笔勾画出基本的透视造型。

（2）根据铅笔底稿绘制墨线，强调主要的小品、建筑、种植池和水池等基本结构。

（3）丰富画面中的绿化植被，完善地面铺装的细节，并刻画出前景水池的涌泉造型。

（4）整体调整画面，加强植物树冠、绿篱和水池等的明暗关系，塑造光感，使画面明暗对比强烈，视觉冲击力强。

3.一点斜透视构图要点

一点斜透视的构图要点可以参照一点透视的构图要点。一般视平线也是定在画面的1/3处，这样接近于人的视角，可以适当地压低视平线，通过画面的景物互相遮挡更容易掌控透视。随着消失点的移动，一点斜透视的画面主体景观也会发生相应的变化。

在景观手绘设计当中一点斜透视的消失点，偏左或者偏右的情况居多，因为一般这两类比较容易表现出一点斜透视的效果。在这种情况下，要时刻考虑构图均衡，画面重心稳定。一般可以根据场景的需求适当地添加配景，如人物、车辆、路灯和小品等，做画面的均衡处理。下图中的消失点处于画面中心位置时，这种情况一般画面不会出现偏移或重心不稳等情况，根据个人的习惯可以添加人物聚焦视觉中心，也可以不添加，因为一点斜透视的消失线本来就有一种向心力。而当消失点处于偏右侧的位置时，在画面左下侧会有大面积的空白区域出现，这时一定要合理地添加一些配景。

第4天 两点透视

一 两点透视空间训练

1.两点透视概念

两点透视是指画者视线与所画物体的立面所成的夹角为锐角，两点透视的两个消失点在一条直线上。这条直线叫视平线，两点透视也是绘画当中运用最多的一种透视角度。两点透视又称为成角透视。

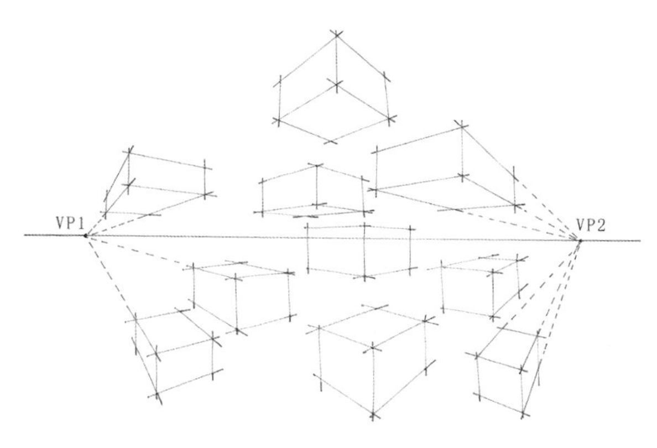

两点透视示意图

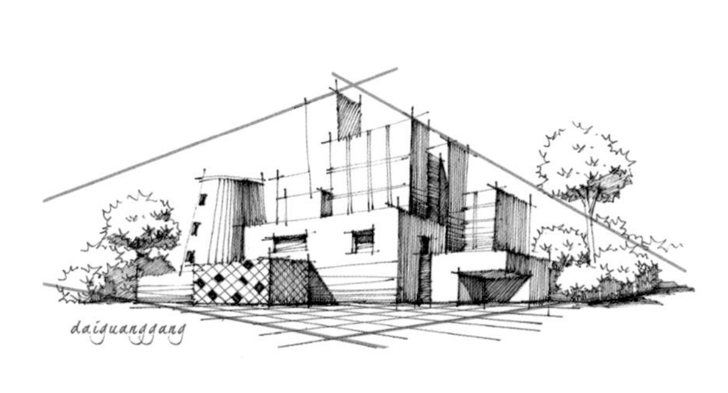
两点透视作品解析

2.两点透视快速表现

为了让初学者更好地掌握两点透视的快速表现方法，这里将画面的两个消失点都画了出来，但一般情况下两点透视的两个消失点都在画面外。

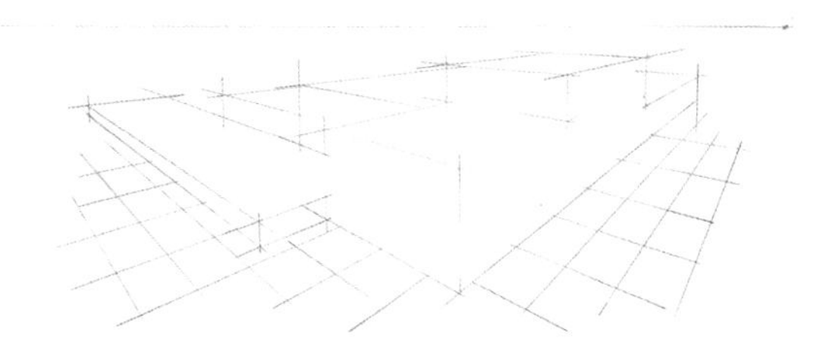

（1）首先确定视平线与两个消失点的位置，然后用铅笔绘制出景物的透视结构。

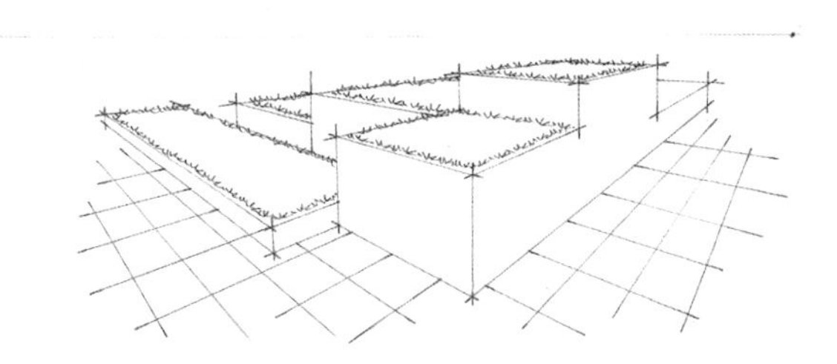

（2）根据铅笔底稿，借助尺子用墨线勾勒出基本景物的体块和地面铺装。

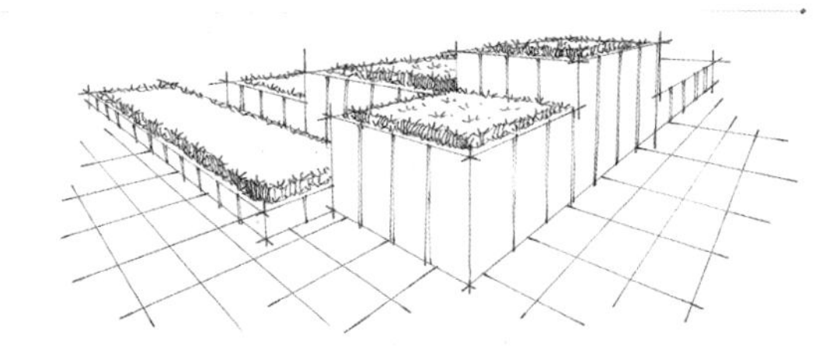

（3）强调种植池内地被植物的明暗转折面，并细化种植池的结构。

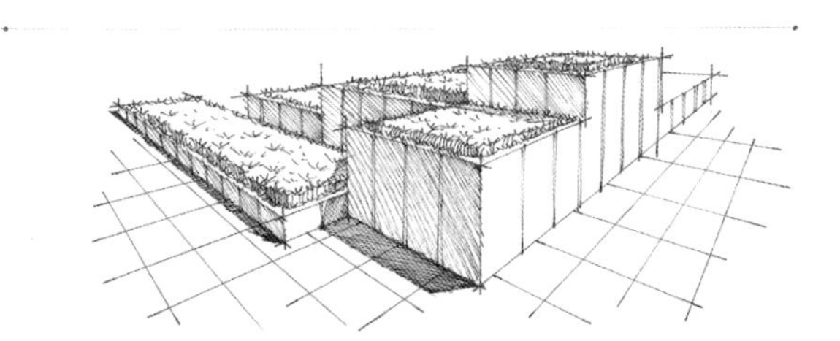

（4）整体绘制出景物的背光面，强调画面的明暗关系，塑造光感。

3.两点透视的构图要点

两点透视构图一般会将主体景物放置在画面中心附近，两点透视一般在画面内很难同时找到两个消失点。这样的透视空间也是比较舒适的一种，如左下图所示。如果能同时找到两个消失点，那么它的主体景观构图就相对偏小，为了弥补这种不足，一般会在空旷的场景中添加配景人物和车辆或者丰富铺装来完善画面构图。添加的配景要注意与视平线的关系，一般人视角的场景，成年人物的头部处于视平线上，如右下图所示。

两点透视相对于一点透视要难一些，它对于视平线的处理十分重要，视平线一般也是处于画面的1/3处，视平线相对较低，画面的部分景物形成遮挡，能更好地控制画面。当然这也不是绝对的，当我们对画面透视空间掌握得很好时，也可以不按照这一规则绘画，如下图所示。

消失点的远近，会直接影响画面中主体景观的视觉冲击力，当消失点在画面外时，主体景物会饱满一些，空间透视会相对舒服。反之，两个消失点在画面内时，主体景观所占面积会小一些。因此，为了能更好地表现画面主体景观，应该将两点透视的消失点定在画面外。

根据平面图转换透视空间

下面以快速表现的方式勾画透视空间，选择的平面是相对简单的。在右图中选取两个视点进行透视图的转换。

在绘制时尽量将视平线压低一些，这样会使空间景物形成遮挡关系，当很多景物被遮挡后只需要很好地表现主体景观即可，便于初学者控制画面。

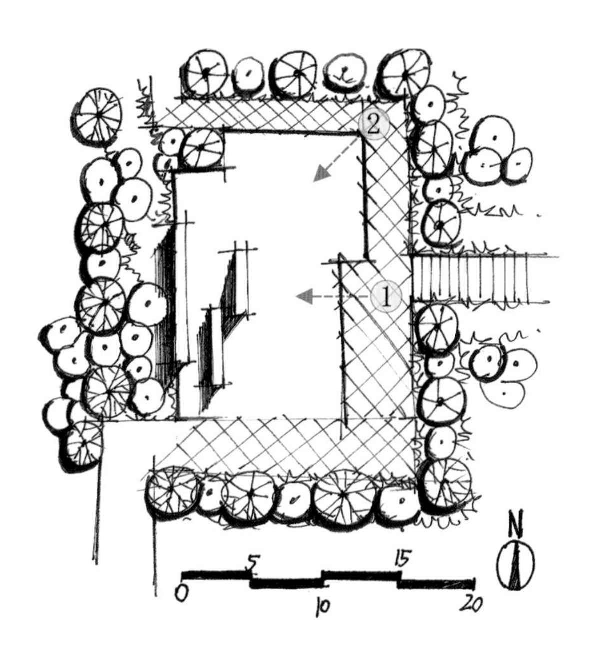

1.视点1案例表现

（1）根据平面图的视角，用铅笔勾画透视图底稿，具体的场景空间所选择的透视要明确，在这一步要仔细推敲与观察。

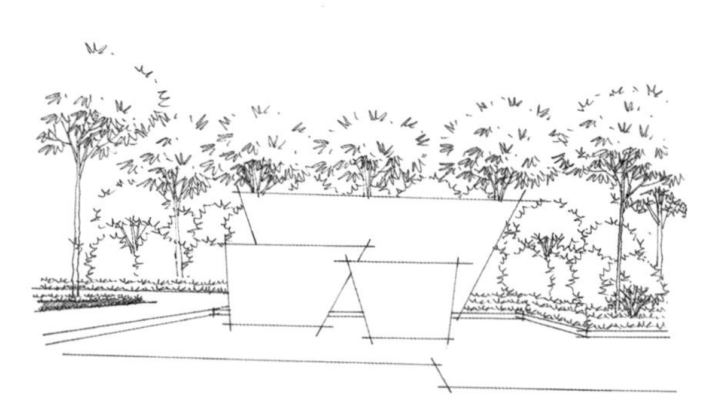

（2）用墨线勾勒底稿，并根据植物配置塑造出主体景观周围的乔灌木和地被植物。

（3）刻画水景墙与水面的细节，适当丰富场景，给水面添加一些涌泉，并刻画出水景周围绿篱的明暗面。

（4）调整画面，绘制出乔灌木的整体明暗关系，塑造画面光感，统一画面的节奏，完成绘画。

2.视点2案例表现

（1）根据平面视点的角度，用铅笔绘制出视点2的基本透视关系。用笔尽量轻盈，有利于后续擦除。

（2）根据铅笔底稿用墨线勾画视点2的透视场景，平面转换成透视图后要对整体画面进行调整，添加一些配景丰富画面场景。

（3）着重绘制出水面的倒影与水景墙的明暗关系，以及地面铺装。绘制地面铺装时注意铺装形式与平面的铺装形式要对接起来。

（4）整体强调画面当中的绿化植物，统一画面的节奏，完善画面。

第5天 构图的基本原理与规律

构图的原理与规律是从西方绘画中的构图学衍生出来的，构图的原理与规律归根结底就是为了取景。研究构图的目的，就是研究如何在一个平面上处理好三维空间——高、宽、深之间的关系，以突出主题，增强艺术的感染力。构图处理是否得当、新颖、简洁，对于摄影艺术、绘画艺术和设计创作的作品成败影响很大。构图的基本原则是：均衡和对称、对比和视点。景观设计通过具体说明不同的构图形式，来帮助我们很好地取景完善画面。

一 常见的画面构图形式

学习构图方法，有利于我们创造出独特且具有韵味的画面。下面讲解一些景观手绘当中常用的构图方法，希望大家能将所学知识运用到绘画构图当中，创造出与众不同的画面效果。

1.均衡式构图

均衡式构图一般给人饱满的感觉，画面结构上完美无缺，物体安排巧妙，具有强烈的整体感。如果去掉其中一部分可能会导致画面重心偏移或产生空洞的感觉。

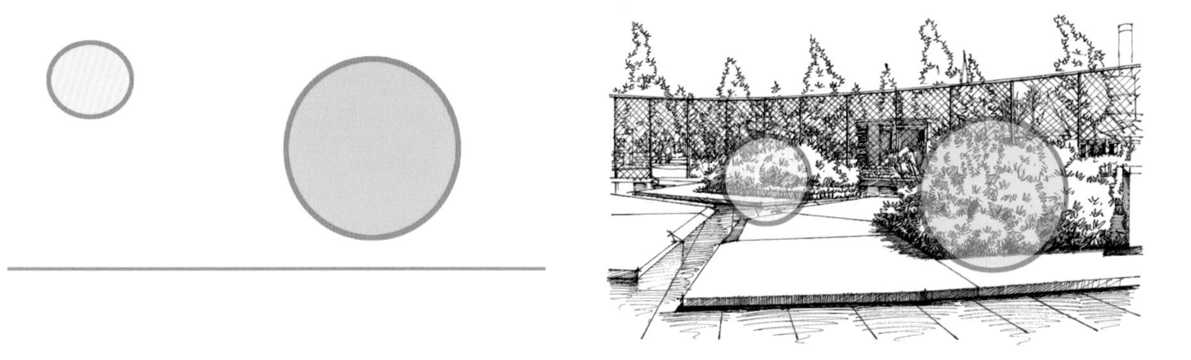

2.对称式构图

对称式构图往往给人庄严、肃穆的感觉，也具有较强的平衡感。在绘画时，不需要把画面的两边画得一模一样，应该在相似中带有变化，这样画面才不会显得呆板、缺少生机。

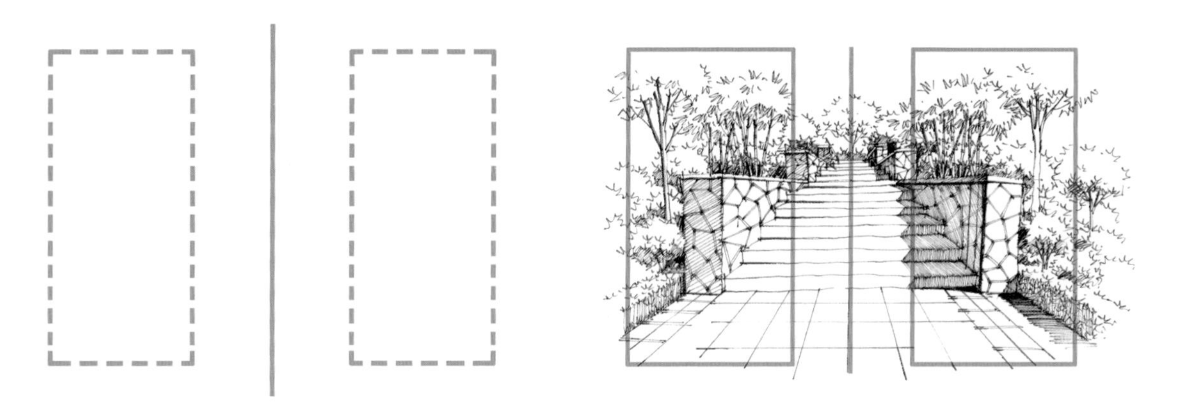

3.垂直式构图

垂直式构图能充分显示出景物的高大和深度。常用于表现参天大树、险峻的山石、飞泻的瀑布、摩天大楼，以及竖直线形状组成的其他画面。

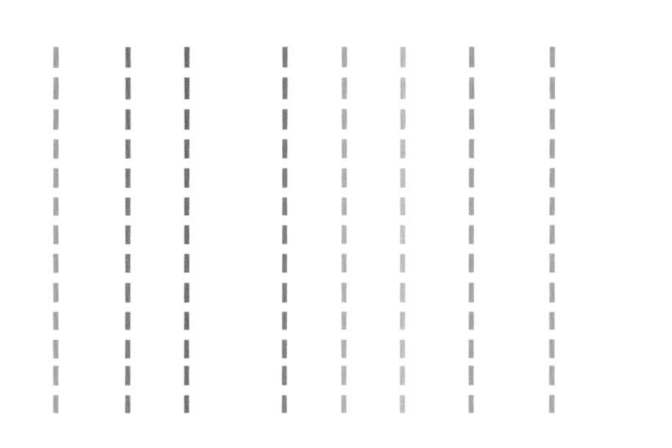

4.变化式构图

变化式构图给人一种意犹未尽的感觉，能够最大限度地发挥你的想象力。其特点是把景物有意地放在某一处，在不使画面失去平衡的前提下，给人无尽的思考与想象空间。

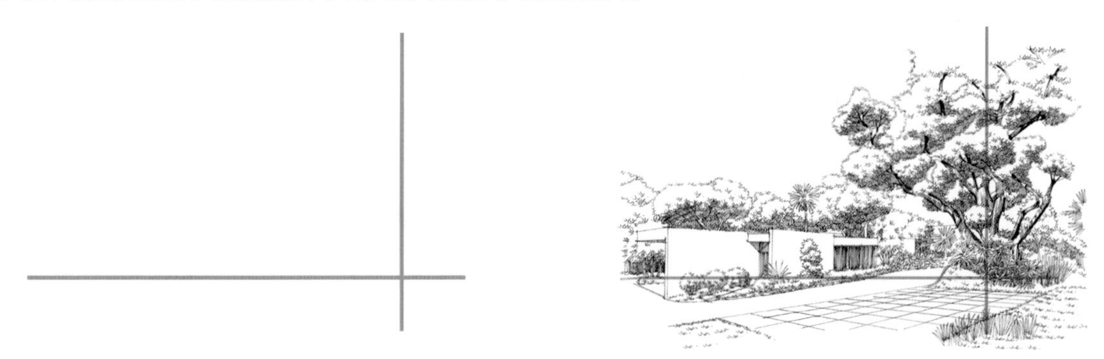

5.中心式构图

中心式构图将物体放置于画面中心，对画面内容与形式整体进行合理的考虑与安排，使画面整体具有稳定感、平衡感。这样的构图往往能将人的视线汇聚于主体景物，起到聚集视觉、突出主体鲜明特征的作用。这种方式也是最容易掌握的，建议初学者先尝试这种构图方式。

6.几何构图法

几何构图有很多种，下面列举一些常见的几何构图方法，如水平式构图、对角线构图、L形构图、S形构图、X形构图、三角形构图、方形构图、圆与椭圆形构图和梯形构图等。每一种构图都有它的独特性。

水平式构图

具有平静、安宁、舒适和稳定等特点。常用于表现平静如镜的湖面、微波荡漾的水面、一望无际的平川、广阔平坦的原野或辽阔无垠的草原等。

对角线构图

把主体安排在对角线上，能有效地利用画面对角线的长度，同时也能使陪体与主体产生直接的关联，使画面富于动感，显得活泼，容易产生线条的汇聚趋势，吸引人的视线，达到突出主体的效果。

L形构图

L形如同半个围框，可以是正L形，也可以是倒L形，都能把人的注意力集中到围框内，使主体突出，主题明确。常用于具有一定规律线条的画面。

S形构图

S形构图给人灵活、多变、优美的感觉。此类构图中，主要景物一般呈S形分布，令画面看上去具有较强的韵律感。

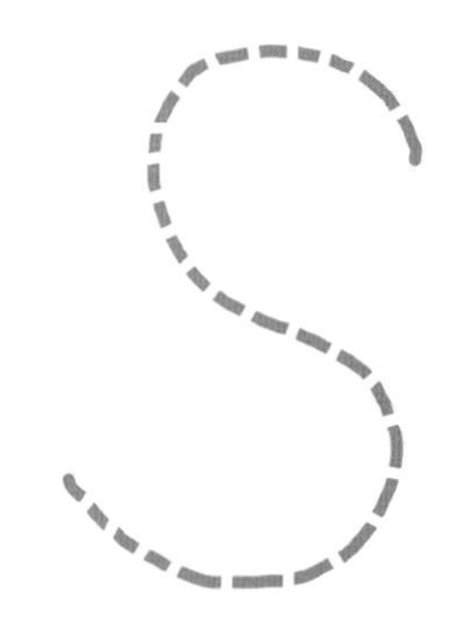

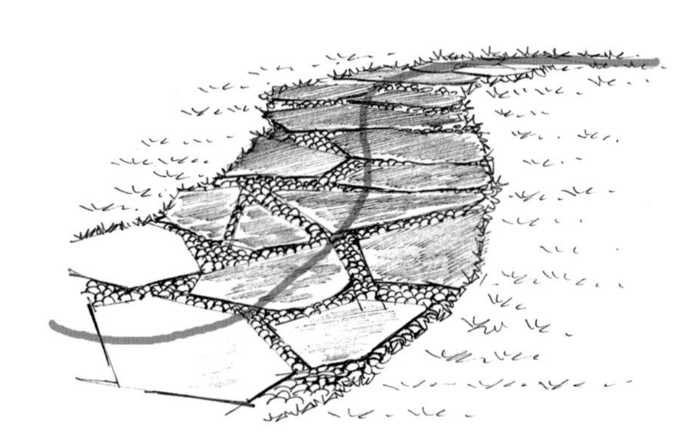

X形构图

X形构图是指画面中的线条呈X形分布，透视感很强，一般用于一点透视构图。此类构图的特点是画面中的景物由中间点向四周放大，能够很好地引导人们的视线，表达出画面的主体物。

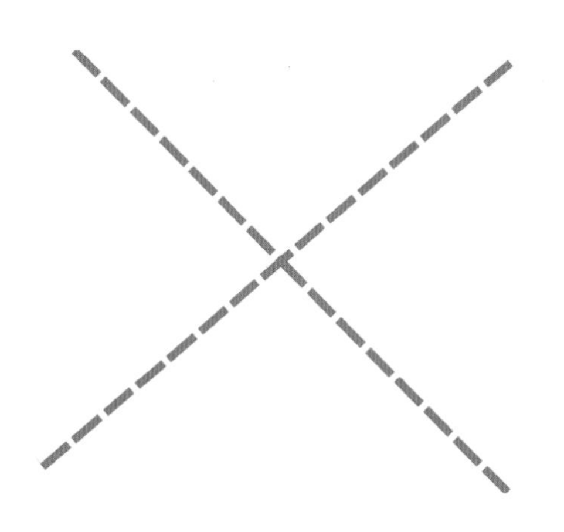

三角形构图

三角形具有稳定性，因此，三角形构图往往给人带来安全感。此类构图能够很好地烘托出画面的主体物，有时为使画面具有灵活性，我们不仅可以采用正三角形构图，还可以采用斜三角形构图或倒三角形构图等。

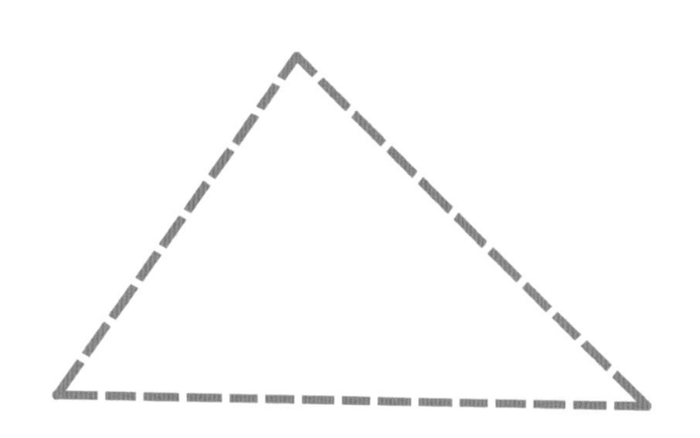

方形构图

方形构图将物体集中在一个方框里面，整体感充实，画面结构安排巧妙，具有平衡感和稳定性，是一种常见的构图形式。

圆形构图

圆形构图通常是指画面中的主体呈圆形。圆形构图在视觉上给人旋转、运动和收缩的感觉，在圆形构图中，如果出现一个集中视线的趣味点，那么整个画面将以这个点为轴线，产生强烈的向心力。

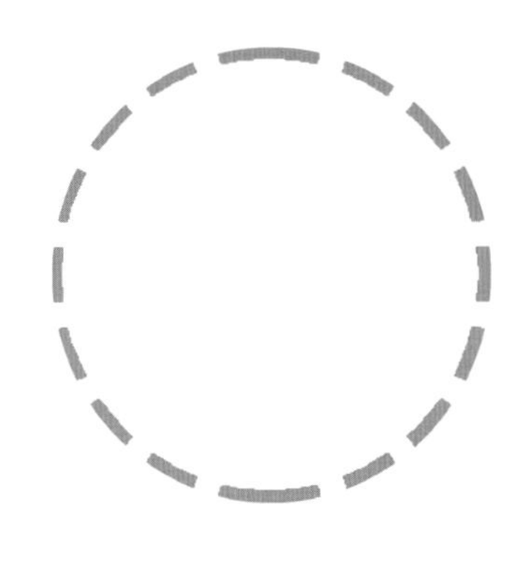

梯形构图

梯形构图是一种较为稳定的构图形式，这种构图形式可使画面内容具有层次感，往往能表现出画面典雅、高贵及庄重的特征。

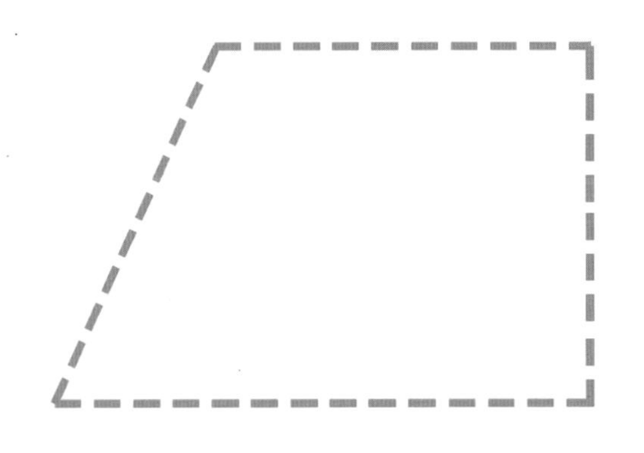

7.黄金分割

“黄金分割”是广泛存在于自然界的一种现象，简单地说就是将绘画的主体放在画面大约1/3处，让人觉得画面和谐，充满美感。“黄金分割法”又称“三分法则”，“三分法则”就是将整个画面在横、竖方向各用两条直线分割成三等份，然后将绘画的主体放置在任意一条直线或直线的交点上，这样比较符合人类的视觉习惯。

黄金分割是一种由古希腊人发明的几何学公式，遵循这一规则的构图形式被认为是“和谐”的。在欣赏一件形象作品时，这一规则的意义在于提供了一条被合理分割的几何线段，黄金分割不仅可以用于景观绘画当中，还可以广泛运用于各种绘画构图以及摄影构图当中。

黄金分割是一门很高深的学问，其计算方法和使用方法也有很多种，在此我们不做深入研究只为大家讲解一种较为简单易用的方法。

我们知道黄金比例分割是指把一条线段分割为两部分，使其中一部分与全长之比等于另一部分与这部分之比。其比值是一个无理数，取其前3位数字的近似值是0.618。

在此基础上，我们可以在绘画之前在画面中拟定几条黄金分割线，确定黄金分割点的大概位置，将要着重表现的物体或者物体的某个部位放在黄金分割点上。

下图中的几个黄色点就是通过黄金分割比例得出的，在效果图表现中也可以使用这几个点来规划画面主体物的位置。

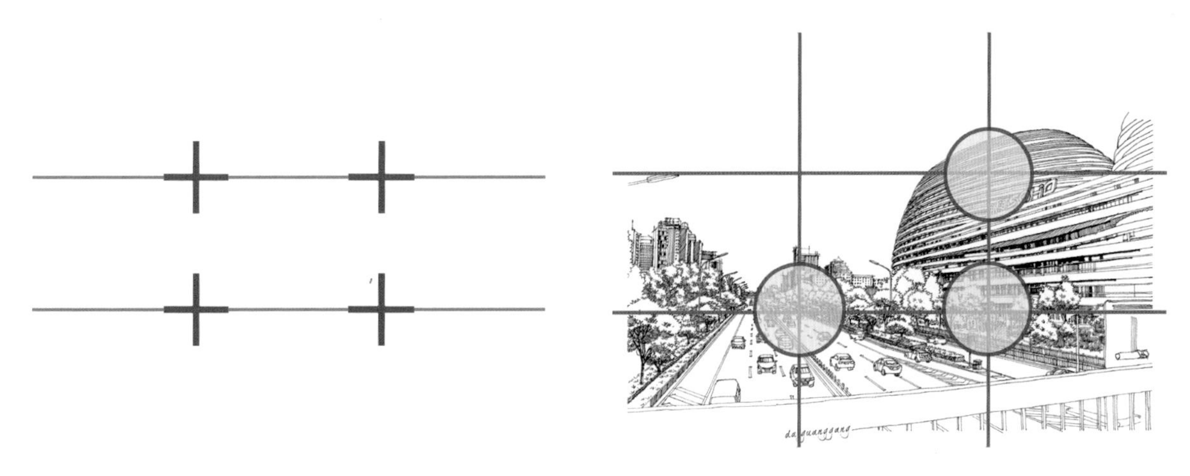

8.其他构图形式

构图形式多种多样，下面介绍几种特殊的构图形式，如紧促式构图、小品式构图、斜线式构图和放射式构图等。

紧促式构图

紧促式构图将景物主体以特写的形式放大，使其局部布满画面，具有紧凑、细腻、微观等特点。常用于人物肖像和显微摄影，或者表现局部细节，对刻画景观的局部往往能达到传神的效果，令人难忘。

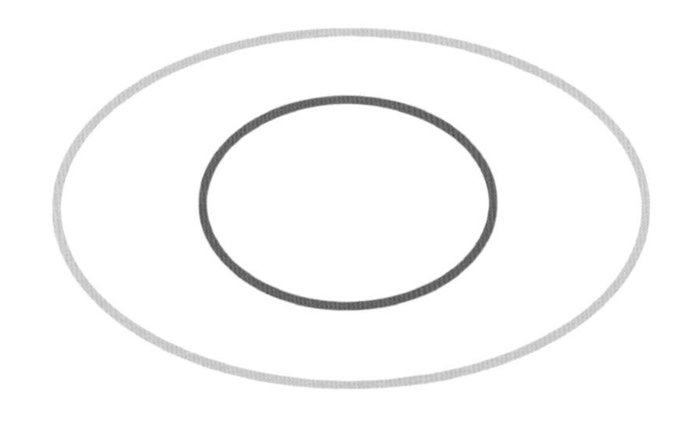

小品式构图

小品式构图是通过近摄等手段，根据思想把本来不足为奇的小景物变成富有情趣、寓意深刻的画面的一种构图方式。它具有自由想象、不拘一格的特点。这种构图没有章法，一般是以小品独特的形体作为构图依据。

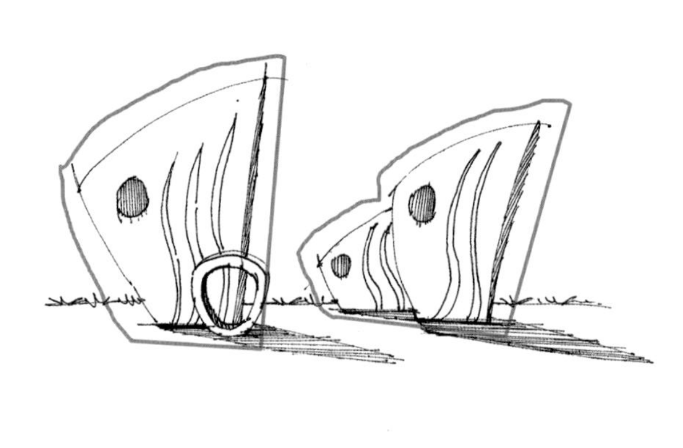

斜线式构图

斜线式构图可分为立式斜垂线和平式斜横线两种。常用于表现运动、流动、倾斜、动荡、失衡、紧张、危险、一泻千里等场面。也有的画面利用斜线指出特定的物体，起一个固定导向的作用。

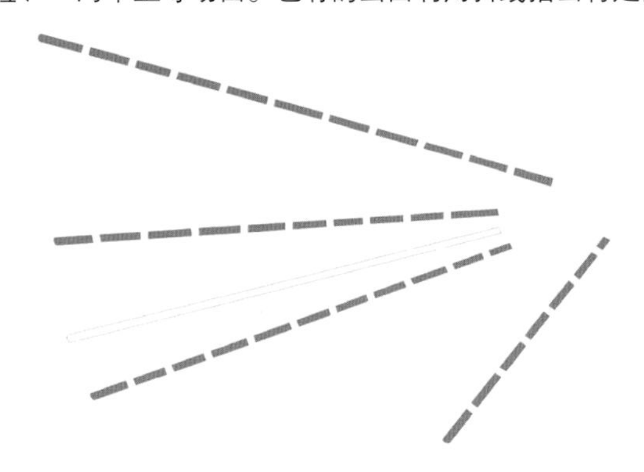

放射式构图

放射式构图是以主体为核心，景物呈向四周扩散放射的构图形式，可使人的注意力集中到被刻画的主体上，而后又有开阔、舒展、扩散的作用。常用于突出主体，或表现比较复杂的场合，使人物或景物在较复杂的情况下产生特殊的效果。如下图所示，为了表现参天大树，画面当中的消失点在树干顶端汇聚，然后通过枝条将人的视线扩散到周围的树冠上。

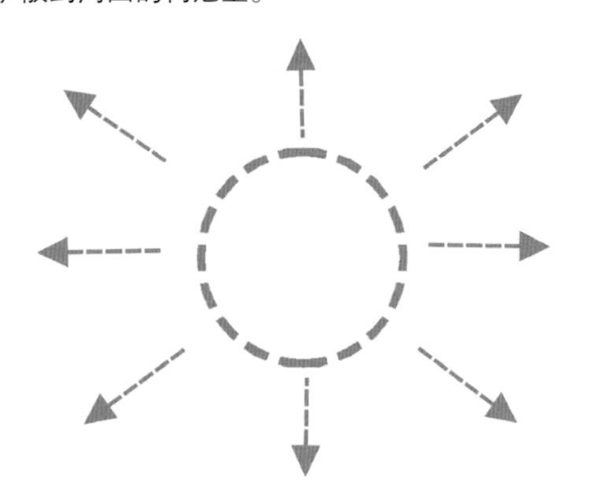

主体处于中心位置，而四周景物向中心集中的构图形式，能将人的视线引向主体中心，起到聚集的作用。这类构图形式具有突出主体的鲜明特点，但有时也会产生压迫中心，局促沉重的感觉。如下图360° 的植物枝干，所有的枝条向中心汇聚，越往中心枝条生长越密集，枝条越细小。

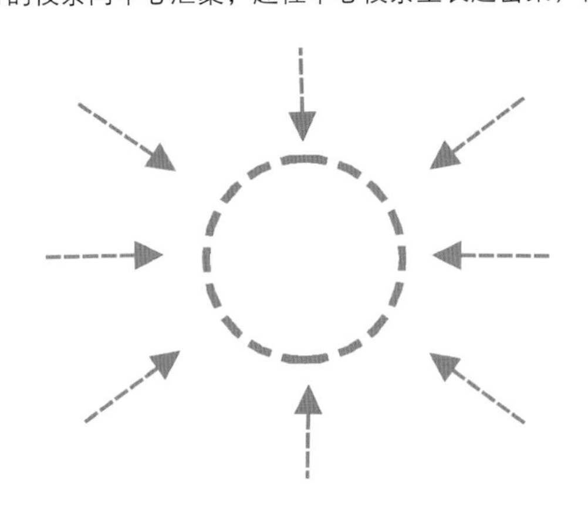

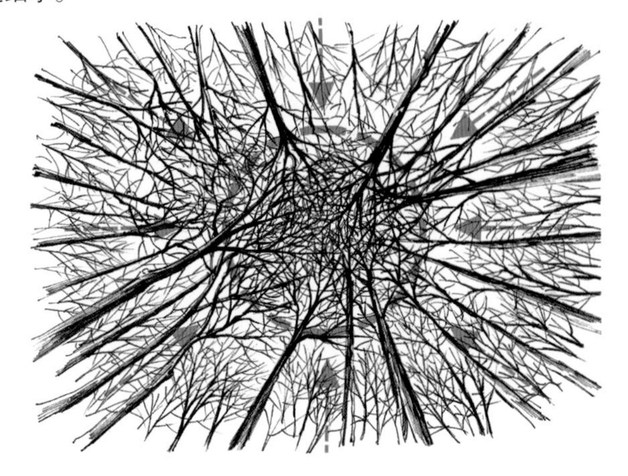

二 常见构图误区分析

1.构图主体不明

问题分析：初学者由于整体把控画面的能力较弱，所以容易出现构图主体物不明确的问题。由于只顾闷头作画，最后构图过于平均，使得最后画面前后虚实不明确，主体与配景也不能明确地分析出来，让画面没有重点可寻。在下面这幅画中构图主体物不明确，这张画的主体物本身应该是景观墙，但由于植物与景观墙的虚实、明暗、层次等的关系没有被拉开，导致画面过于平均。

矫正方法：构图主体物不明确的问题，需要初学者整体把控画面，加强主体物的刻画力度，让主体物可以从配景中凸显出来。矫正后的构图，将主体物周围的植物层次加深，使得景墙大面积的白与深色调的植物形成明暗对比，从而衬托出主体景墙，同时加强景墙的投影，使得主体景观明暗对比明确，远景只需做少量的对比处理即可。

2.构图过满

问题分析：整幅画面太过于饱满的话，会给人一种很拥堵的感觉，不透气，很压抑，这种情况往往导致之后想画的物体无法画下。造成这种问题的原因是绘画前没有分析，没有注重物体在画面上的比例关系，一味地刻画细部，从而无暇顾及大局，甚至是一开始就从细节刻画。因此，建议初学者应该先从整体出发，然后再刻画细部，这样就可以避免这类情况的出现。

矫正方法：正确的构图应该是在纸的边缘留有一定的空白，给人以想象的空间，这也是画面由实到虚的一种过渡处理方式。构图和作画时一定不要拘泥于局部的刻画，从一开始就要做到从整体到局部把控画面。矫正后的画面，构图恰当、主题突出、空间合理。

3.构图偏小

问题分析：构图偏小是初学者常出现的一个问题，这个问题会使画面空洞、视觉冲击力降低。出现这种问题的原因是作画者缺少整体把握画面的能力，选择的参照物开始画得过小导致画面到最后留有很多空白；另外就是作画者因实际景物的庞大而给自己的一种心理暗示，暗示自己一定要缩小，不然画不下，在实践写生当中产生一种不良的心理越缩越小，最后画面空洞。

矫正方法：首先找准参照物在画面上的大小及位置，整体看看能否把想表现的对象表现在画面当中；其次是观察整体，开始勾画轮廓要不拘小节，多参考景物之间的距离、大小、高低等；最后只要确定能画得开，能在画面上把想表现的景物表现出来，能做到画面内容有中心、有重心、不浓缩、不下沉、不偏离、不膨胀、不面面俱到、一味刻画局部等，这样就能克服构图偏小的问题。矫正后的画面效果，构图适中饱满，视觉冲击力相对较强。

4.构图偏移

问题分析：通过前面均衡构图知识的学习，我们知道画面的主体物应当在合适的位置，特别是大型的建筑，为了增强视觉冲击力往往放在画面中心略微偏移的位置，但是如果偏移不合理（偏左或者偏右）就会使画面重心不稳，直接影响视觉效果。不从整体出发，一味地刻画细节，就无法掌控全图的大小关系。因此，我们在绘画时，应该在下笔之前就先构思好整幅画面。

构图偏左

构图偏右

矫正方法：针对这张景物首先应当确定使用均衡构图的方法，突出主体物在画面中的重要性，使画面重心稳定，前后、左右虚实得当，不偏、不下沉、不膨胀、主次分明。

03 景观基础元素表现技法

SUN	MON	TUE	WED	THU	FRI	SAT
~~1~~	~~2~~	~~3~~	~~4~~	~~5~~	6	7
8	9	10	11	12	13	14

- 第6天 形体空间表现与设计训练 »
- 第7天 单体植物手绘表现 »
- 第8天 配景手绘表现 »

15	16	17	18	19	20	21
22	23	24	25	26	27	28

- 项目实践

第6天 形体空间表现与设计训练

一 几何形体空间表现

1.立体形象思维表达训练

立体思维是培养初学者对物体造型和立体感把握的一种思维方式。初期对几何形体的认识可以起到在绘画时理解物体的立体空间感的作用。在空间中，物体通过相互穿插、搭接、咬合、重叠等不同形式，可重新组合成各式各样的形体。下面以简单的方体为例，帮助我们更好地理解立体思维空间。

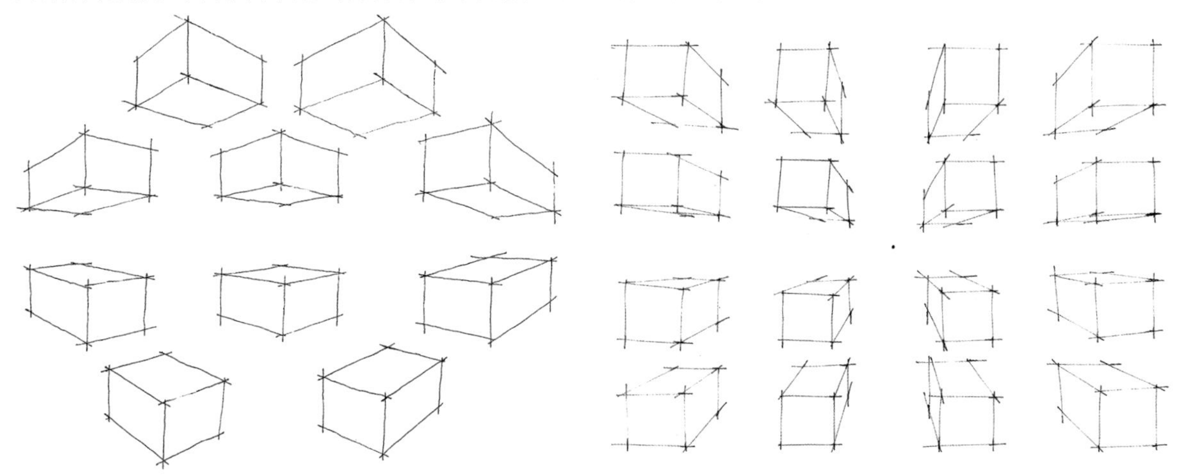

2.几何形体空间组合表现

几何形体空间表现可以是一种形体元素的阵列与叠加，也可以是不同形体元素的穿插、咬合、叠加与搭接等，在绘制不同形体元素时要考虑不同形体的透视关系。下面列举了一些几何形体在空间中组合的物体。

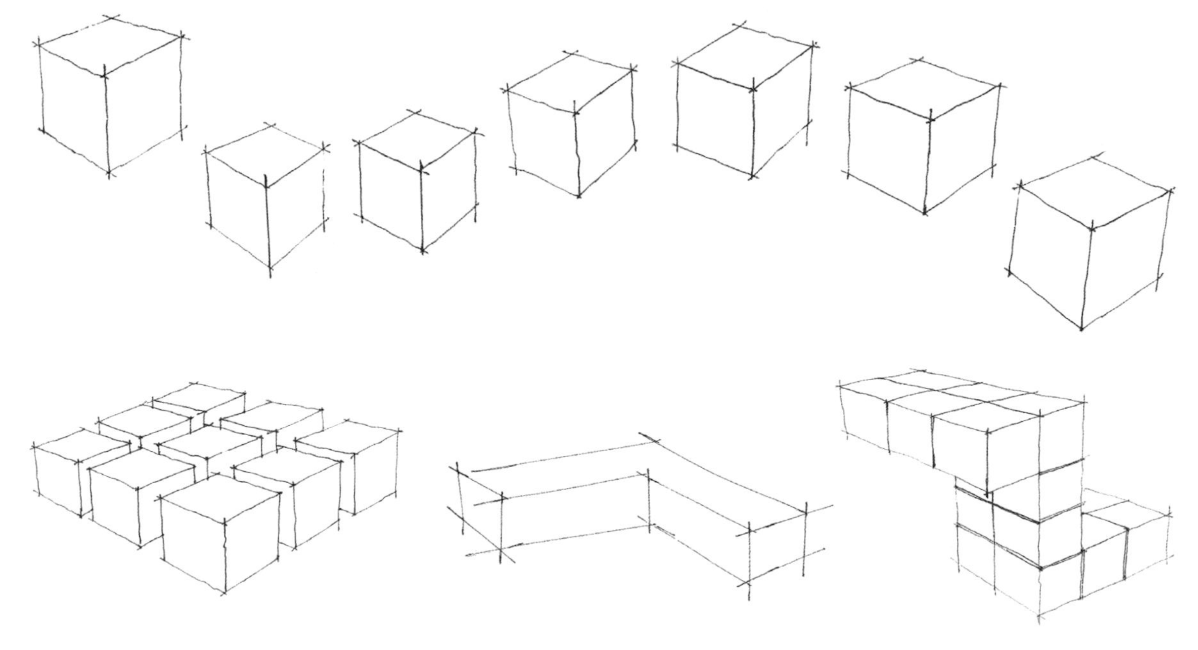

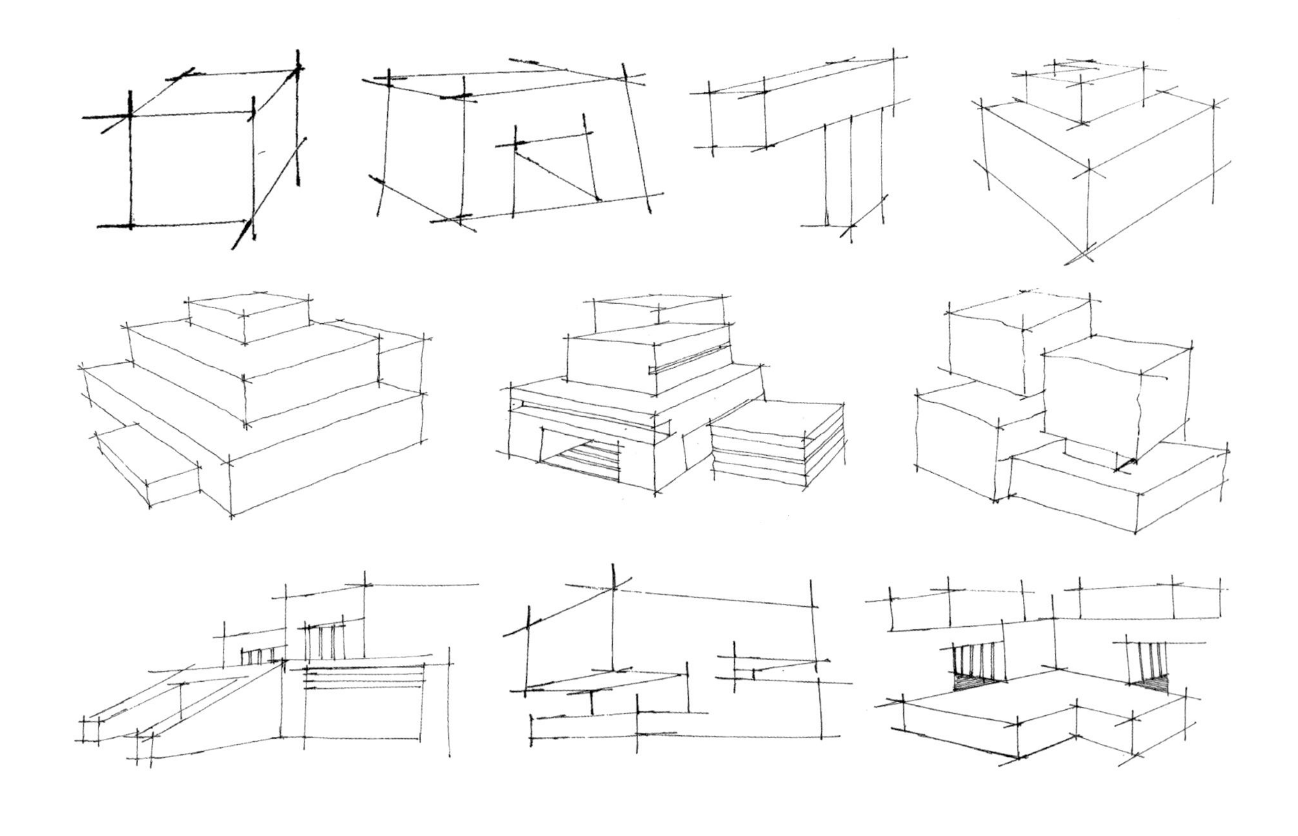

3.几何形体创意空间表现

几何形体创意空间表现，主要是通过几何形体的抽象演变形成我们想要的一些造型元素，并为设计所用。在绘画时不要局限于具体的一些表象功能，要思考所表现的物体有没有可能用于其他领域，如喷水构筑物造型也可以将其改变成室外灯具以及廊架等，建筑体也可以通过体量的改变形成种植池与景观小品等。但同时要注意这些元素的变化，要和整体景观与建筑风格相协调。因此，景观设计手绘是充满想象力与创造性的。我们在绘画的过程中要多思考、多体验，才能让我们的设计更有创造性。

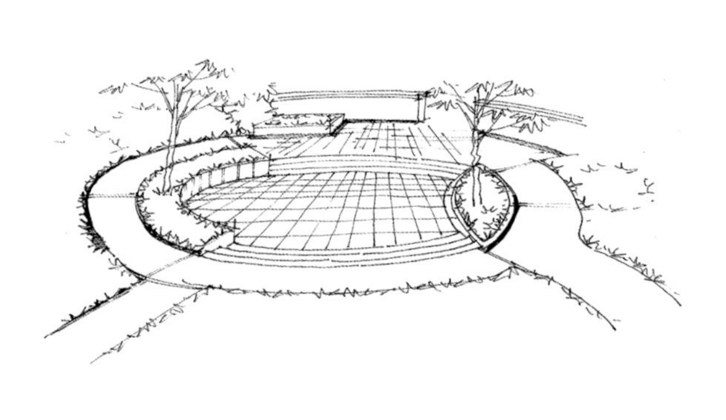

二 形体训练的3个阶段

形体的训练最终还是要回归于设计，所以在形体训练时可以将其分为3个阶段。首先，是对不同景观形体的认识，在认识训练过程当中，尽可能地将所绘画的景观做不同材质的想象与不同功能的想象；其次，是对自然元素的捕捉，可以从大自然中的不同动物、植物、山川以及河流等获得一些设计提示，将提取的元素运用到设计当中；最后，是景观形体设计训练，这一部分是设计师将所积累的素材运用到设计的一个过程。在形体训练的阶段尽量简单概括一些，这样可以为我们将来的设计积累更多的素材，同时也能激发基础薄弱的学者对设计的热爱之情。

1.对不同景观形体的认识

对不同景观形体的认识阶段，应该尽可能地展开自己的想象，如左下图可以用作地灯和水景装饰雕塑等，而右下图则可以认为它是人工修剪过的松柏、高档会所的灯具或特色装饰性小品等。因此，当我们看见一个具体的造型时，其实可以运用不同的材质赋予它们不同的功能。

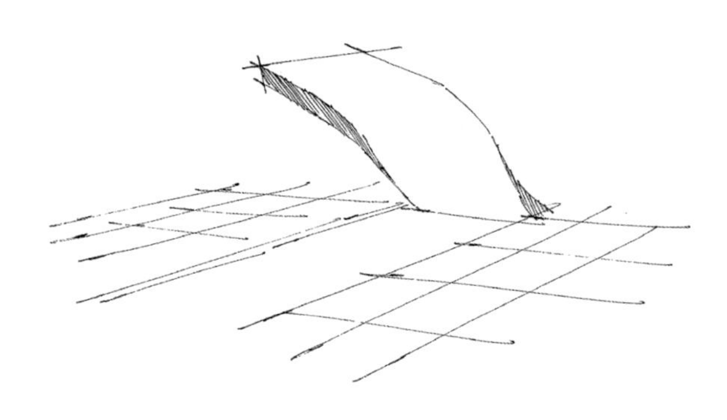

左下图鱼的造型并不是仅局限于草地小品，根据用途不同可以用作喷水景观的雕塑，还可以用作海洋生态场馆等区域的特色雕塑。右下图铁笼子石块常用于比较原生态的场所，但也不仅仅局限于这样的场所，也可根据需要通过不同的材质用于独立的景墙和雕塑等。

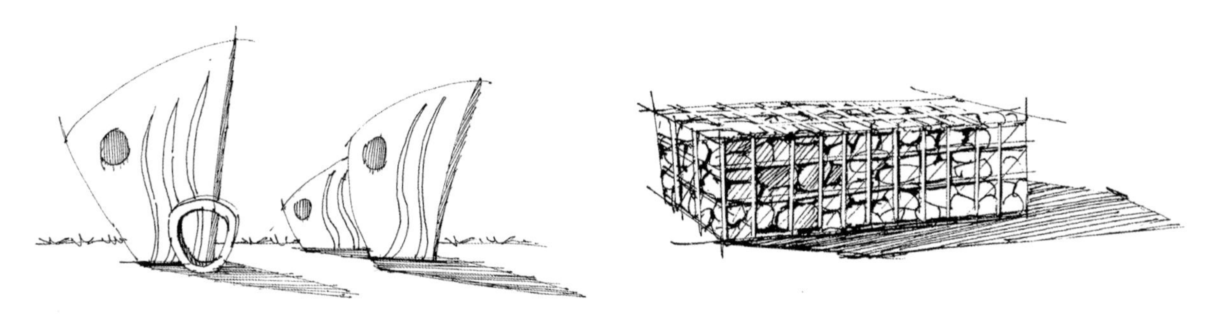

下图中的牙膏造型小品与草地折线座椅，都可以通过不同的材质、颜色，呈现出不同的形式与造型，给人不一样的视觉感受。

下图中的球形小品可以作为灯具或独立装饰性的小品等。虽然我们大多数的时候看到的种植池都是椭圆形，但作为一个优秀的设计师不应该被束缚，要联想到更多的造型形式，如三角形、菱形和六边形等，根据不同景观场所的设计可以不停地变换。对不同景观的认识不能只停留在表面形式，要结合不同的场地、功能，不断地改变形式与设计，赋予造型新的生命力，这样对于后期的设计素材积累是十分有利且必要的手段。

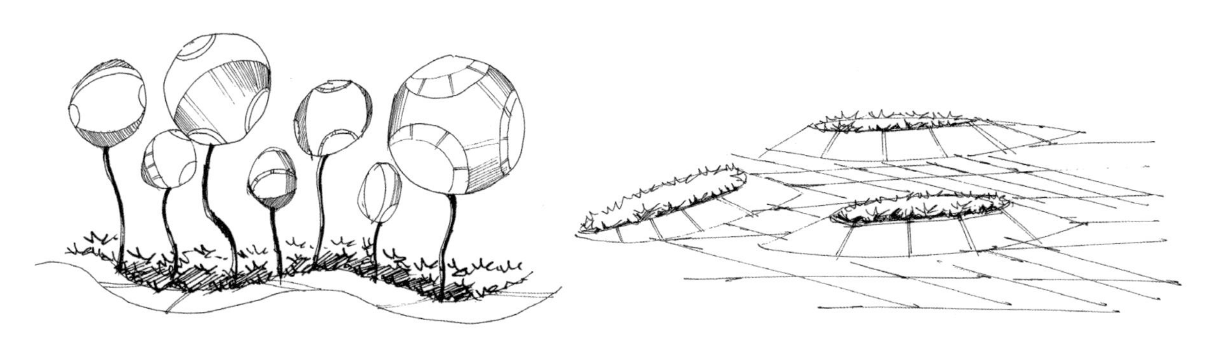

2.对自然元素的捕捉

设计应该回归本真与自然，从这一点出发，大自然给我们的启示是无穷无尽的。我们可以通过大自然的任何一种媒介获得一些设计提示。前提是我们要热爱生活，多思考、多观察、多积累才行。设计不是凭空产生的，哪怕是奇思异想也会来源于某一事物的启迪。对自然元素的捕捉也是靠多观察、多联想产生不同的思想，从而产生不同的设计元素。

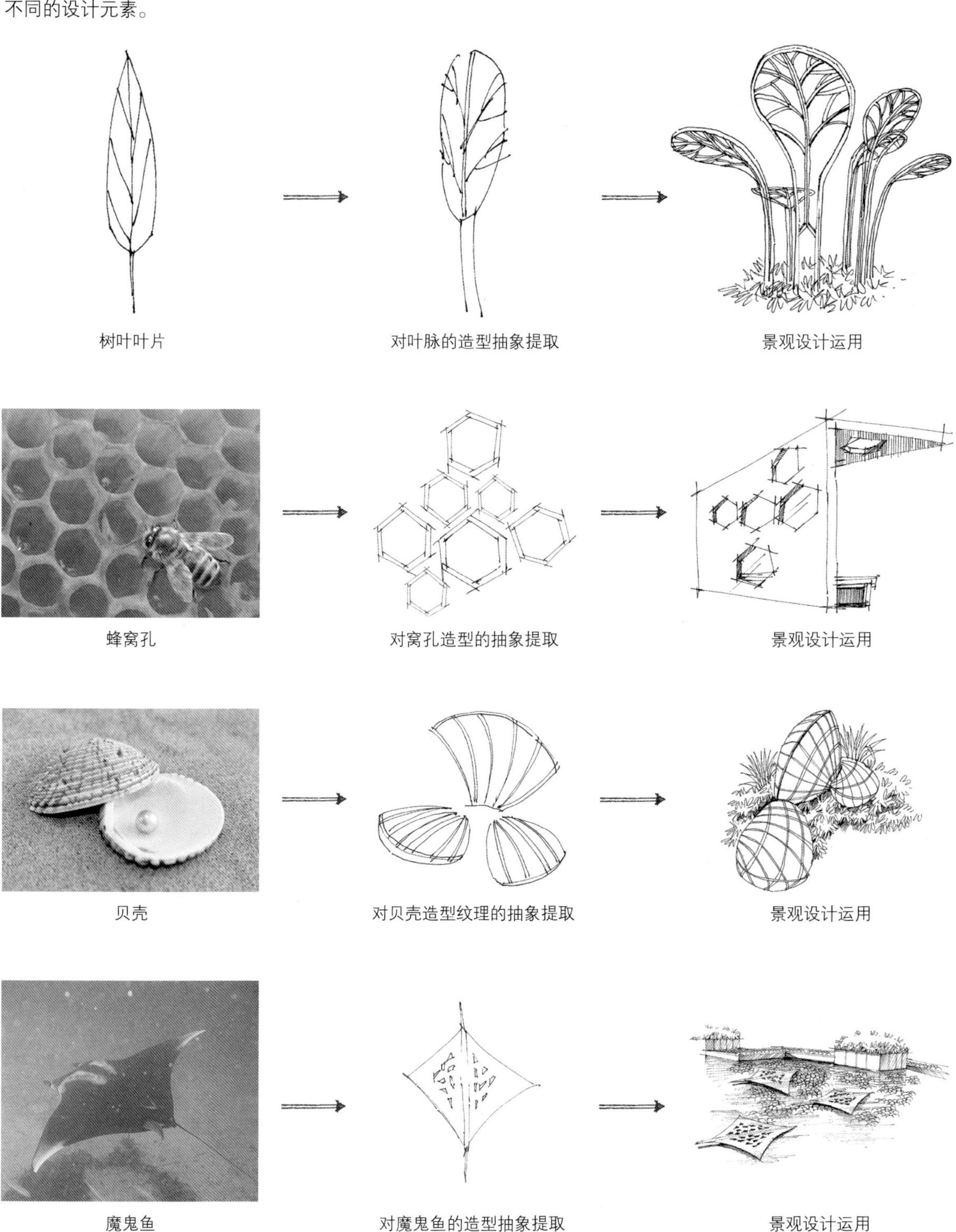

树叶叶片　对叶脉的造型抽象提取　景观设计运用

蜂窝孔　对窝孔造型的抽象提取　景观设计运用

贝壳　对贝壳造型纹理的抽象提取　景观设计运用

魔鬼鱼　对魔鬼鱼的造型抽象提取　景观设计运用

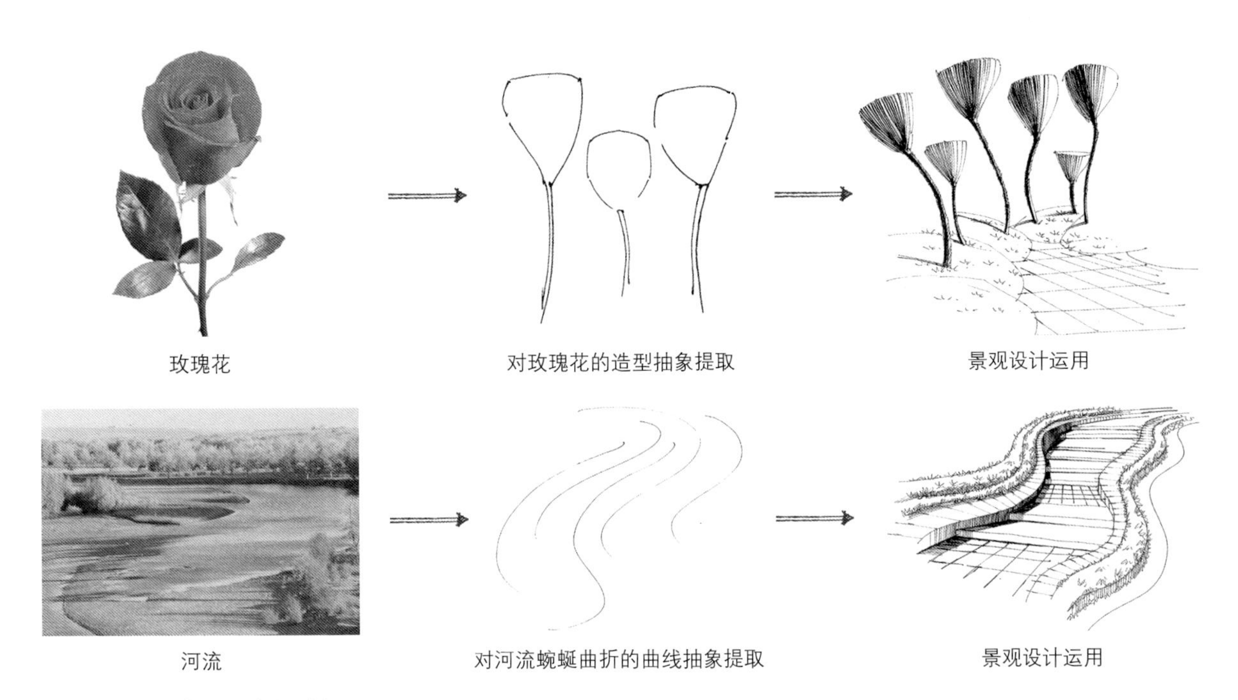

玫瑰花　　对玫瑰花的造型抽象提取　　景观设计运用

河流　　对河流蜿蜒曲折的曲线抽象提取　　景观设计运用

3.景观形体设计训练

景观形体设计训练是设计师对自己所积累素材的一个展示过程，它能很好地体现设计师的思想，能够加深对不同景观的认识以及综合性体现自然元素提取的过程。设计并不是凭空想象，所有的造型与创意通常都是通过对某一事物的认识与抽象提炼而产生的。

左下图的树池是根据钢板的弯折形成的造型，结合座椅的功能形成独特的树池景观，通过不同材质与造型的替换可以产生无穷的树池景观。而右下图的廊架景观不难看出是通过高低不一的山体或是波动的曲线演变而成的。

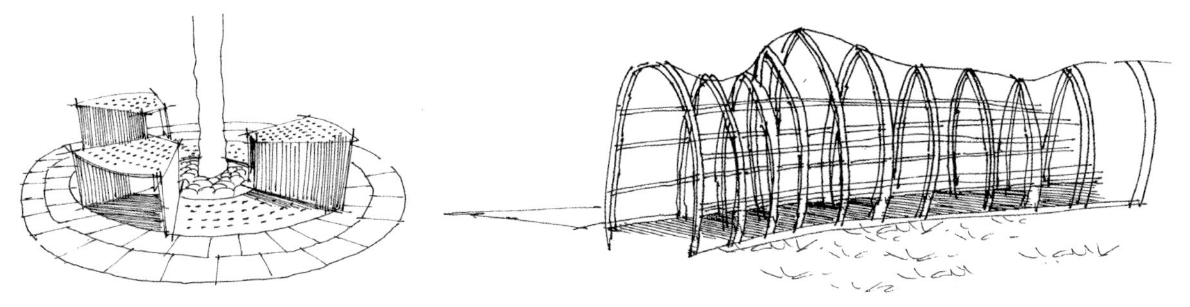

左下图中圆形的背景种植池是通过旋转得到的造型，与规整的圆形树池和灵活的曲线道路形成鲜明的对比，从而给人一种稳中求变的视觉感受。而右下图的景观最初的灵感源于折纸，通过纸张的不同折叠方式产生不一样的空间效果，实际运用到景观当中时，给单薄的纸添加厚度，就形成了这种独特的造型。

左下图中条形状的景观小品，在不同空间通过穿插、搭接可以千变万化。而右下图的座椅景观是通过对乌龟造型的提炼而呈现的座椅形态。

左下图中放置在草坪上的陶罐作为独特的草地小品景观，与乔木树干造型形成强烈的对比，更能凸显出主题小品。而右下图草地上的踏步，主要是通过多边形的造型与草地色调形成深浅对比，使画面有层次感。

左下图的金属小品是通过单个的矩形条框，按照顺时针方向旋转复制得出。而右下图的陶罐不仅可以作为草坪景观小品，也可以结合水景和石头等作为独立的景观节点小品。

第7天 单体植物手绘表现

一 乔木手绘表现

1.乔木基础知识

乔木是指树身高大的树木（高度在6m~10m），由根部生长出独立的主干，树干和树冠有明显区分。乔木又可以分为常绿乔木和落叶乔木。常绿乔木是一种终年具有绿叶的乔木，这种乔木的树叶寿命是2年~3年或更长，并且每年都有新叶长出，在新叶长出时也有部分旧叶脱落，由于是陆续更新，所以终年都能保持常绿。而落叶乔木是每年秋冬季节或干旱季节树叶全部脱落的乔木。在景观设计绘画时，通常会以概括的形式提取一些常见的乔木造型，不需要具体表现出乔木树种。

乔木枝干解析

乔木有明显的主干，分枝点较高，可以通过一句话来区分乔木枝干的生长形态，叫作“石分三面，树分五枝”。以主干为依据，主干的前方、后方、左面、右面、上方都会生长出枝条。绘制枯枝和落叶乔木时要多注意枝条的前后穿插与遮挡关系，平时要多观察、多写生乔木，设计当中才能更好地提炼与概括乔木，便于运用到景观设计当中。

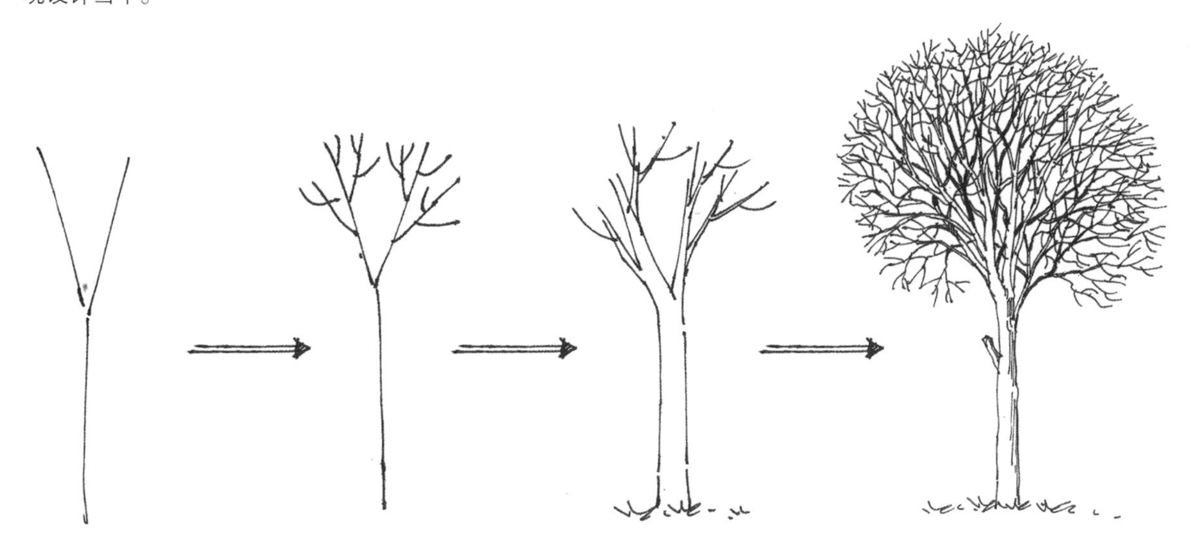

乔木树冠造型归纳

景观设计当中常用的树冠造型大体归纳为三角形树冠、塔形树冠、椭圆形树冠、椭圆组合树冠和多个球形组合树冠等。下面通过几何形体来分析这些树冠的明暗关系。

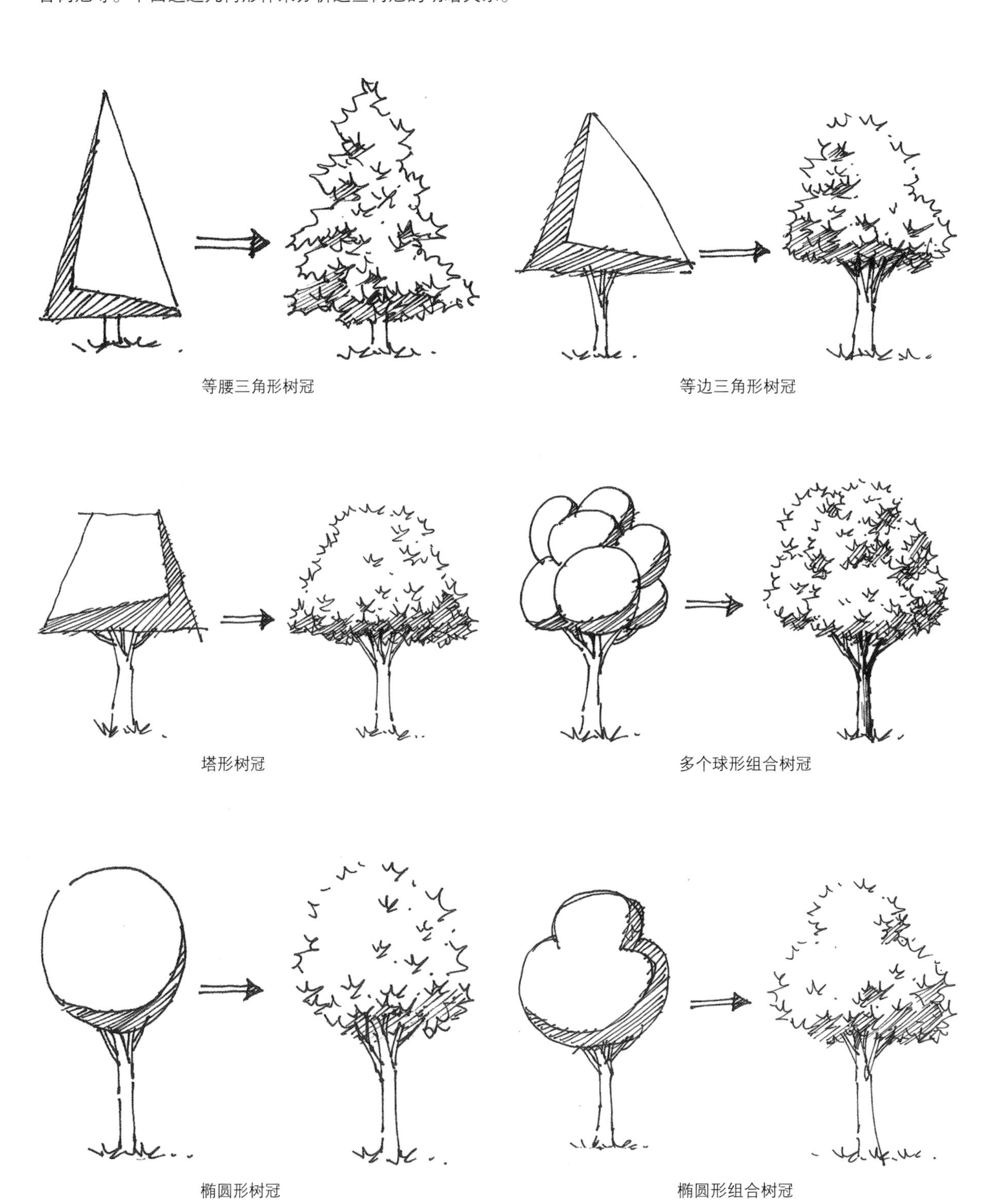

等腰三角形树冠

等边三角形树冠

塔形树冠

多个球形组合树冠

椭圆形树冠

椭圆形组合树冠

2.落叶乔木手绘表现

（1）绘制出乔木树干的造型，注意乔木枝干的前后穿插关系。【用时3分钟】

（2）运用抖线概括出乔木树冠的造型，并注意乔木树冠的前后组团。【用时4分钟】

（3）强调乔木树干的明暗关系，尽量运用长短不一的线条排列，表现出树皮粗糙的质感。【用时3分钟】

（4）进一步强调乔木树冠的明暗关系，将树冠上的组团进一步分清，注意排线尽量运用统一方向的线条排列，这样能更好地保持暗部透气。【用时6分钟】

落叶乔木展示

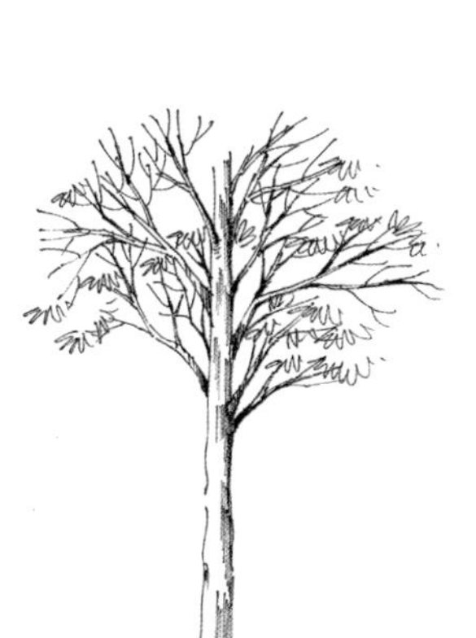

3.常绿乔木手绘表现

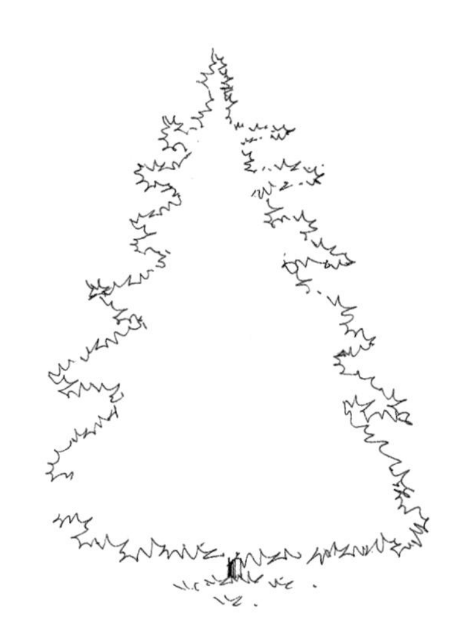

（1）运用抖线绘制出雪松的外轮廓。【用时4分钟】

（2）绘制出雪松的基本造型，并强调出所能观察到的枝干造型。【用时3分钟】

（3）运用统一的斜线，加强雪松的体块与光影关系。【用时6分钟】

（4）使用美工笔加强枝干的背光面，拉开枝干与叶子的空间关系。【用时5分钟】

（5）整体调整画面，绘制出雪松的阴影，进一步过渡灰面。【用时3分钟】

常绿乔木作品展示

4.椰子树手绘表现

椰子树是棕榈科的一种大型植物。在绘制椰子树时，最难表现的莫过于叶片的造型与生长方向，平时要多加练习，便于掌握椰子树的画法。

椰子树不同方向叶片的解析

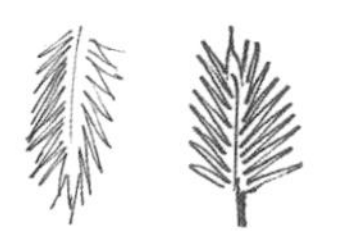

椰子树实例表现

（1）确定椰子树的根部、地被植物与树干的结构，并用弧线确定叶片的生长方向。【用时3分钟】

（2）绘制出部分椰子树的叶片，作为参照，并运用带有一定弧度的线条，塑造出椰子树的树干。【用时4分钟】

（3）刻画出地被植物与花卉的明暗关系。【用时5分钟】

（4）加强椰子树叶片的明暗关系，主要是加强叶片间隙的明暗，拉开叶片的前后关系。【用时5分钟】

5.银海枣手绘表现

银海枣，又称林刺葵，俗称中东海枣。银海枣树干高大挺拔，树冠婆娑优美，富有热带气息，可孤植作景观树，或列植为行道树，常常用于住宅小区、道路绿化，庭院和公园造景等，效果极佳，为优美的热带、亚热带风光树。

银海枣树干解析

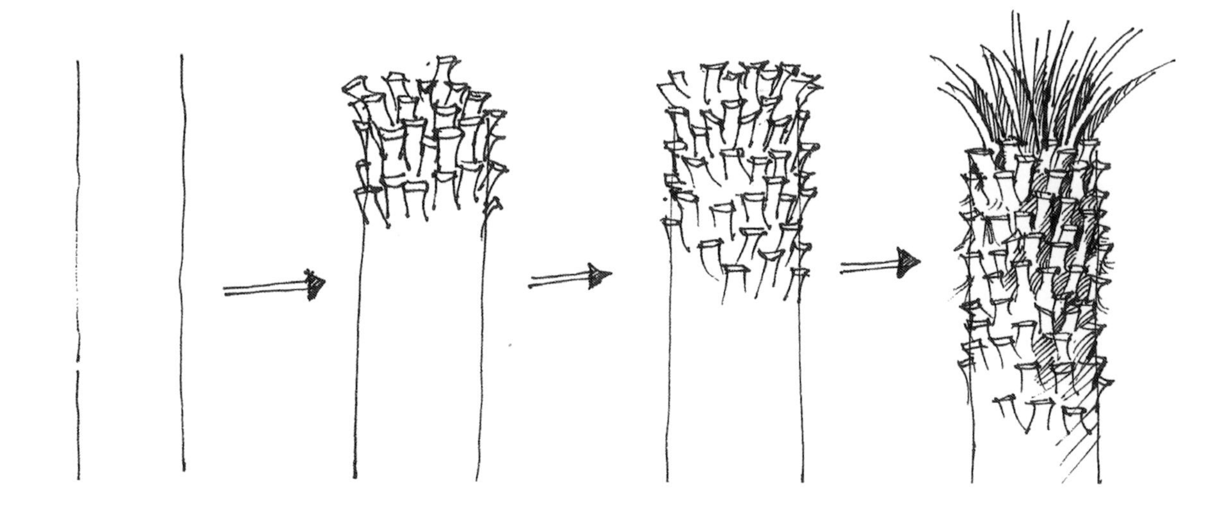

银海枣不同方向叶片的解析

银海枣实例表现

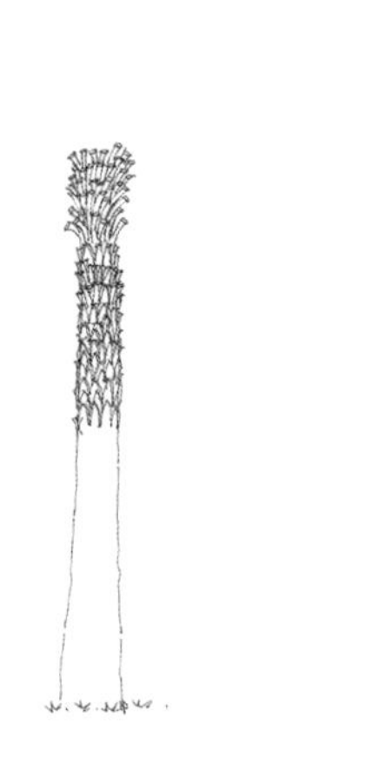

（1）确定银海枣的树干造型，并进一步塑造出树皮的质感，为后续塑造做参考。【用时3分钟】

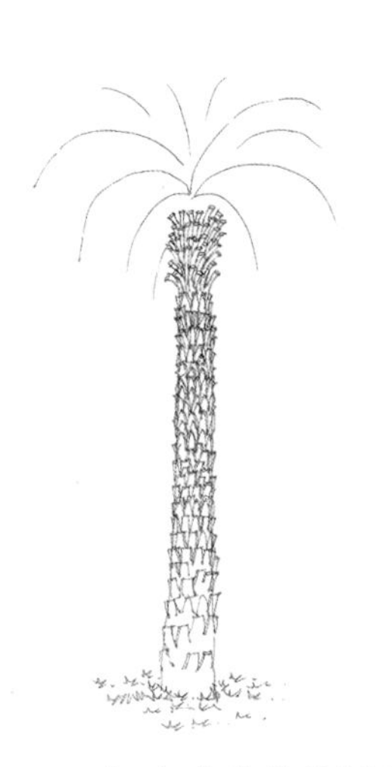

（2）完整地绘制出银海枣的树干，并用弧线确定出银海枣叶片的大体生长方向。【用时5分钟】

（3）通过勾线绘制出银海枣的叶片，处理好叶片的疏密关系，完善画面的内容。【用时5分钟】

（4）整体调整画面，加强银海枣树干、树冠的背光面，塑造出银海枣的体积感。【用时8分钟】

6.蒲葵手绘表现

蒲葵四季常青，为棕榈科蒲葵属的多年生常绿乔木，树冠如伞形，叶大如扇，是热带、亚热带地区的重要绿化植物，树干高度为5m~20m，直径为20cm~30cm，基部一般比较膨大。在景观设计中常列植置景，夏日浓荫蔽日，营造出一派热带风光。

蒲葵树干解析

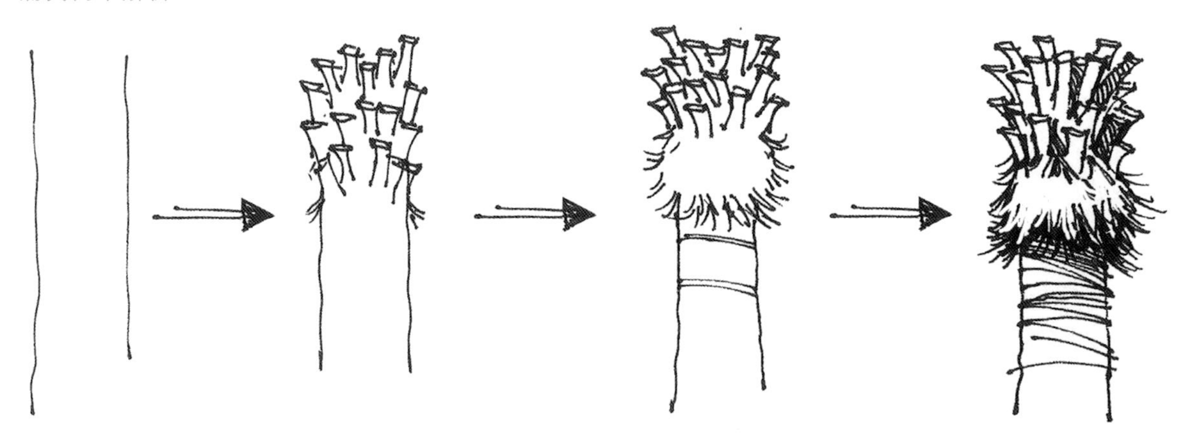

蒲葵不同方向叶片的解析

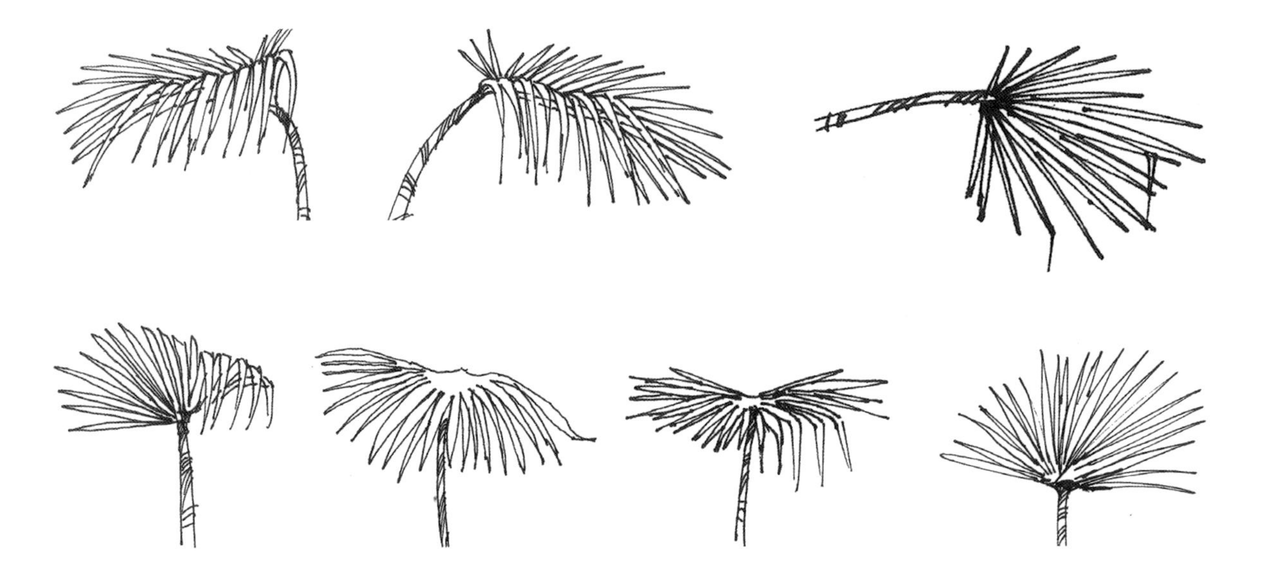

蒲葵实例表现

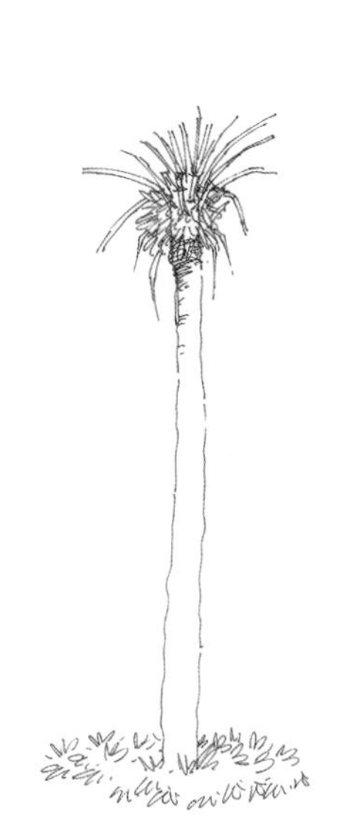

（1）绘制出蒲葵的树干与枝条，并适当绘制出树干根部的地被。【用时3分钟】

（2）完整绘制出蒲葵的树冠叶片，要注意叶片造型与生长方向。【用时6分钟】

（3）确定好光源，塑造出蒲葵树干的明暗关系，并局部加强叶片之间的间隙，拉开叶片之间的前后空间层次。【用时4分钟】

（4）整体调整画面，加强地被植物的明暗关系，以及画面的投影关系。【用时6分钟】

7.槟榔树手绘表现

槟榔树也是属于棕榈科的一种乔木，树干无分枝，一般高度为10多米，最高可达30m，有明显的环状叶痕，雌雄同株。

槟榔树不同叶片的解析

槟榔树树干解析

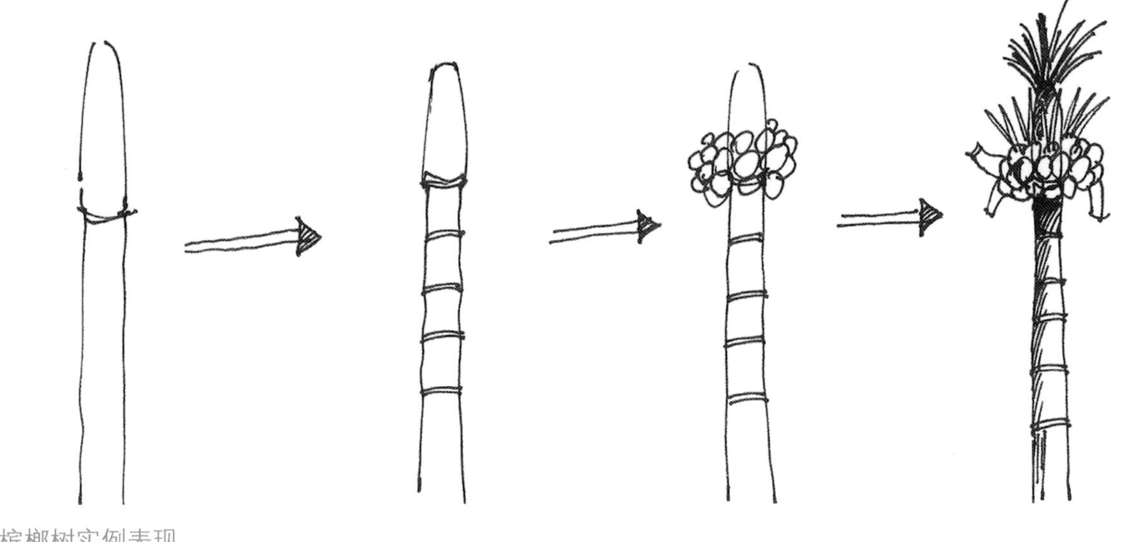

槟榔树实例表现

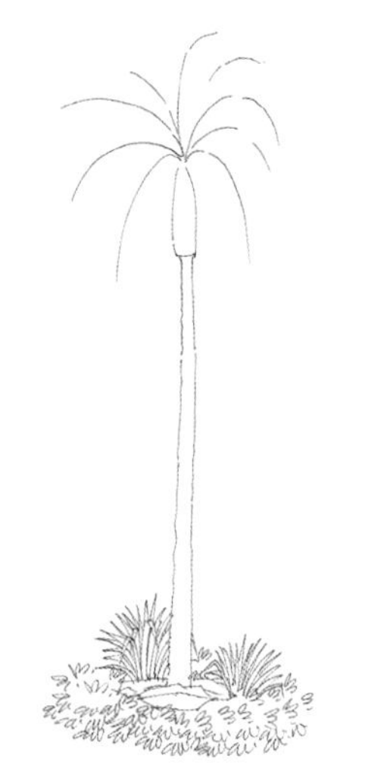

（1）确定槟榔树根部的地被与整体造型，并用弧线确定好叶片的生长态势。【用时4分钟】

（2）根据弧线的方向绘制出槟榔树的叶片，叶片的绘制尽量丰富些，显得植物茂盛。【用时5分钟】

（3）加强树干纹理的刻画，并细致地塑造树干与树冠连接的部位。【用时6分钟】

（4）整体调整画面，加强树冠与地被的明暗层次，拉开叶片的前后穿插关系，完善画面。【用时8分钟】

二 灌木手绘表现

1.灌木基础知识

灌木是一种矮小而丛生的木本植物，一般可分为观花、观果、观枝干等几类。常见灌木有玫瑰、杜鹃、牡丹、小檗、黄杨、沙地柏、铺地柏、连翘和迎春等。在景观设计绘画时，常常提取一些常用的造型来替代一些具体的树种。

灌木树冠归纳

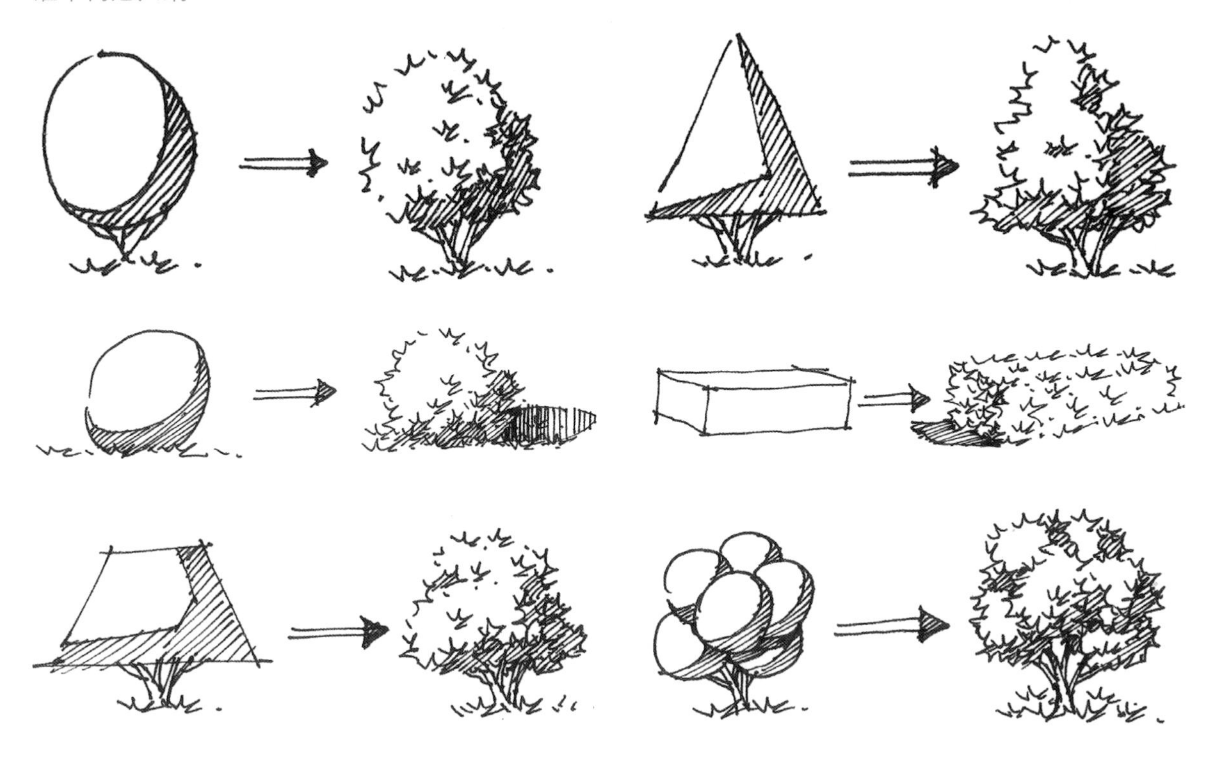

2.灌木实例表现

（1）运用抖线概括出绿篱的基本造型。【用时2分钟】

（2）通过抖线与竖线的疏密排列，拉开绿篱的转折面。【用时4分钟】

（3）绘制出绿篱的影子，并表现出亮面、灰面、暗面的过渡关系。【用时3分钟】

（4）整体调整画面，强调绿篱与地面的位置关系。【用时2分钟】

三 地被与花卉手绘表现

1.地被与花卉基础知识

地被又称地被植物，是植物群落底部贴地生长的苔藓、地衣层。它不仅包括多年生低矮草本植物，还有一些适应性较强的低矮、匍匐型的灌木和藤本植物。从密集、低矮，用于覆盖地面的花卉也属于地被的范畴。在绘制地被与花卉时，一般都比较概括，花卉的具体塑造一般是通过马克笔色调区分。

2.地被与花卉实例表现

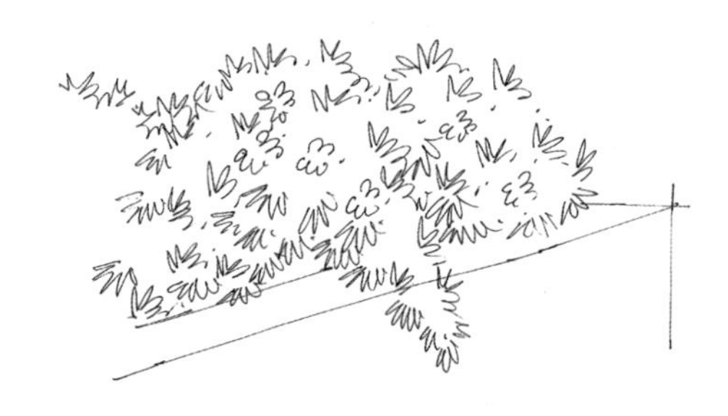

（1）运用抖线概括出地被与花卉的轮廓，然后运用弧线勾勒出花瓣的造型。【用时3分钟】

（2）运用竖线的疏密排列，强调出地被与花卉的明暗转折面。【用时4分钟】

（3）绘制出种植池的铺装分割，完善画面的内容。【用时3分钟】

（4）整体调整画面，细致地塑造出地被与花卉的暗部层次。【用时5分钟】

四 特殊植物手绘表现

1.芭蕉树手绘表现

芭蕉是多年生草本植物，一般比较常见。绘画时比较难的是芭蕉的叶片，不同方向的叶片形态以及叶片破损的部位都各不相同。

芭蕉不同方向叶片的解析

芭蕉实例表现

（1）画出芭蕉树的树干与叶片的生长态势。【用时1分钟】

（2）勾勒出其树叶的形态，注意树叶之间的前后穿插关系。【用时4分钟】

（3）完善地面草地与叶片的刻画，体现出芭蕉树的特征。【用时2分钟】

（4）根据光线画出芭蕉的阴影关系，塑造光感。【用时3分钟】

2.竹子手绘表现

竹子是一种速生型草本植物，其竹叶呈狭披针形，茎为木质，是禾本科的一个分支，分布在热带、亚热带地区。竹子的种类很多，有的低矮似草，有的高如大树，生长迅速。

竹子不同方向叶片的解析

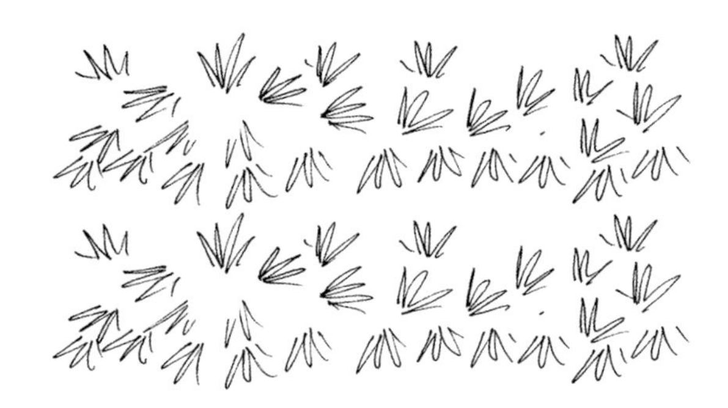

竹子实例表现

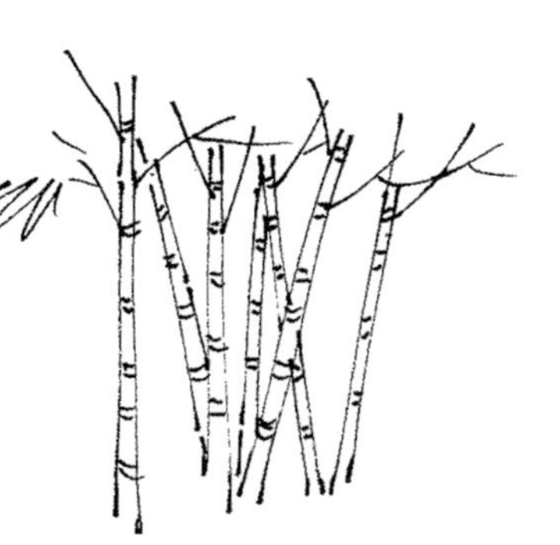

（1）绘制出竹干的前后穿插关系与分节。【用时3分钟】

（2）绘制出竹子的叶片，注意叶片呈狭披针形的造型，并区分好树冠叶片的疏密关系。【用时2分钟】

（3）加强树冠与竹干的明暗关系，塑造竹子的体积感与光感。【用时5分钟】

（4）调整画面，绘制出竹子、地被植物、灌木的投影关系，完善画面。【用时6分钟】

五 水生植物手绘表现

1.水生植物基础知识

能在水中生长的植物，统称为水生植物。根据水生植物的生活方式，一般将其分为以下几大类：挺水植物、浮叶植物、沉水植物、漂浮植物以及湿生植物。

挺水植物：荷花、碗莲、芦苇、香蒲、菰、水葱、芦竹、水竹、菖蒲、蒲苇和黑三菱等。

浮叶植物：泉生眼子菜、竹叶眼子菜、睡莲、萍蓬草、荇菜、菱角、芡实和王莲等。

湿生植物：美人蕉、梭鱼草、千屈菜、再力花、水生鸢尾、红蓼、狼尾草、蒲草和泽泻等适于水边生长的植物。

沉水植物：丝叶眼子菜、穿叶眼子菜、水菜花、海菜花、海菖蒲、苦草、金鱼藻、水车前、穗花狐尾藻和黑藻等。

漂浮植物：浮萍、紫背浮萍、凤眼蓝和大薸等植物。

2.水生植物实例表现

（1）绘制出局部水生植物的造型，注意水生植物叶片的前后穿插关系。【用时3分钟】

（2）完善这一株水生植物，作为周边环境的参考。【用时4分钟】

（3）完善右侧的一株水生植物与水中荷叶的造型。【用时7分钟】

（4）绘制出水面与植物阴影，完善画面。【用时3分钟】

水生植物作品展示

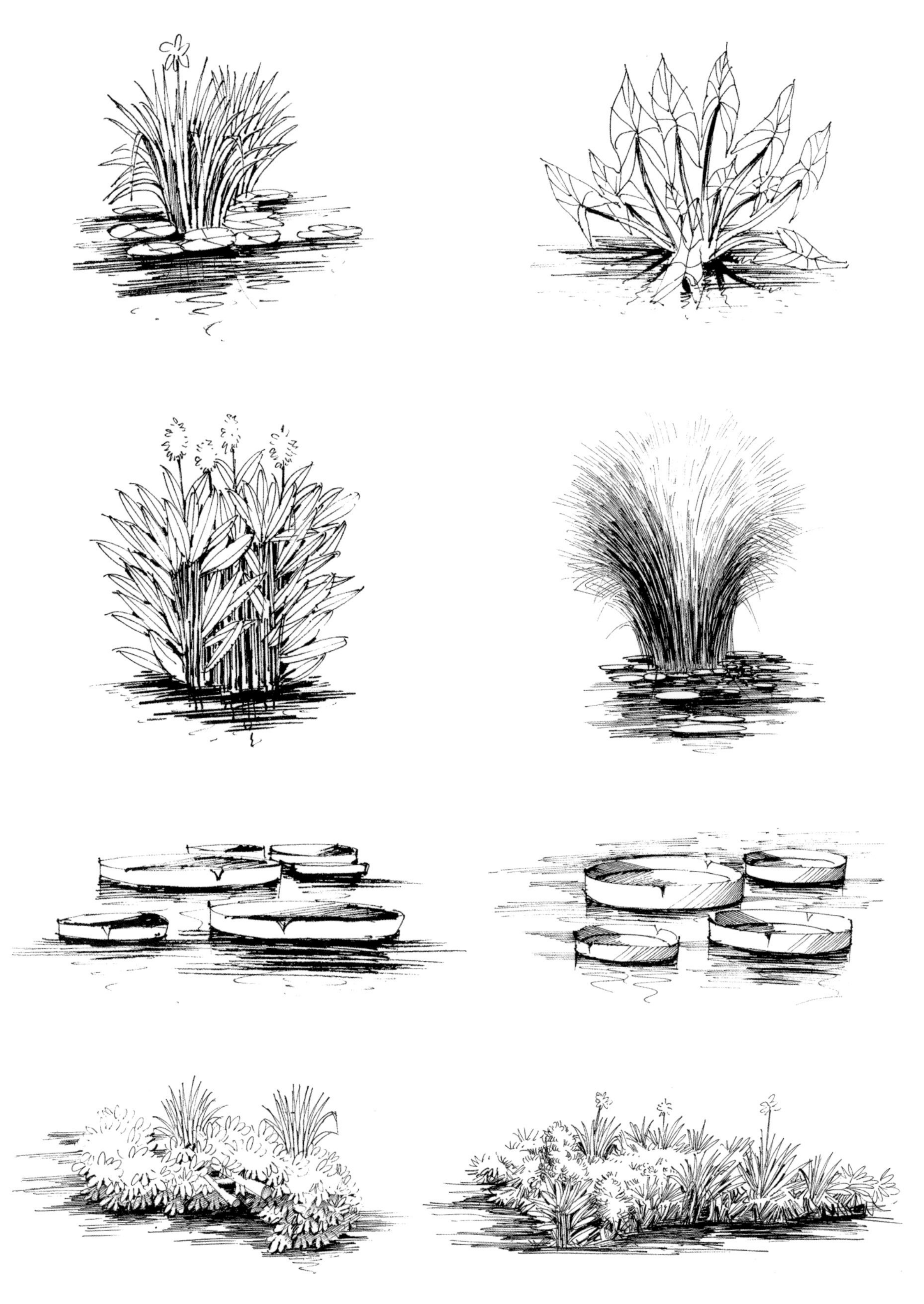

配景手绘表现

一 水景手绘表现

1.水景基础知识

景观设计中的水景主要是指喷泉、水面、跌水和水池等，大体分为静态水与动态水两种形式。水景的处理主要是起到烘托主体景观、拓展空间、引导空间、划分空间层次以及突出主体景观的特色等作用。水景不仅具有保护生态环境、反应地域特色、烘托园林景观、蕴含文化意境、体现趣味性等内涵，其本身就是一种独特的景观，根据不同的形式会给我们带来不同的视觉感受，所以水景的绘画十分重要。

喷泉基础手绘图解析

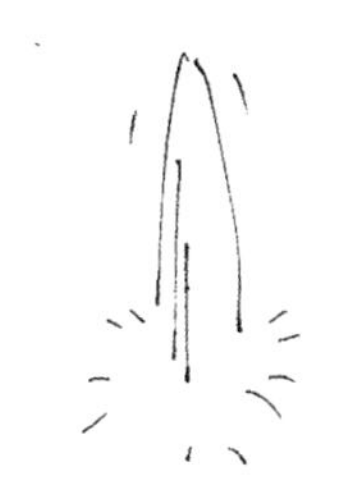

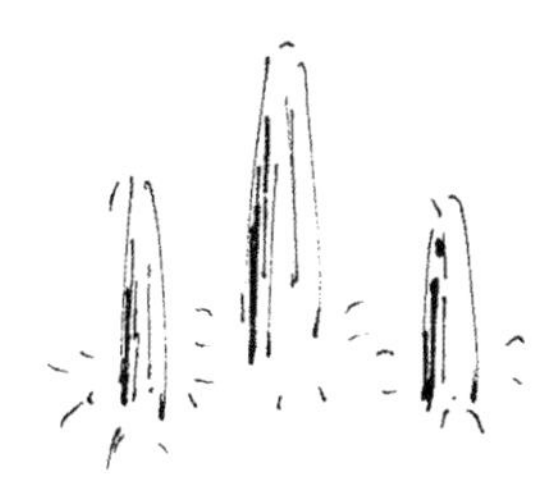
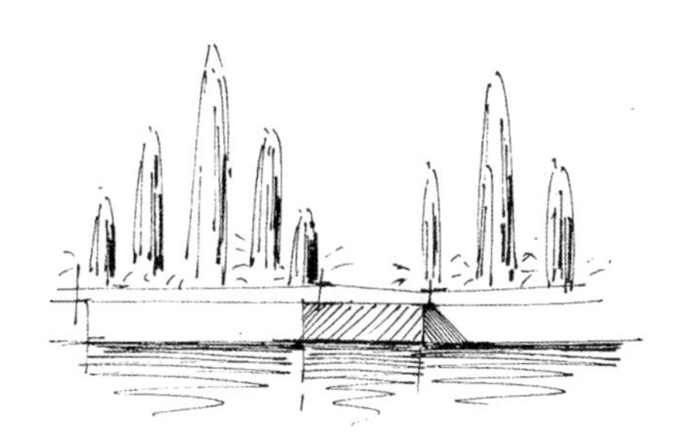

涌泉基础手绘图解析

跌水基础手绘图解析

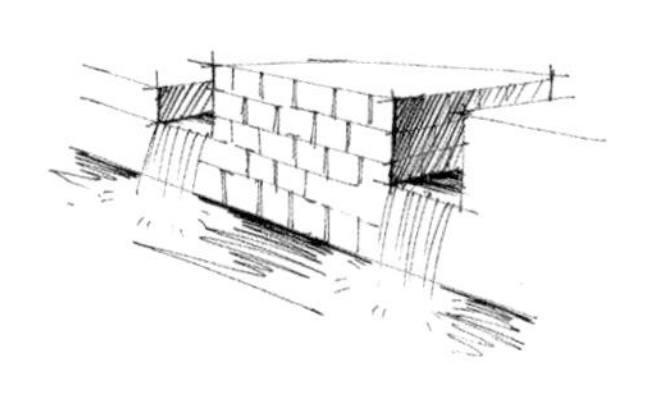

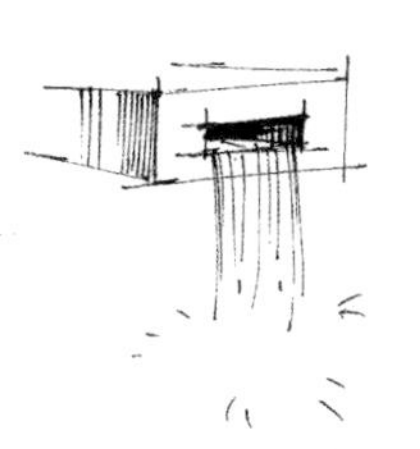

水面基础手绘图解析

2.水景实例表现

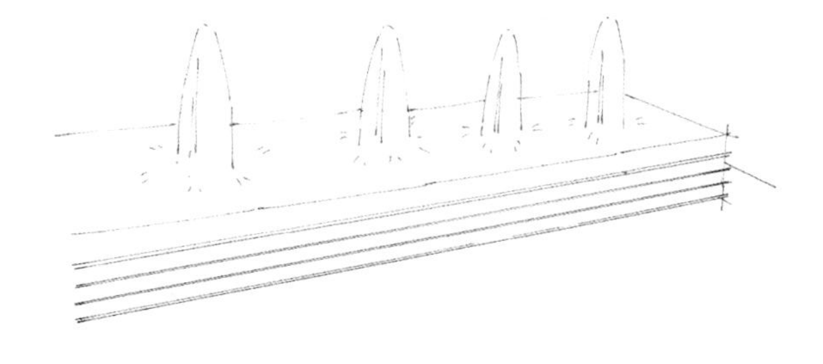

（1）绘制出涌泉的外轮廓与底座的造型。【用时3分钟】

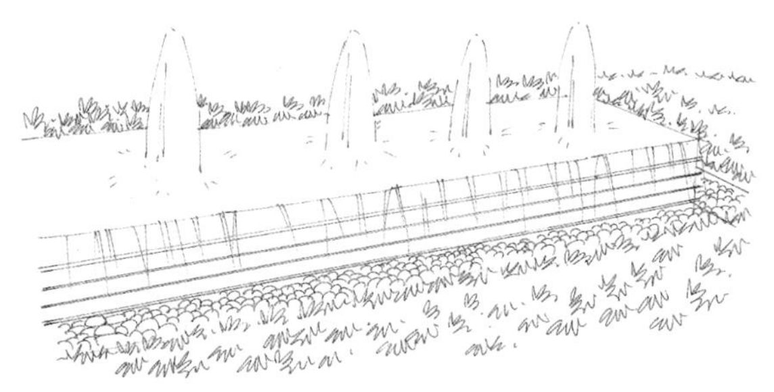

（2）绘制出涌泉周围的植物与卵石，掌握好水池下跌水的造型与疏密关系。【用时6分钟】

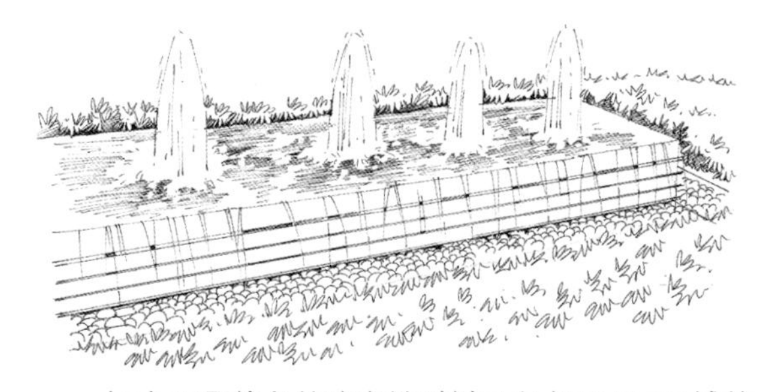

（3）运用线条的疏密排列刻画出水面不同区域的明暗深浅关系。【用时5分钟】

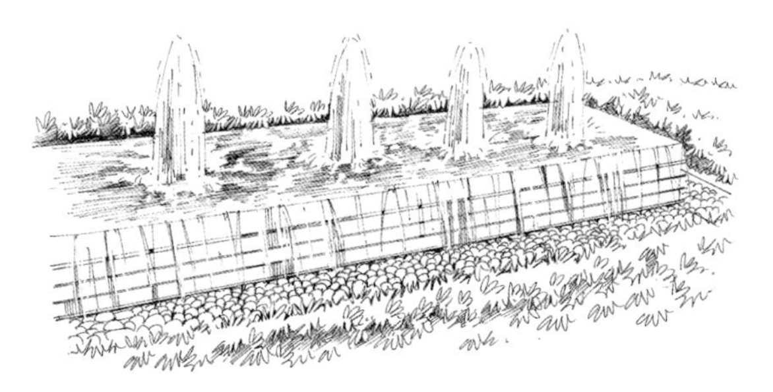

（4）整体调整画面，刻画出周围环境的明暗关系，从而衬托出主体景观涌泉。【用时7分钟】

水景作品展示

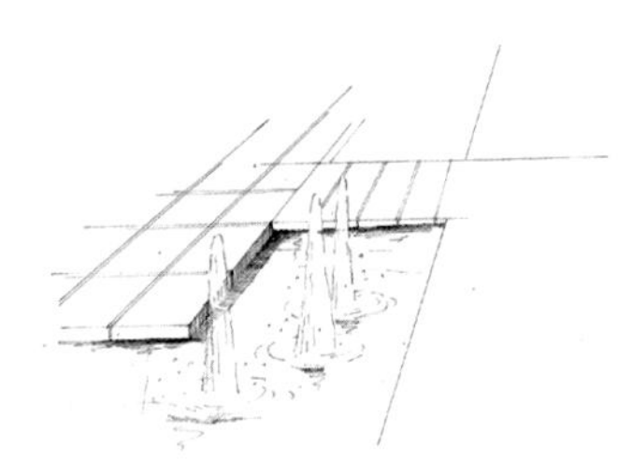

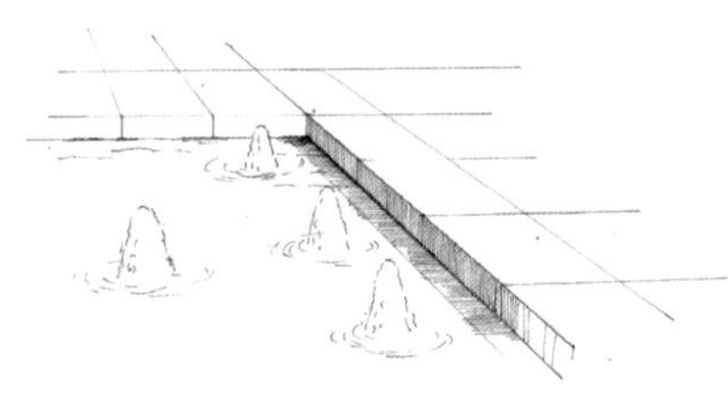

石头手绘表现

1.太湖石手绘表现

太湖石，又名窟窿石、假山石，是指石灰岩遭到长时间侵蚀后，慢慢形成形状各异的造型，太湖石分为有水石和干石两种。姿态万千，通灵剔透的太湖石，最能体现“皱、漏、瘦、透”之美，其色泽以白石居多，少有青黑石、黄石。尤其黄色的更为稀少，在景观设计当中适宜布置在公园、草坪、校园及庭院等地，有很高的观赏价值。在绘画太湖石时要注意表现出石头的“皱、漏、瘦、透”之美。

太湖石手绘图解析

皱

瘦

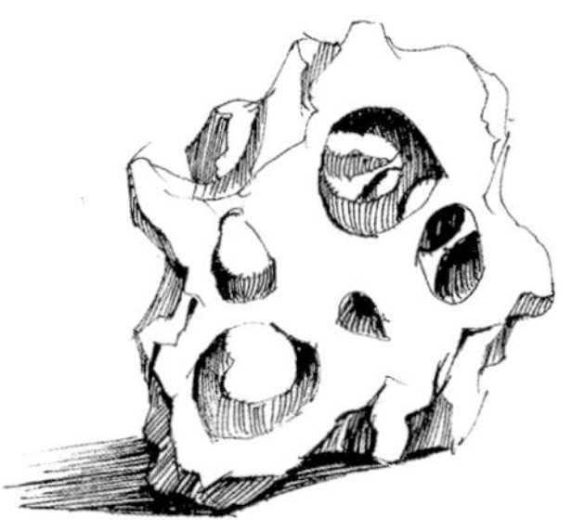

穿孔（透）

窝孔、道孔（漏）

太湖石实例表现

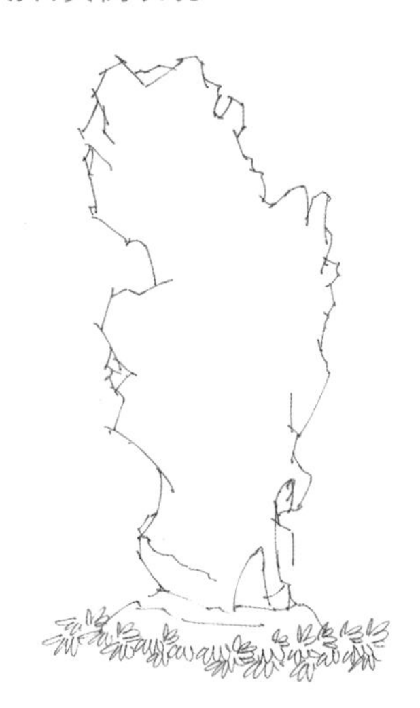

（1）整体布局，勾画出太湖石的外轮廓，并绘制出太湖石与地面的衔接花卉。【用时5分钟】

（2）细化太湖石的转折结构以及孔洞的具体造型，并完善地被植物。【用时8分钟】

（3）寻找太湖石大的暗面与孔洞排线，加强明暗面的对比。【用时6分钟】

（4）通过排线绘制出背光面较浅的色调，排线不宜过密。【用时4分钟】

（5）运用美工笔整体调整画面的深浅层次，突出主体景物，完成绘画。【用时3分钟】

2.千层石手绘表现

千层石是沉积岩的一种，纹理成层状结构，在层与层之间夹一层浅灰岩石，石纹成横向，外形似久经风雨侵蚀的岩层。

千层石手绘图解析

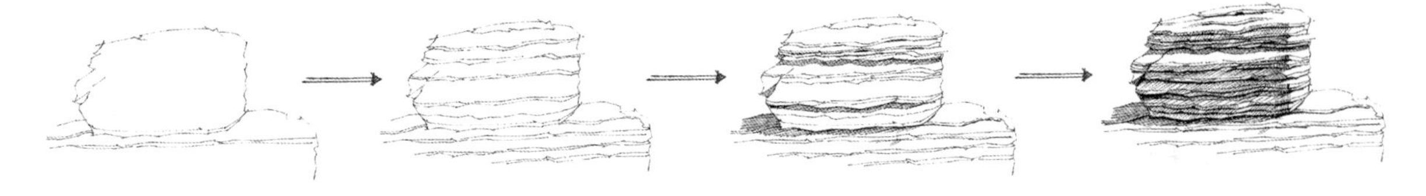

千层石实例表现

（1）从局部出发，勾勒出重要部位的千层石，确定好比例与大小，作为后续绘画的参照物。【用时4分钟】

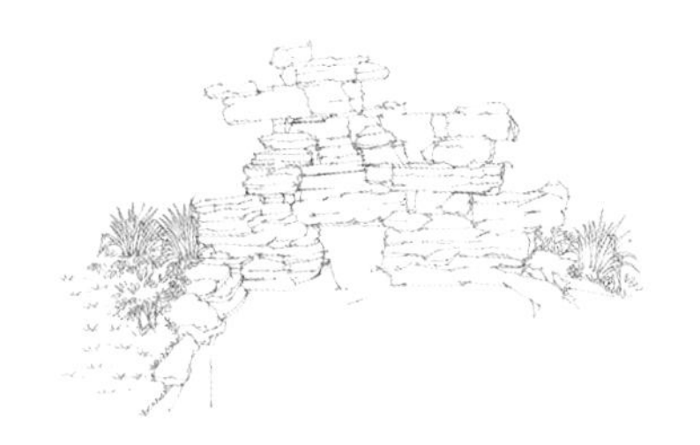

（2）以参照物为基础向下、向左绘制出千层石的基本结构，同时绘制出地被植物，软硬景观结合表现。【用时15分钟】

（3）从千层石最深的暗部开始强化明暗关系。对于大面积的暗部，排线要快速密集地排列，这样能更好地拉开明暗与空间关系，注意保持暗部透气。【用时7分钟】

（4）绘制出水面前景围栏中的花卉，完善画面的内容与构图。【用时5分钟】

（5）细致地表现出千层石的明暗转折与结构，刻画细节加强水面的表现。【用时10分钟】

（6）整体调整画面，加强植物的明暗关系，强化主体景物的明暗对比，突出主体完成绘画。【用时12分钟】

3.泰山石手绘表现

泰山石产于泰山山脉周边的溪流山谷，其质地坚硬，基调沉稳、凝重、浑厚，多以渗透、半渗透的纹理画面出现，以其美丽多变的纹理又以年代久远的风化外形而著名。

泰山石手绘图解析

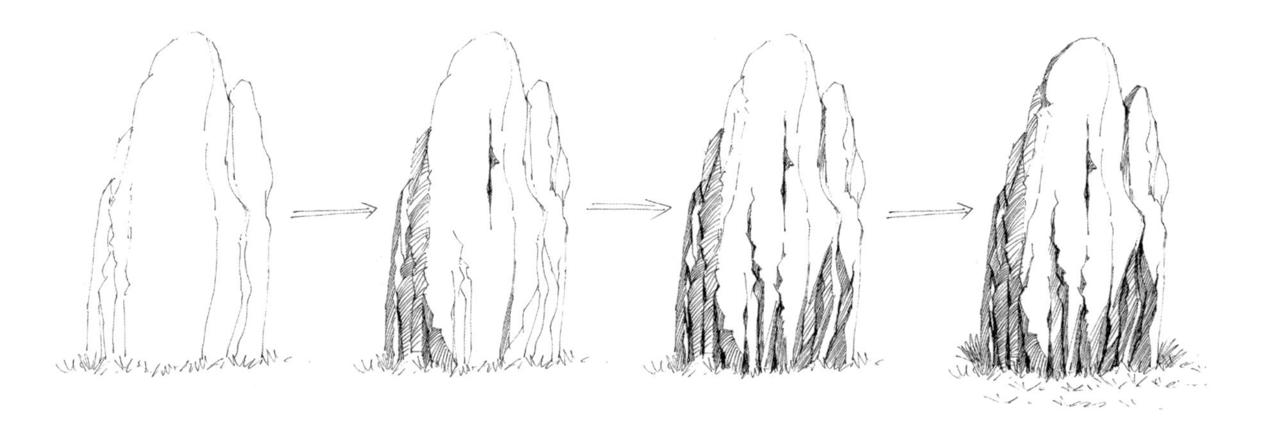

泰山石实例表现

（1）运用肯定、流畅的线条勾勒出泰山石的基本外轮廓，并概括出周围小石块的基本结构。【用时3分钟】

（2）细分泰山石的结构，并刻画出周围石块的明暗转折以及地被植物。【用时5分钟】

（3）加强泰山石的明暗光影关系，塑造体积感。【用时8分钟】

（4）绘制出泰山石的影子，并加强明暗交界线的处理，增强画面的视觉冲击力。【用时4分钟】

4.置石手绘表现

置石是以石材或仿石材布置成自然露岩景观的造景手法。置石还可结合其他的挡土、护坡等作为种植床或器设等，具有实用功能，用于点缀风景园林空间。置石能够用简单的形式，体现较深的意境，达到“寸石生情”的艺术效果，所以在景观设计场景当中置石的点缀随处可见。

置石手绘图解析

散置又称散点，即“攒三聚五”的做法。常用于布置内庭或散点于山坡上作为护坡。散置按体量不同，可分为大散点和小散点。

对置一般会在建筑物、水景、草地以及建筑入口两旁等地方，对称地布置两块山石，以陪衬环境，丰富景色。

特置又称孤置，在江南又称“立峰”，多以整块体量巨大，造型奇特，质地、色彩特殊的石材做成。常用作园林入口的障景和对景或漏窗和地穴的对景。

置石实例表现

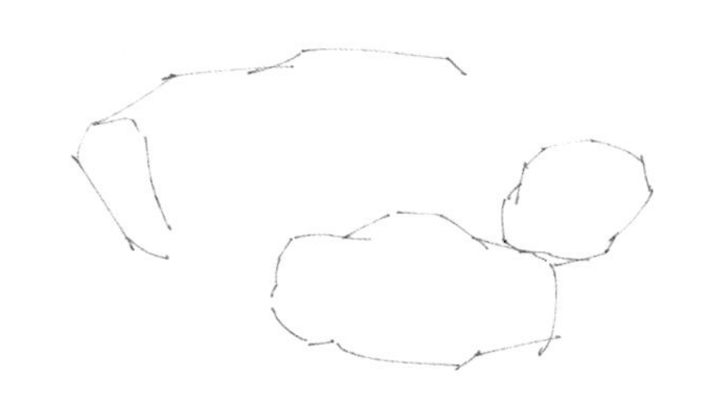

（1）整体布局，确定出置石在画面当中的大体位置，注意用线流畅，被草地遮挡的部分石头以留白的形式表示。【用时2分钟】

（2）绘制出置石周围的草地与地被植物，完成画面的整体构图。【用时4分钟】

（3）绘制出置石的明暗关系，加强置石周围地被植物的刻画。【用时8分钟】

（4）细化置石结构与明暗体块关系，并通过周围植物的明暗衬托出主体置石的造型。【用时6分钟】

人物手绘表现

1.人物的基础知识

人物在景观场景当中，主要起到比例与尺度的作用，同时也能活跃场景氛围，景观场景当中的人物往往会简化处理。大场景中的人物基本上是看不清面貌的，只需要掌握人物的动态、比例和重心即可，如下图中的人物只是一种配景元素。因此，在具体绘制人物时，尤其是远景人物的头部可以用圈与点来表示，当然处于前景所占比例较大的人物还是需要细致刻画。这种情况往往出现在画面的最前端或者是边缘，处理时要适可而止。

人物结构解析

人物的头部与身体的比例有一个口诀，即“站七、坐五、盘三半”，以一个头长为单位，站立的人物为7.5个头长，坐姿为5个头长，而盘坐为3.5个头长。儿童站姿在不同年龄会有所差异，一般情况下会呈现出5个头长。

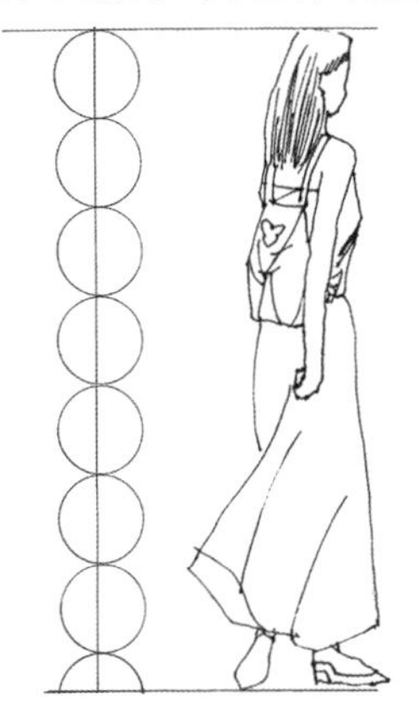

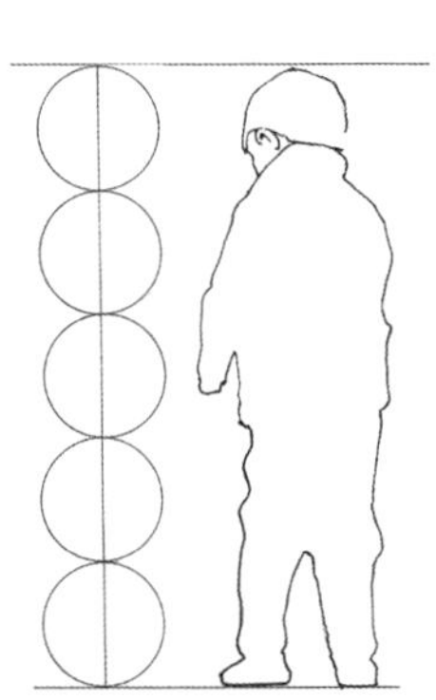

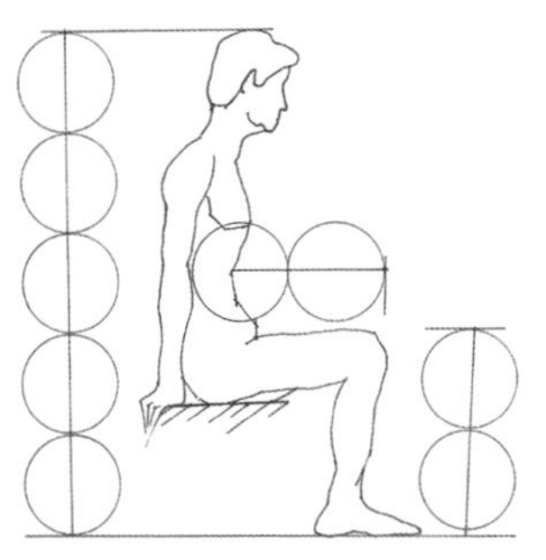

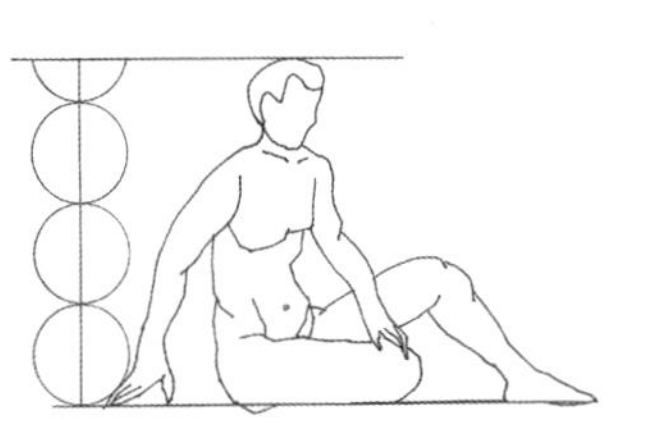

2.人物实例表现

（1）绘制出人物的大体轮廓线，注意头与身体的比例。【用时5分钟】

（2）继续刻画人物轮廓与服饰转折。【用时3分钟】

（3）刻画出人物的细节部分，如五官、头发和衣服褶皱等。【用时3分钟】

（4）绘制出人物的暗部，拉开明暗转折关系。【用时4分钟】

人物作品展示

四 车辆手绘表现

1.车辆基础知识

车辆的作用基本上与人物一样，也是画面比例与尺度的参考，这里所说的车辆主要是以小汽车为主。配景汽车往往是不可避免的。如下图所示的街道景观，汽车是重要的构成元素。汽车配景在所有配景当中相对来说要难表现一些，主要是汽车的造型与透视关系不好掌握，所以在景观手绘训练中，汽车要多加练习，可以将其归纳成两个方体叠加倒角，这种方法接下来会用到，希望大家寻找适合自己的方法来练习透视与造型，多加理解汽车结构，这样效果会更好。

车辆手绘图解析

下面的汽车是通过方体倒角得到的造型。首先确定两个叠加的方体，上面一个方体的高度要比下面方体的高度矮一些，具体矮多少要根据不同的车型确定，然后在方体里面寻找汽车的透视与造型，最终得到我们想要的汽车形态。

2.车辆实例表现

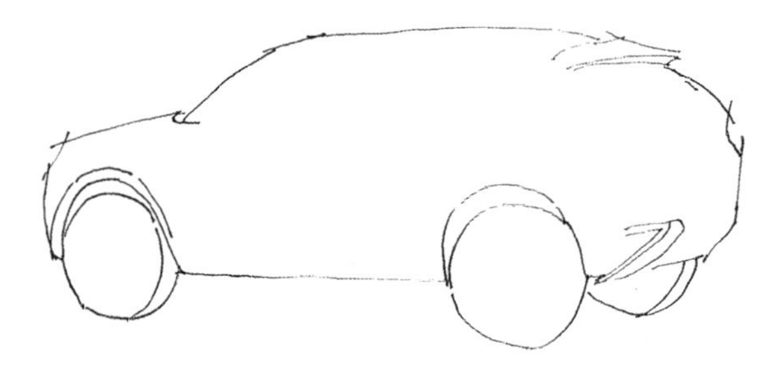

（1）绘制出汽车的外轮廓线，勾线要注意虚实关系。【用时5分钟】

（2）细分汽车的结构，绘制出汽车的基本造型，并用线勾画出投影的位置。【用时8分钟】

（3）绘制出汽车的明暗关系，塑造汽车的体积与空间感。【用时7分钟】

（4）整体调整画面，丰富汽车的暗部层次，完成绘画。【用时5分钟】

汽车作品展示

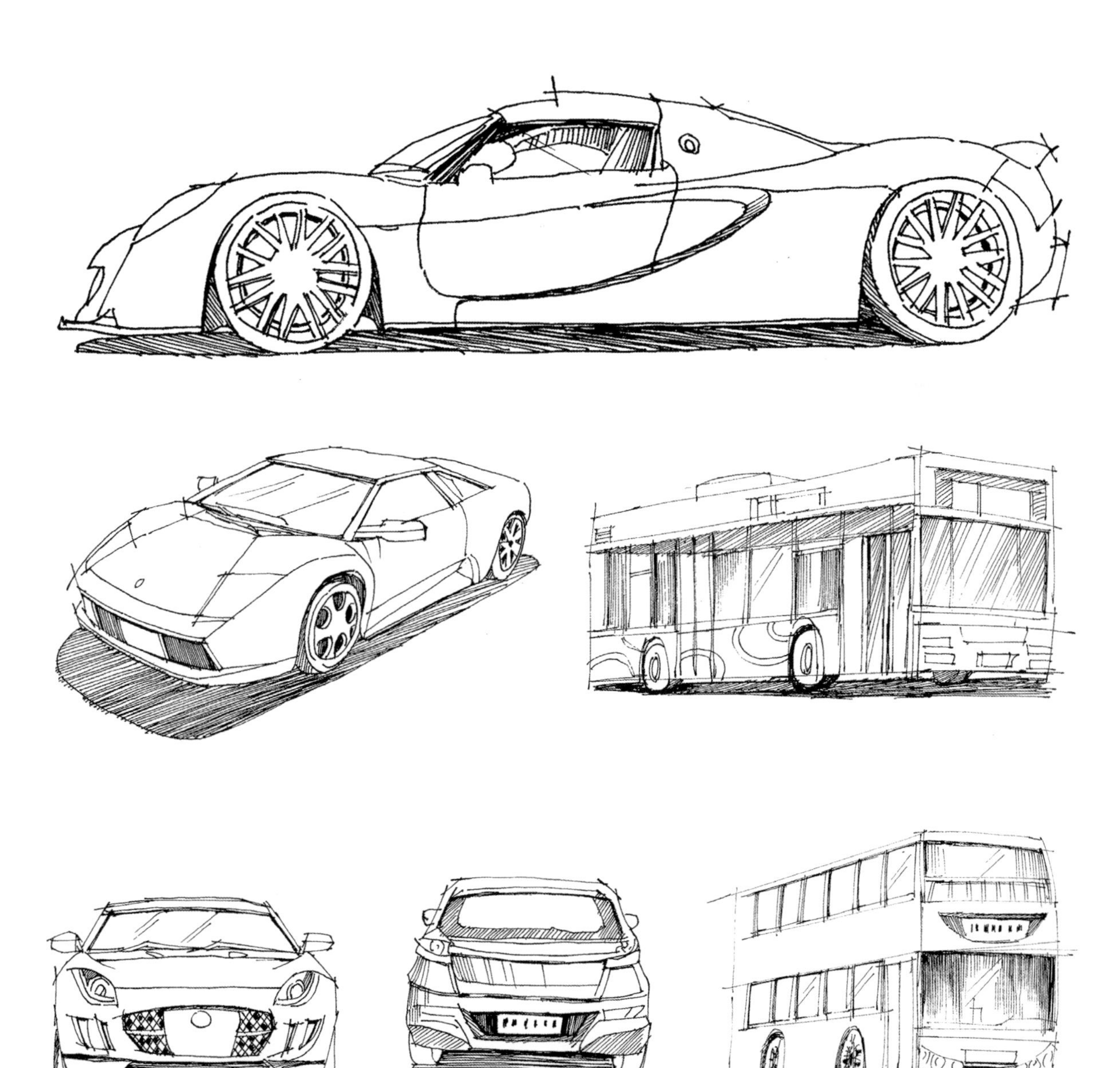

五 船舶手绘表现

1.船舶基础知识

船舶作为一种水上交通工具，有轮船、舰艇、帆船和小渔船等。在景观手绘当中这类配景相对来说画得要少一些，一般用于一些滨水景观和船舶景观小品等，船舶的结构是绘画的难点。

船舶基础手绘图解析

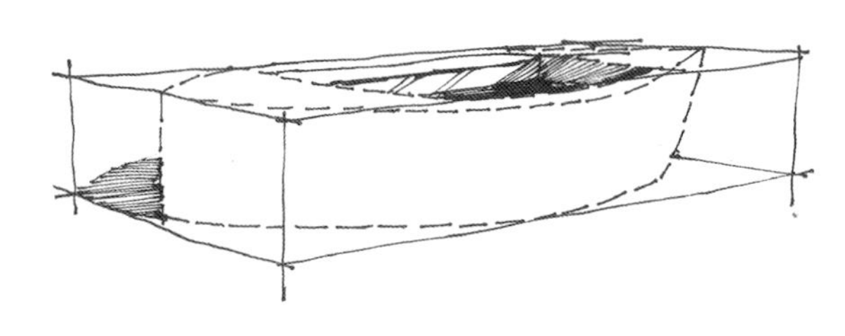
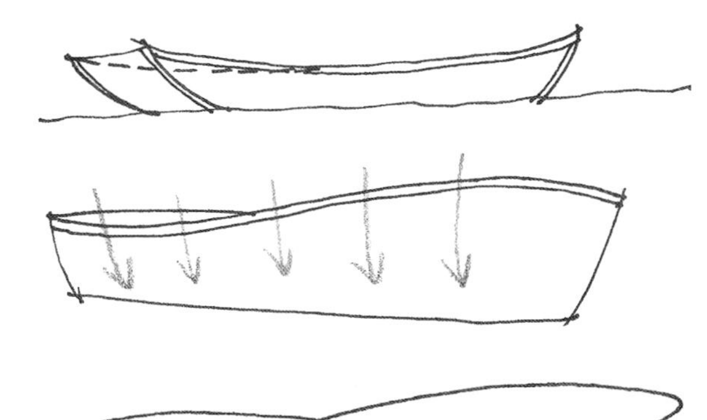
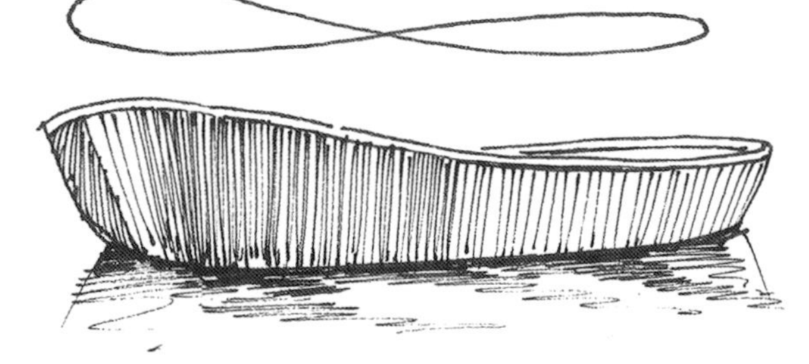
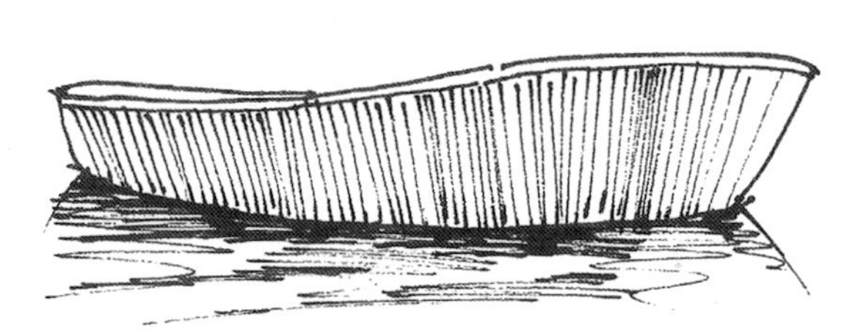

2.船舶实例表现

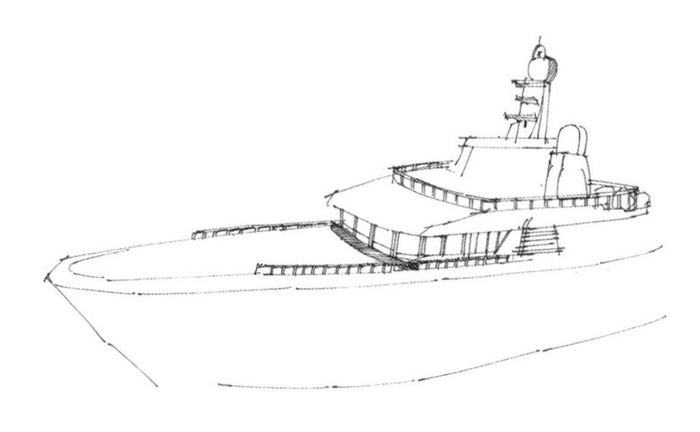

（1）绘制出船身的基本轮廓，并刻画局部作为后续绘画的参照。【用时5分钟】

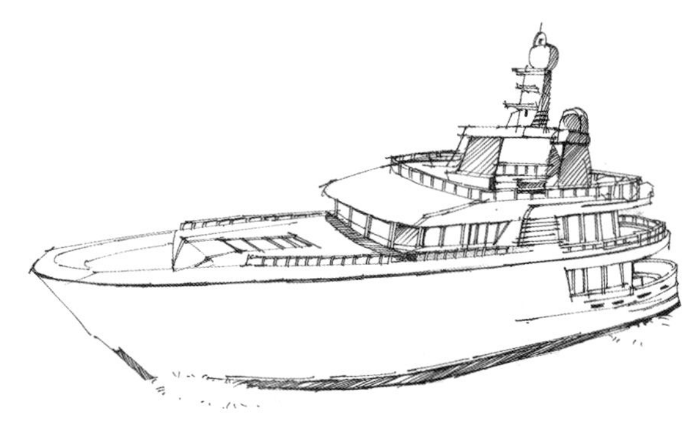

（2）绘制出轮船的顶部围栏与窗体，并加强船身的深色调。【用时8分钟】

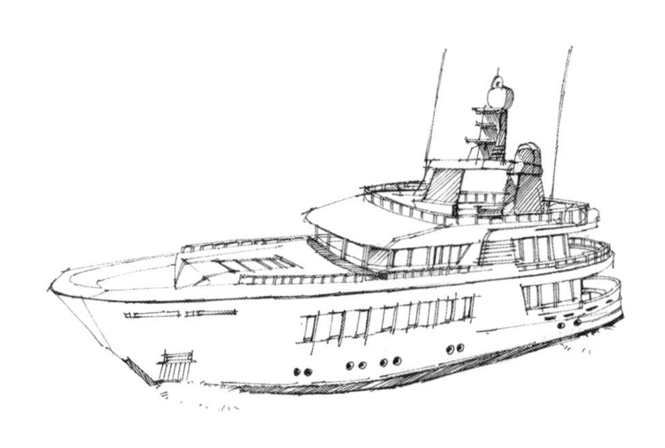

（3）细化轮船的结构，统一画面的节奏。【用时4分钟】

（4）着重表现水面与轮船的背光面，丰富画面的暗部层次，塑造光感。【用时10分钟】

船舶作品展示

六 景观亭廊手绘表现

景观亭廊是景观手绘表现中必不可少的一部分，除了植物之外，亭廊往往也在景观手绘当中充当主景，有举足轻重的地位，所以景观亭廊的训练时间要长一些。下面我们先从简单的案例着手，后面的作品展示也列举了一些常用的亭廊作为课后训练的作业，便于大家巩固练习。

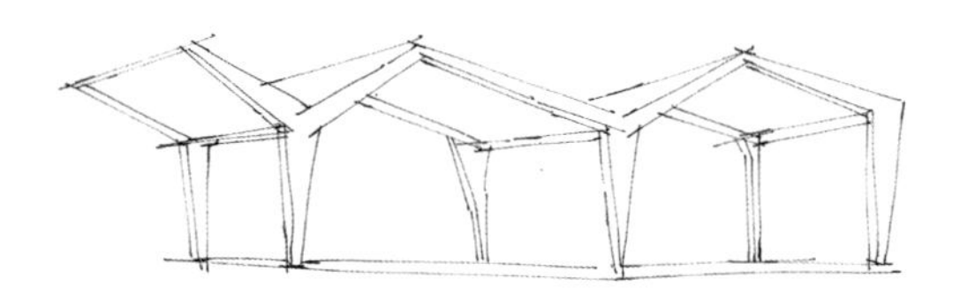

（1）运用硬直线绘制出廊架的基本结构。注意要表现出廊架支撑架的厚度。【用时5分钟】

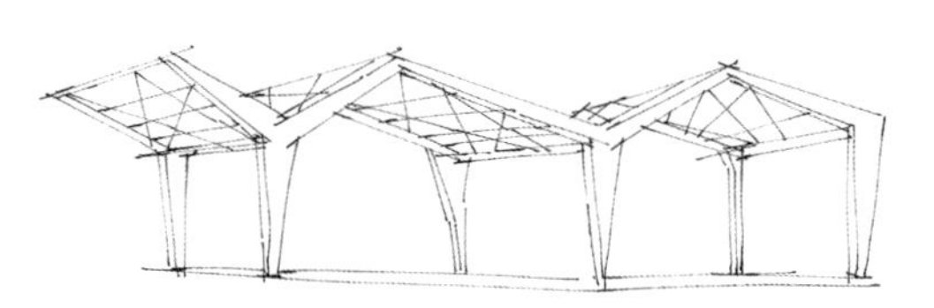

（2）绘制出廊架玻璃顶的细节，丰富画面内容。【用时3分钟】

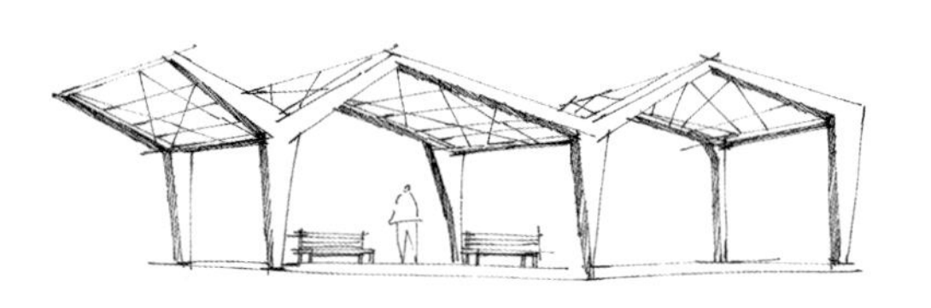

（3）绘制出廊架支撑架的暗部，并刻画出座椅与人物作为尺度参考。【用时6分钟】

（4）绘制出周围的环境，并刻画出明暗关系，完成绘画。【用时11分钟】

亭廊作品展示

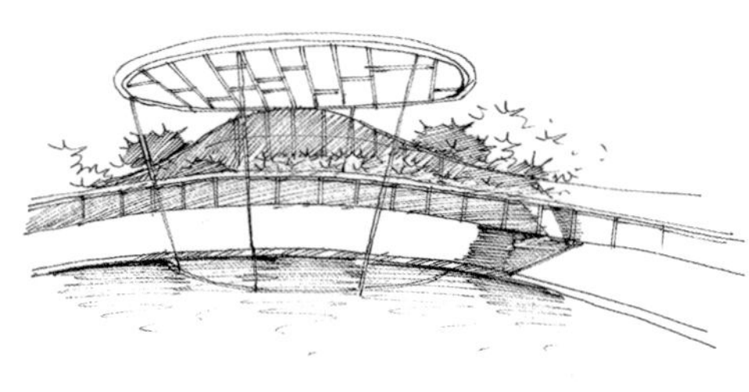

景观小品手绘表现

景观小品的范畴很广，它也有不同性质的分类，有功能性小品、装饰性小品以及主题性小品等。景观节点往往由它们构成，想要表现好一张节点效果图，这些小品的塑造与表现就显得十分重要。下面通过简单的案例进入小品训练，在后面的作品展示里面也列举了一些常用的景观小品供大家参考与练习。

（1）运用放松的线条勾画出海螺小品种植池，然后刻画出植物、花卉与草地的具体造型。【用时8分钟】

（2）强化海螺小品的结构细分，丰富前景地被与花卉的表现。【用时4分钟】

（3）刻画出周围植物与海螺小品的投影，拉开景观的空间关系。【用时5分钟】

（4）细致地刻画海螺种植池的背光面，完善画面。【用时6分钟】

景观小品展示

景观灯饰手绘表现

景观灯饰主要是为夜间照明而设计的灯具，一般室外的灯具有高干路灯、庭院灯、草坪灯和壁灯等。这些灯具在景观设计手绘表现时，要注意造型与位置，这样能帮助我们均衡构图。空旷的草地适当地添加一些草坪灯与庭院灯，既能丰富画面内容，又能使构图有高低变化。在表现夜景时，灯具的作用就更为重要了，大家要熟练地掌握。下面还是从简单的案例开始进入灯饰的训练，作品展示为大家提供了设计常用的一些灯饰，供大家课后绘制与学习。

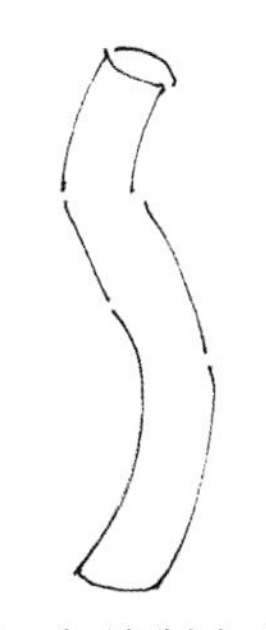

（1）绘制出室外灯具的外轮廓。【用时12秒】

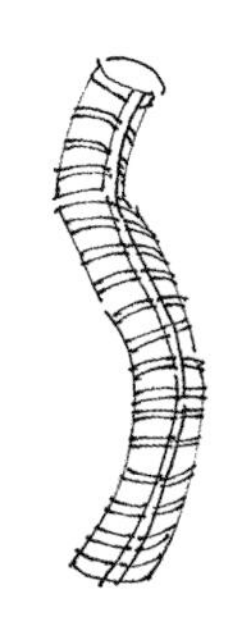

（2）绘制出室外灯具的细节，丰富画面内容。【用时2分钟】

（3）绘制出灯具的装饰物与草地，完善画面。【用时1分钟】

（4）运用美工笔的宽线条，加强灯具的黑色材质的涂料，完成绘画。【用时1分钟】

景观灯饰作品展示

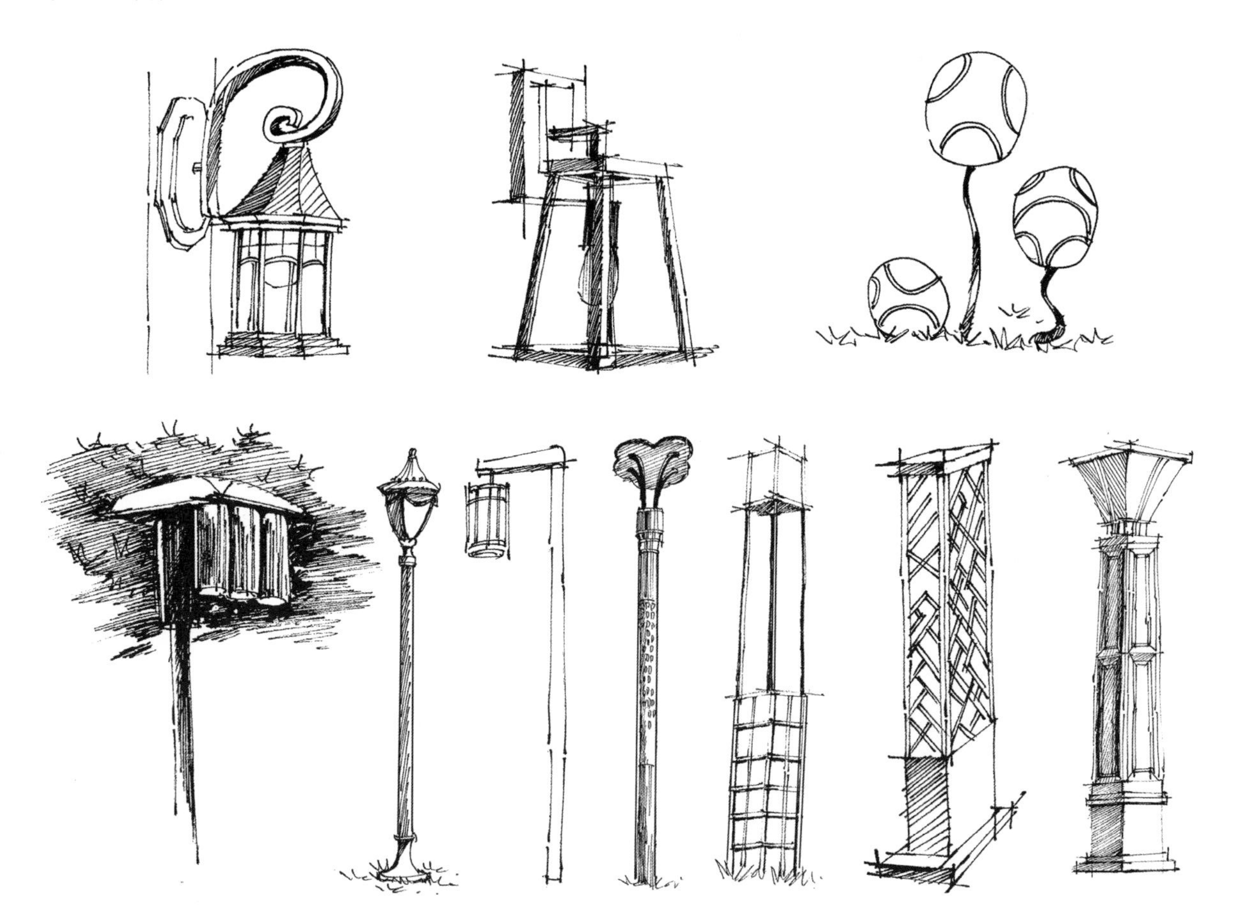

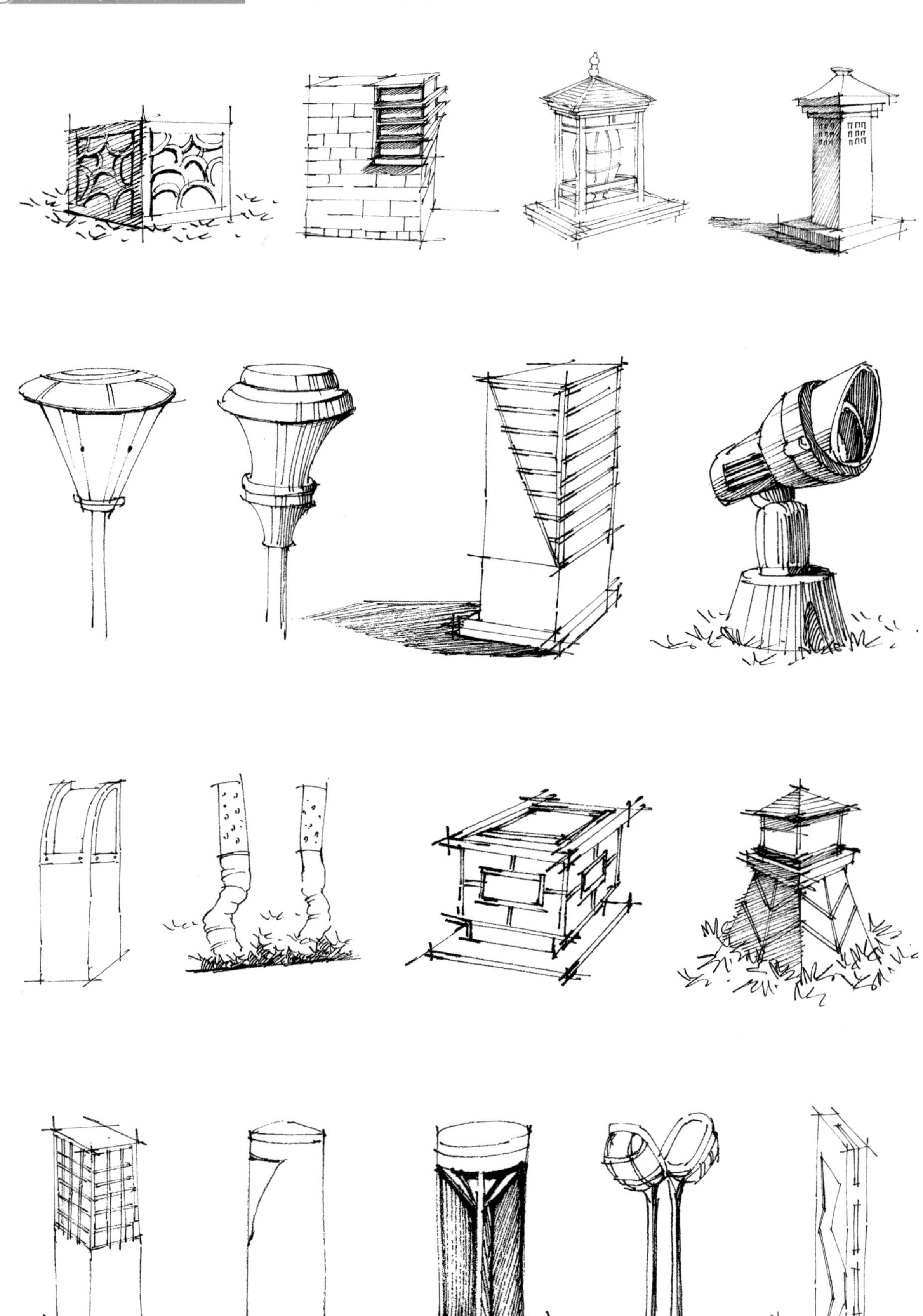

04 景观场景线稿表现技法

SUN	MON	TUE	WED	THU	FRI	SAT
~~1~~	~~2~~	~~3~~	~~4~~	~~5~~	~~6~~	~~7~~
~~8~~	9	10	11	12	13	14

- 第9天 材质、光影、虚实、质感表现
- 第10天 黑白线稿处理技巧
- 第11天 简单景观组合训练
- 第12天 复杂景观组合训练

SUN	MON	TUE	WED	THU	FRI	SAT
15	16	17	18	19	20	21
22	23	24	25	26	27	28

项目实践

第9天 材质、光影、虚实、质感表现

一 不同材质的刻画与质感表现

1.防腐木的基础表现与景观运用

防腐木就是将普通木材人工添加化学防腐剂之后，具有了防腐蚀、防潮、防真菌、防虫蚁、防霉变以及防水等特性的木材。防腐木能够直接接触土壤及潮湿环境，是户外地板、园林景观、木秋千、娱乐设施和木栈道等理想的材料，还可供人们歇息和欣赏自然美景。

防腐木基础表现

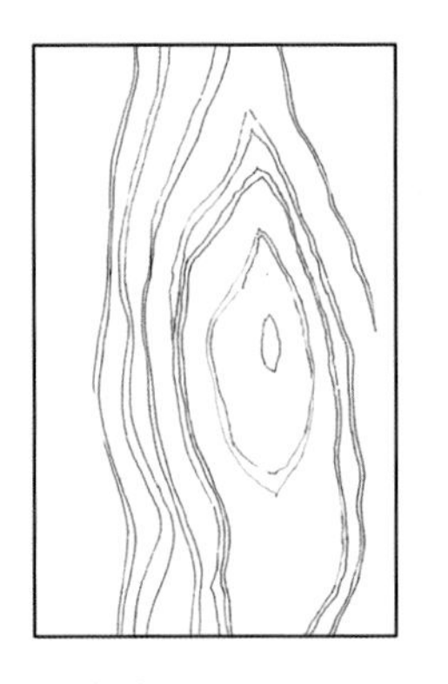

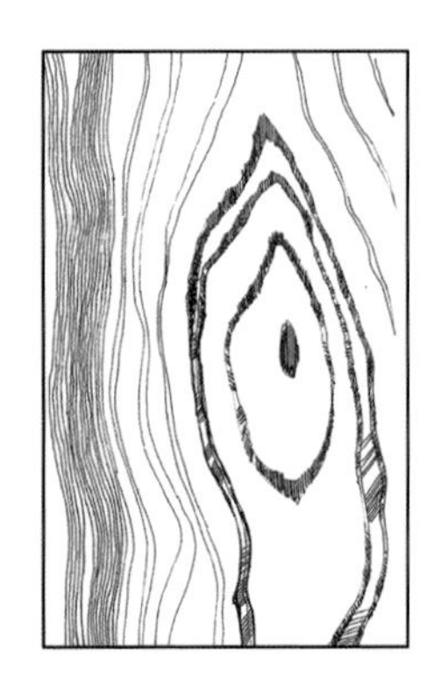

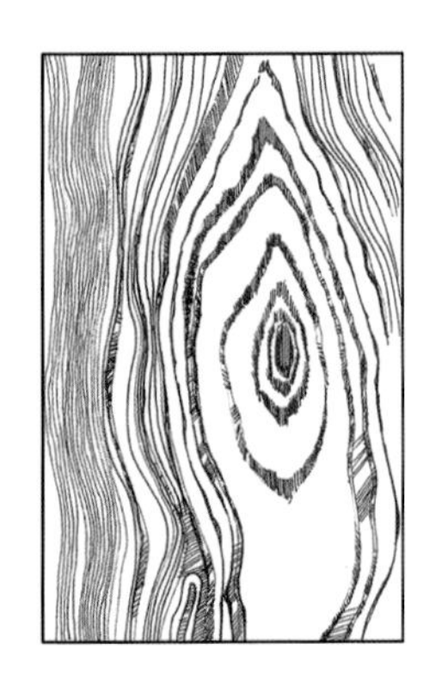

防腐木景观运用

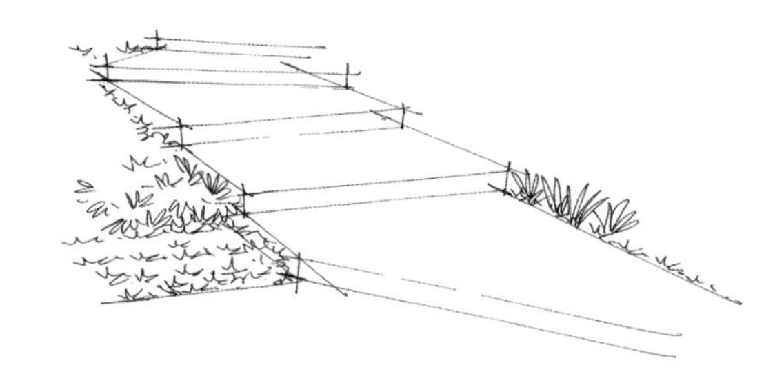

（1）整体布局，绘制出防腐木台阶的基本造型，并适当强调周边的植物。【用时3分钟】

（2）绘制出防腐木的铺装分割线，并运用抖线绘制出周围地被及灌木的轮廓。【用时4分钟】

（3）加强地被与灌木的明暗关系，塑造植物的光感与体积。【用时5分钟】

（4）强调防腐木铺装的纹理，完善画面。【用时3分钟】

2.自然石块的基础表现与景观运用

自然石块与毛石类似，是没有经过人为打磨加工而直接运用的石块。这种石块在景观设计当中一般用来表现自然式的台阶、挡土墙以及特殊位置的景观，强调独特的视觉效果；一般小面积运用得较多，根据不同的场景和需求运用有所差异。

自然石块基础表现

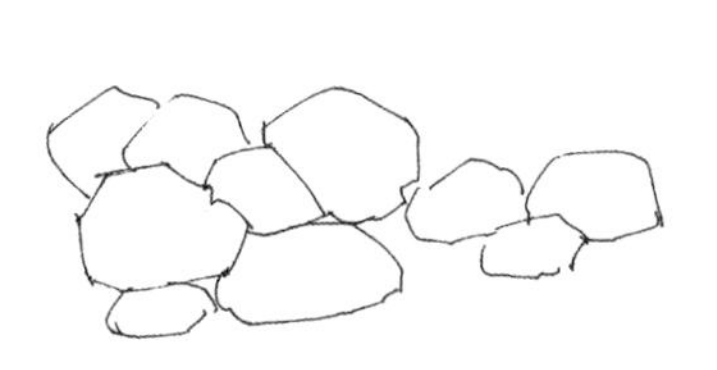

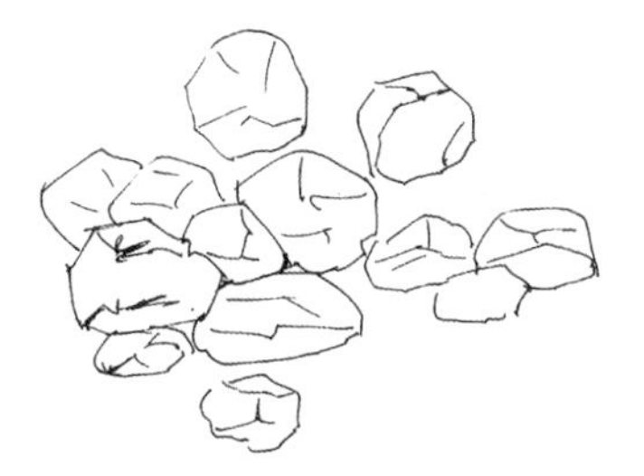

自然石块景观运用

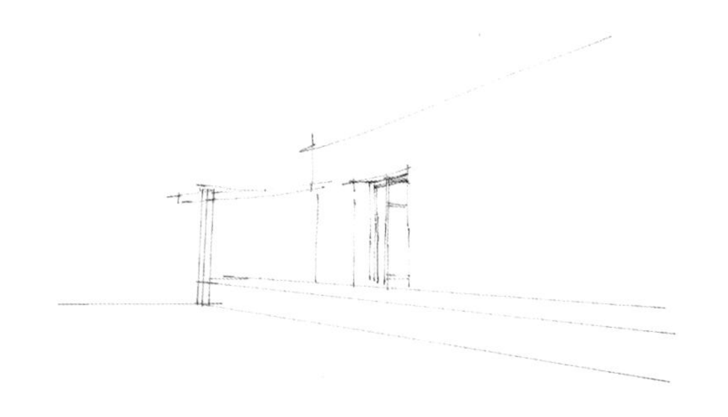

（1）运用硬直线绘制出水景墙的主要透视线。【用时3分钟】

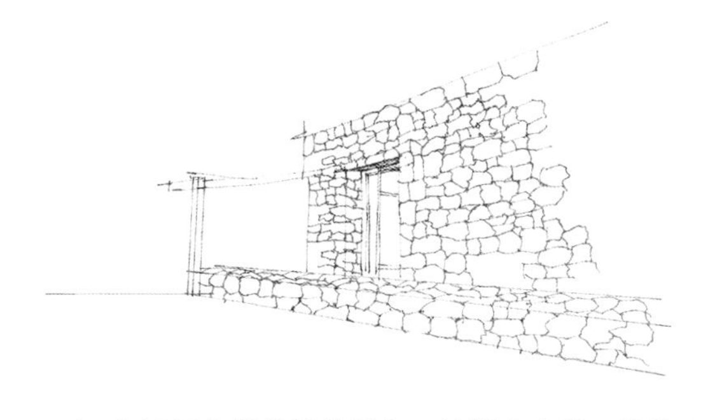

（2）运用自然放松的线条，绘制出自然石块的景墙铺装，注意铺装要有虚实变化。【用时6分钟】

（3）细致地刻画铺装石块之间的间隙，绘制出墙体顶部地被植物的明暗关系，并概括出远景植物与山体，拉开明暗虚实关系。【用时8分钟】

（4）整体调整画面，绘制出水面倒影，并加深画面的深色调物体，统一画面。【用时5分钟】

3.条形砖的基础表现与景观运用

条形砖是根据砖块的长条造型而命名的，粘土砖、灰砂砖和粉煤灰砖等根据规格的不同也可以称为方形或长形砖。以地面铺装的形式出现居多。下面以条形砖为例讲解砖块的基础表现与景观运用。

条形砖不同形式的铺装表现

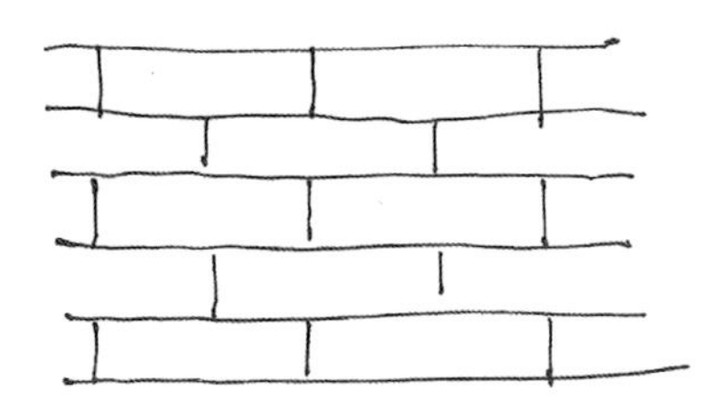

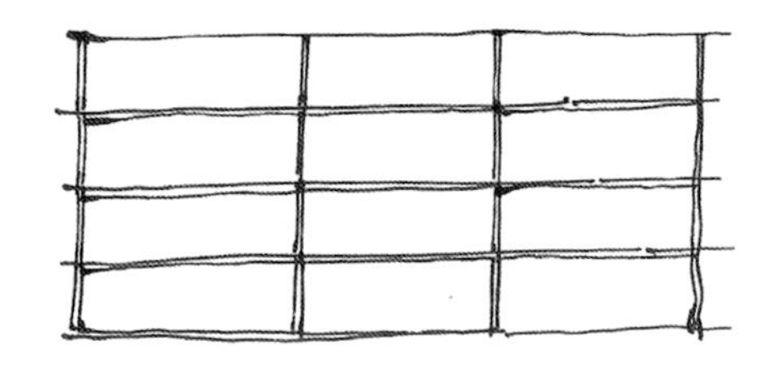

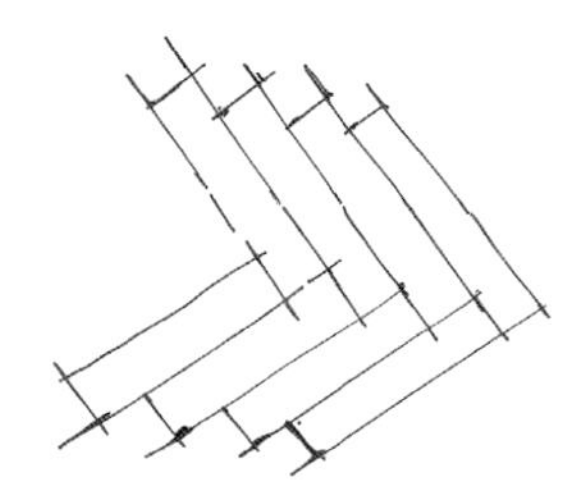

条形砖景观运用

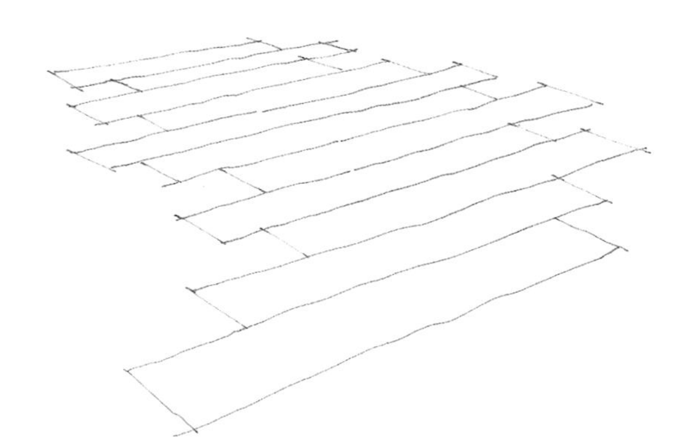

（1）整体绘制出条形砖的基本造型。【用时2分钟】

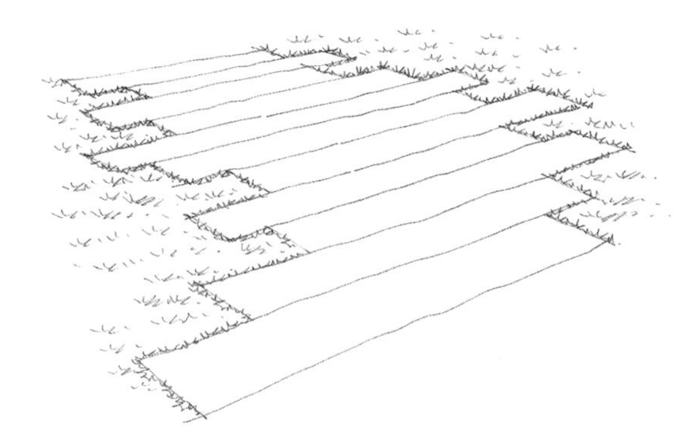

（2）运用抖线绘制出条形砖周围的草地。【用时1分钟】

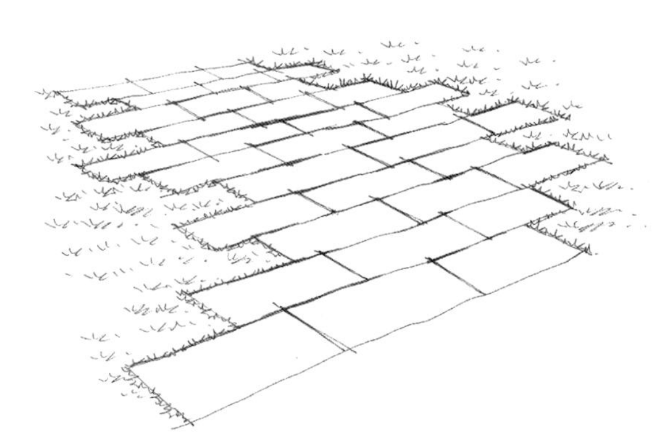

（3）绘制出条形砖的分割线，注意条形砖近大远小的透视关系。【用时2分钟】

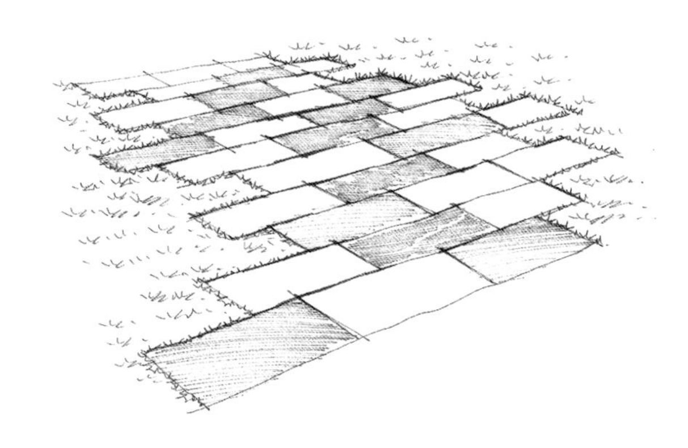

（4）加强部分条形砖纹理的表现，拉开画面的主次关系。【用时3分钟】

4.鹅卵石的基础表现与景观运用

鹅卵石是自然形成的岩石颗粒，可形成砾岩，分为河卵石、海卵石和山卵石。卵石的形状多为圆形与椭圆形，表面光滑，与水泥的黏合性较差，拌制的混凝土拌合物流动性较好，但混凝土硬化后强度较低。

鹅卵石基础表现

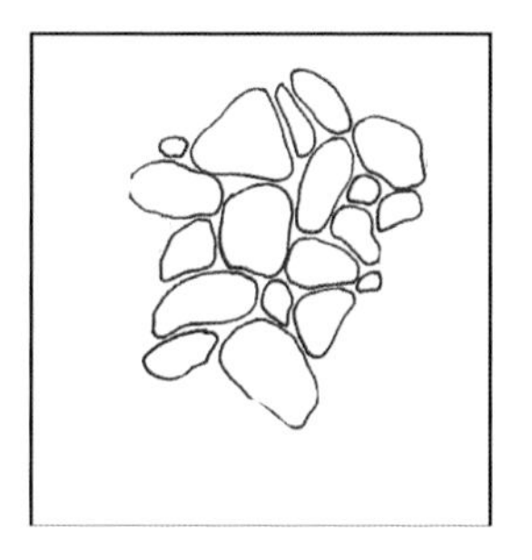
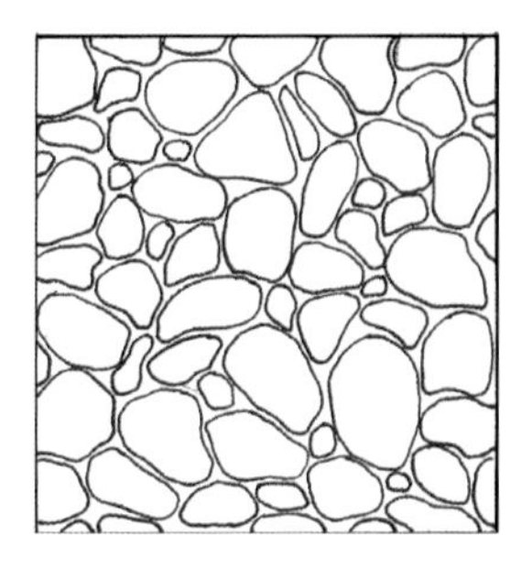

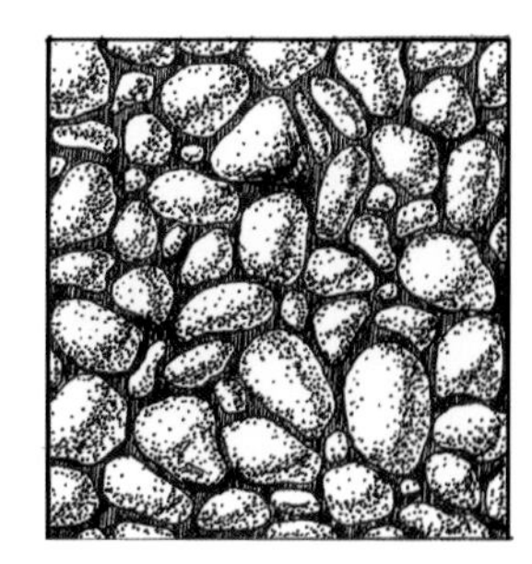

鹅卵石景观运用

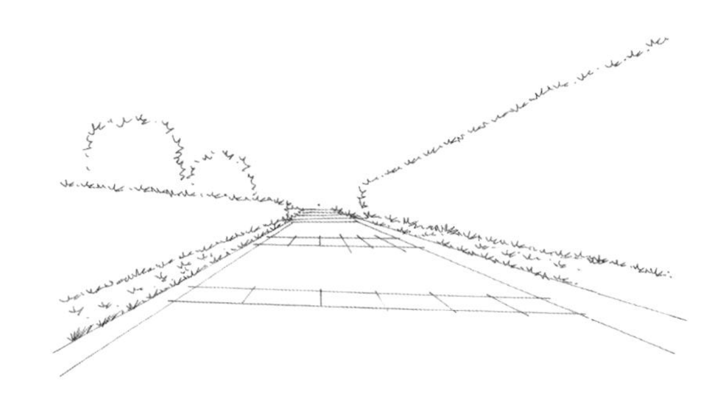

（1）确定画面的消失点，根据消失点绘制出绿篱与地面铺装的透视线。【用时4分钟】

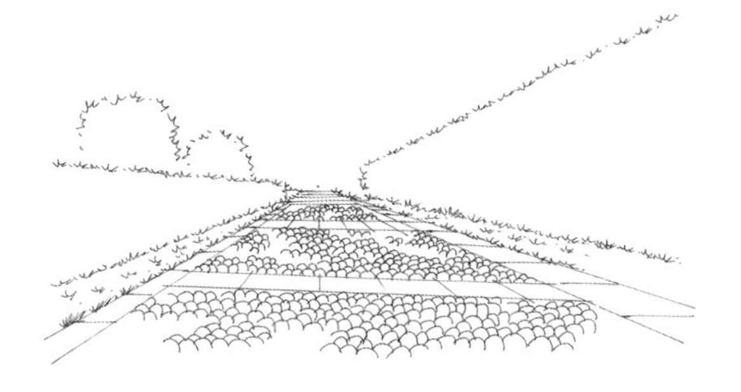

（2）绘制出鹅卵石铺装的基本造型，注意鹅卵石近大远小的透视关系与疏密关系。【用时6分钟】

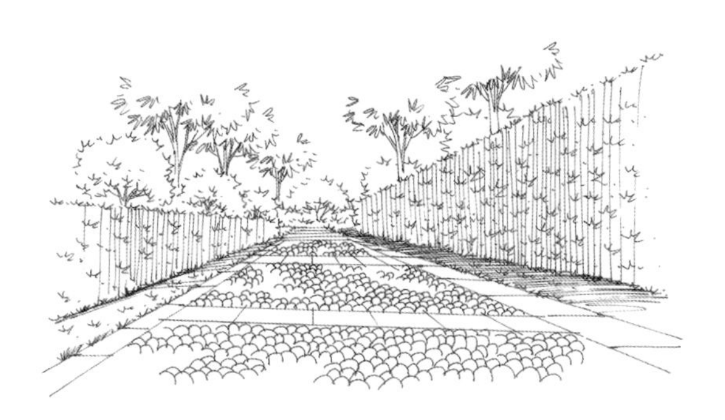

（3）绘制出绿篱的暗部层次与地面投影。尽量按照绿篱的结构排线，有利于表现其体积。【用时5分钟】

（4）着重刻画鹅卵石地面铺装，并强调出鹅卵石的明暗深浅层次，然后局部调整绿篱的暗部，完善画面。【用时8分钟】

5.马赛克的基础表现与景观运用

马赛克又称锦砖或纸皮砖，主要用于铺地或内墙装饰，也可用于外墙饰面，室外以水池运用得较多。

马赛克基础表现

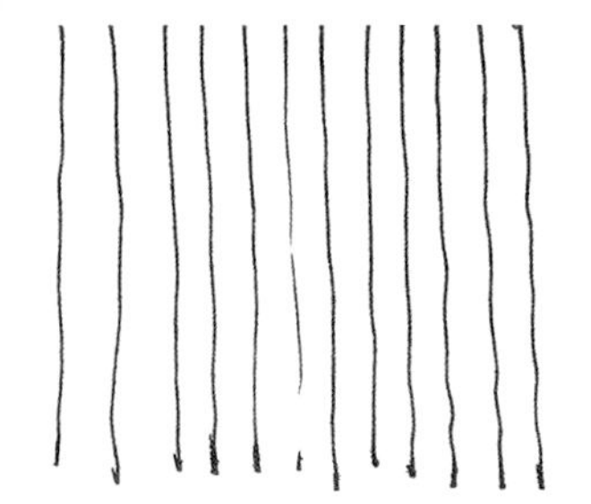

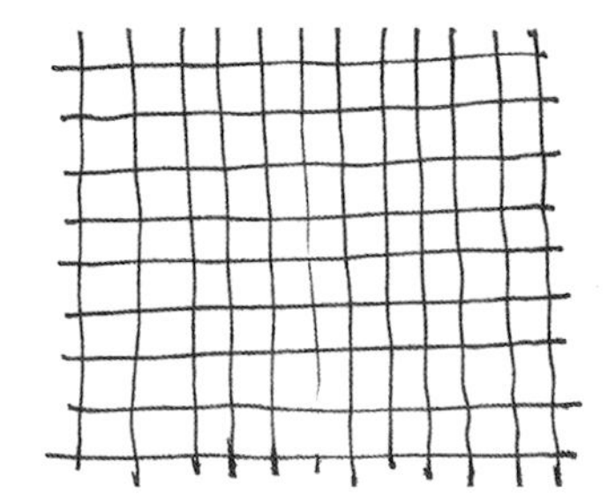

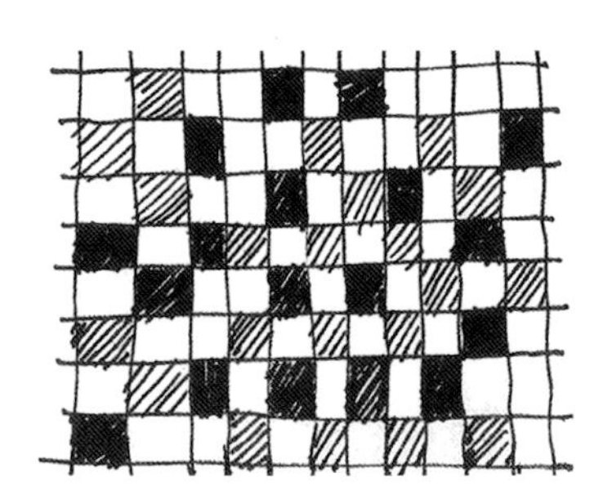

马赛克景观运用

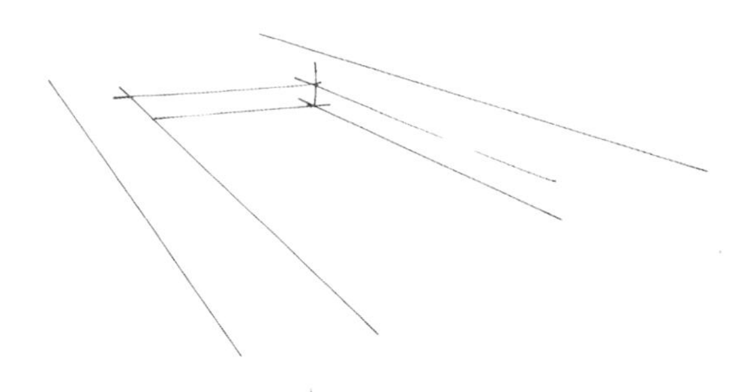

（1）绘制出水池的基本透视与结构关系。【用时1分钟】

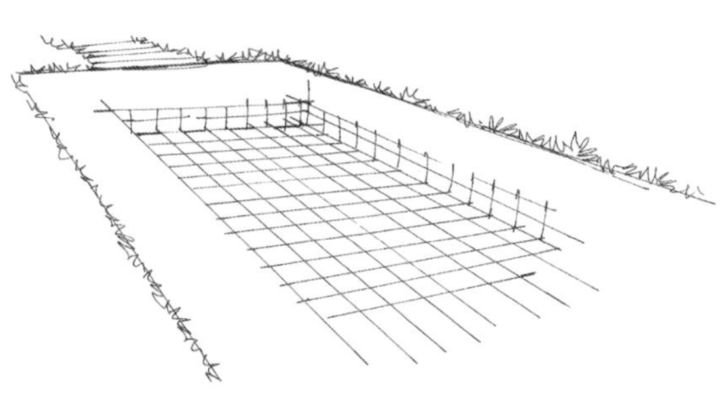

（2）绘制出水池底面的马赛克分割线。【用时2分钟】

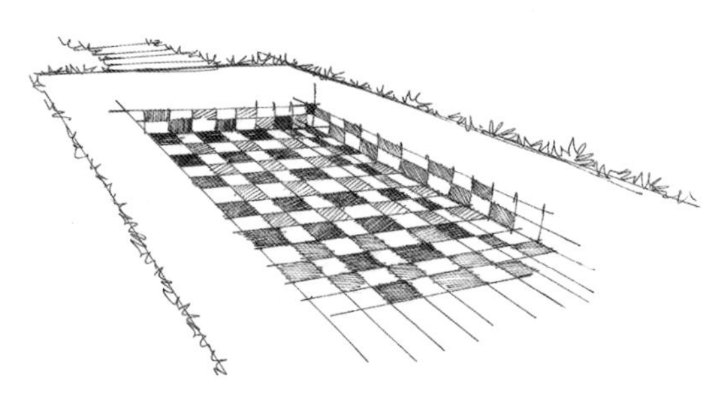

（3）通过不同疏密的排线，塑造出马赛克的颜色深浅。【用时4分钟】

（4）绘制出水池周边的植物及植物的明暗关系，完成绘画。【用时3分钟】

6.预制光面石材碎拼基础表现与景观运用

预制光面石材碎拼是在设计特定场所时为了达到某种景观效果，根据场景大小、铺装形式的不同，单独加工与制作的石材外形。

预制光面石材碎拼基础表现

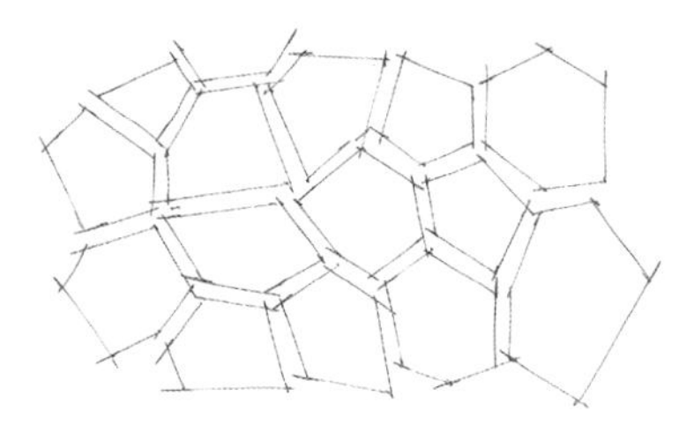

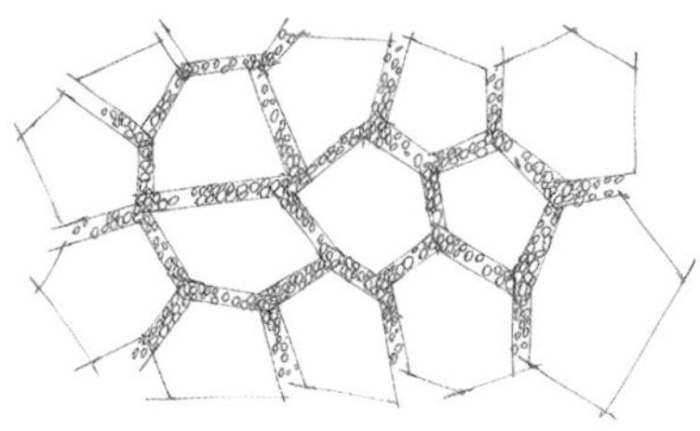

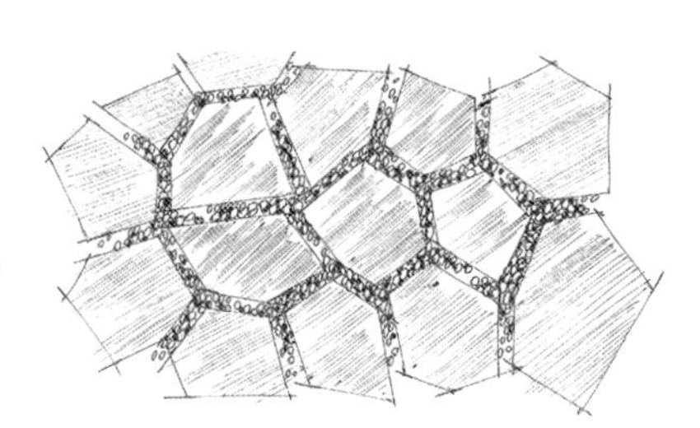

预制光面石材碎拼景观运用

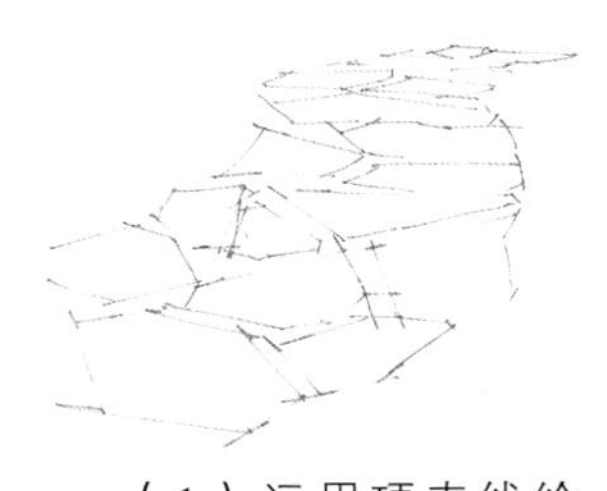
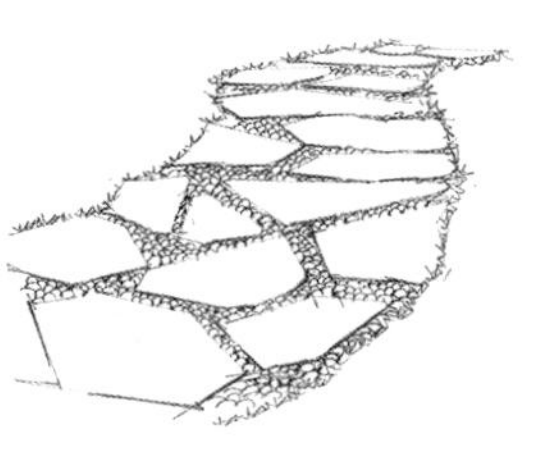
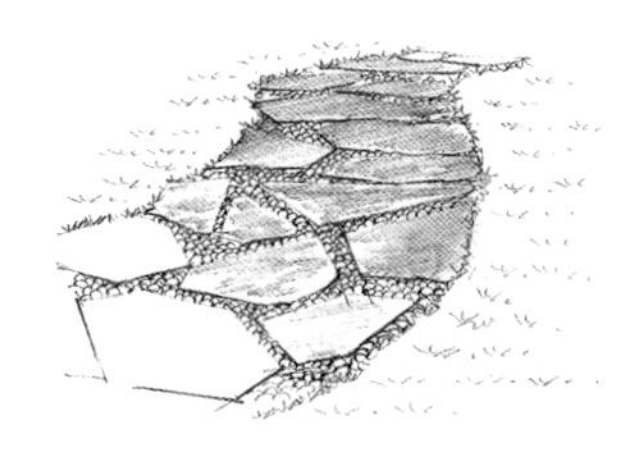

（1）运用硬直线绘制出预制光面石材碎拼的基本透视与结构关系。【用时3分钟】

（2）绘制出石材碎拼间隙的卵石。注意卵石的大小与疏密关系。【用时4分钟】

（3）加强石材碎拼间隙的卵石深浅层次的刻画，强调出石材碎拼的造型结构。【用时2分钟】

（4）加强石材的明暗关系与周围草地的刻画，突出主体石材碎拼铺装。【用时5分钟】

7.嵌草砖的基础表现与景观运用

嵌草路面属于透水透气性的铺地之一，有两种类型，一种是在块料路面铺装时，在块料与块料之间，留有空隙，在其间种草，如冰裂纹嵌草路、空心砖纹嵌草路和人字纹嵌草路等；另一种是制作成可以种草的各种纹样的混凝土路面砖。

嵌草砖的基础表现

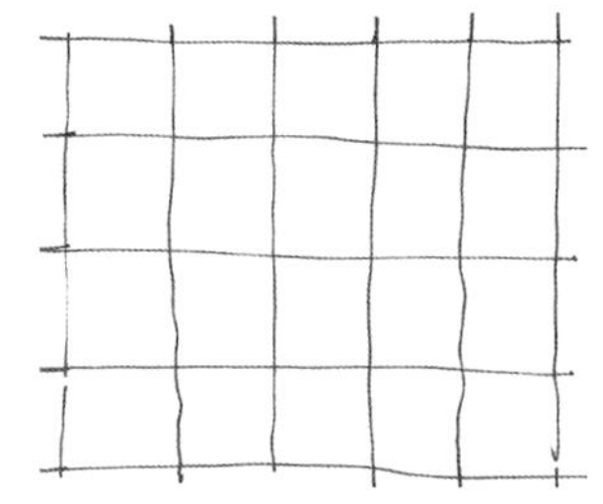
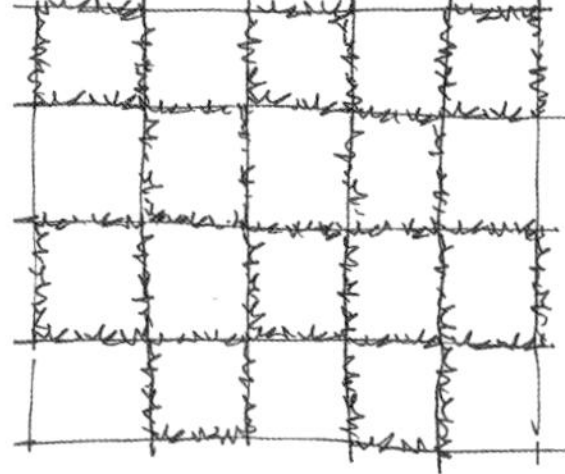
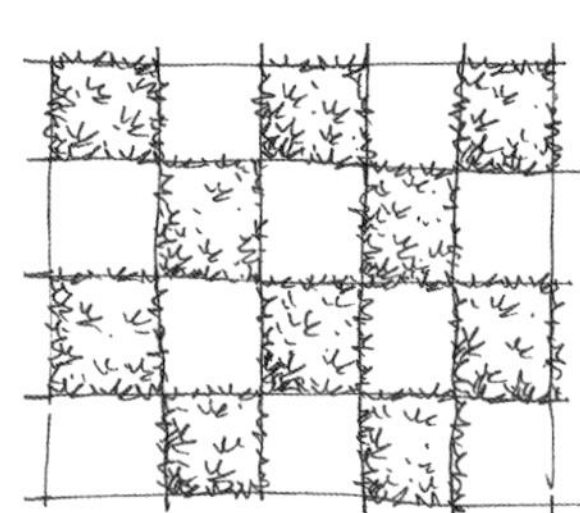
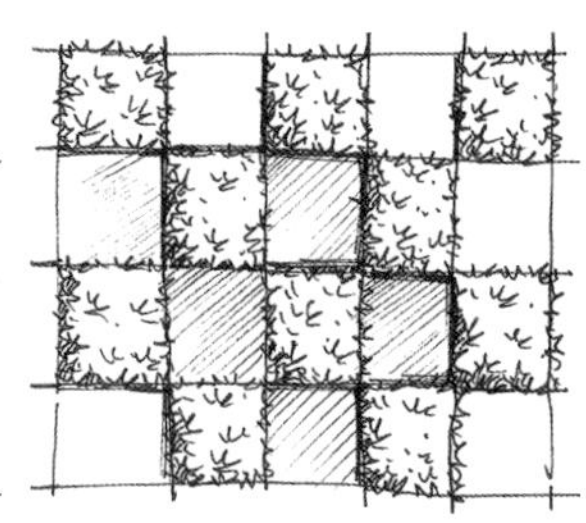

嵌草砖景观运用

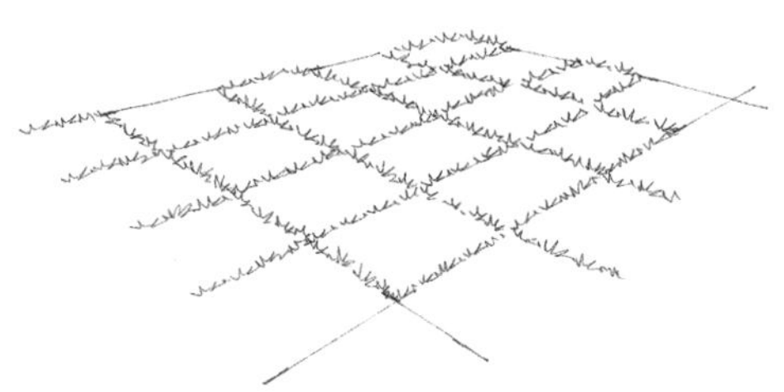
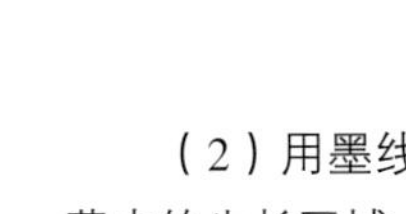

（1）用铅笔勾勒出嵌草砖的整体透视关系。【用时1分钟】

（2）用墨线勾勒出嵌草砖的具体造型，并强调出草皮的生长区域。【用时4分钟】

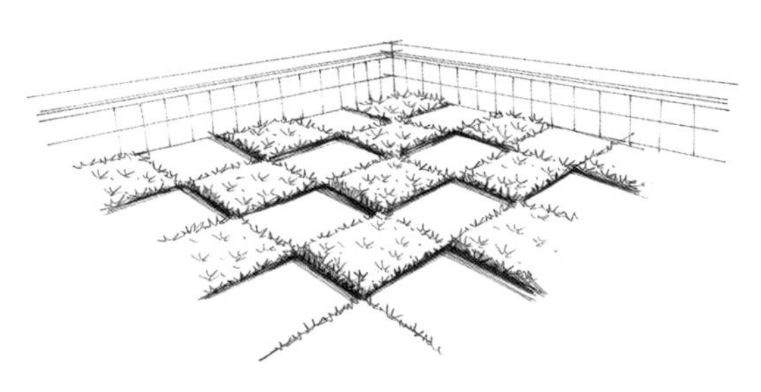

（3）绘制出草皮的明暗关系，通过草皮的造型衬托出嵌草砖的具体造型。【用时6分钟】

（4）绘制出背景矮墙的基本造型与墙体铺装，完善画面内容。【用时5分钟】

二 景墙与小品常用材质刻画

1.光面天然石材的基础表现与景观运用

光面石材质地坚硬，有光滑的表面，纹理变化多样，亮部高光较为明显，暗部变化较多。如常见的大理石和花岗岩等都属于光面石材，一般用于镜面水、景墙和地面铺装的情况较多。

光面天然石材基础表现

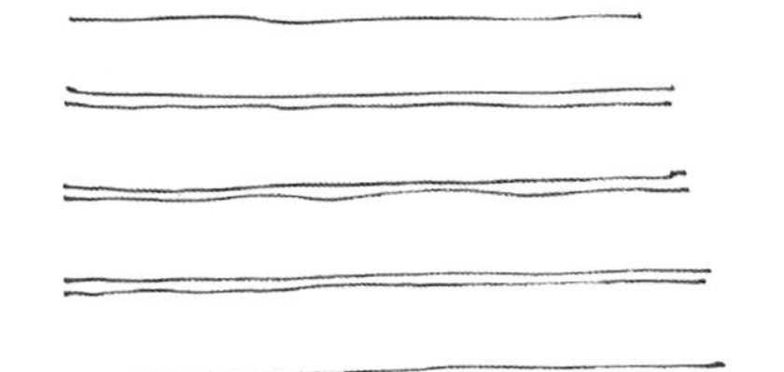

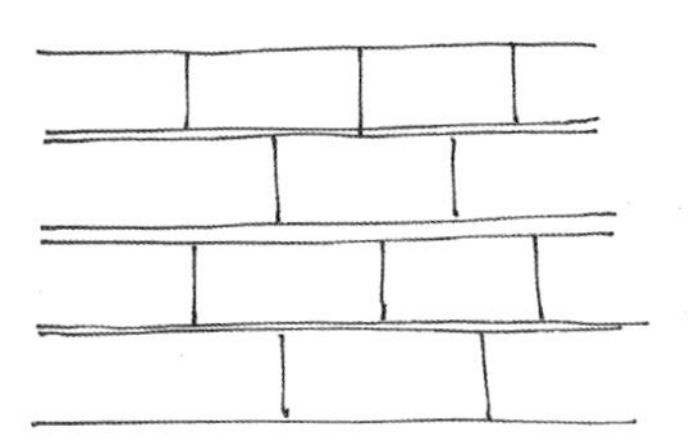

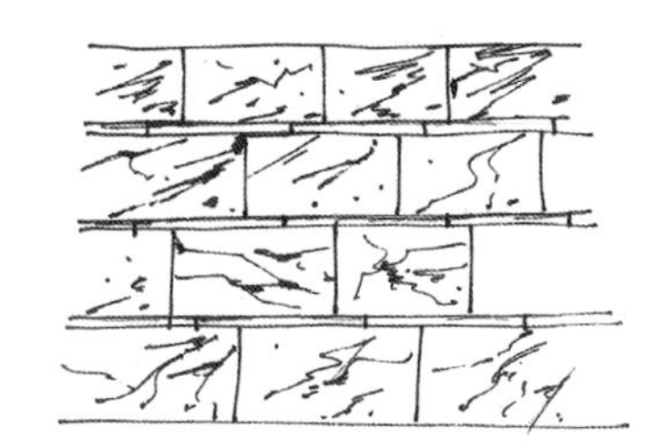

光面天然石材景观运用

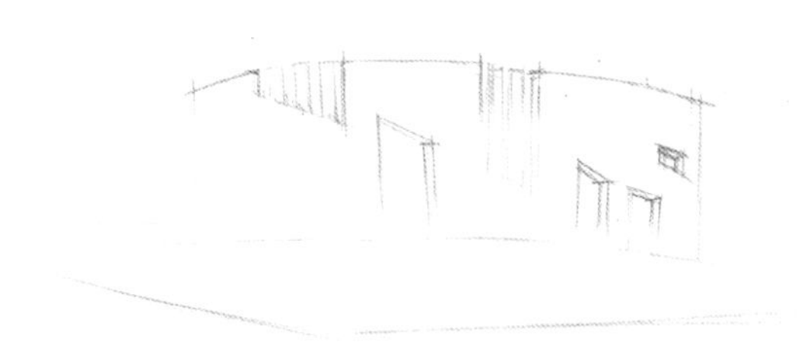

（1）运用铅笔绘制出光面石材景墙的整体造型与装饰造型。【用时3分钟】

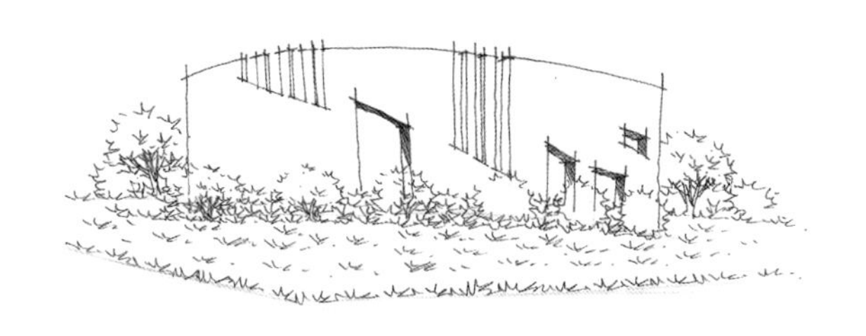

（2）根据铅笔底稿，用墨线勾勒出景墙的基本造型与周围草地、乔灌木的轮廓。【用时6分钟】

（3）绘制出植物的明暗关系，并着重表现出光面石材的质感。【用时8分钟】

（4）整体调整画面，绘制出景墙的明暗关系，并局部加深植物的暗部层次。【用时4分钟】

2.石笼的基础表现与景观运用

石笼是生态网格结构的一种形式，指的是为防止河岸或构造物受水流冲刷而设置的装填石块的笼子。在景观当中石笼不仅用来防止河岸或构造物受水流冲刷，还可以追求特殊的效果，运用到庭院景观和台地式景观中，或者作为景观小品与景观矮墙。

石笼基础表现

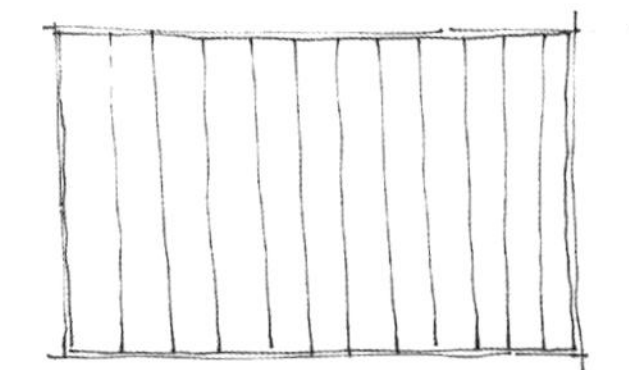
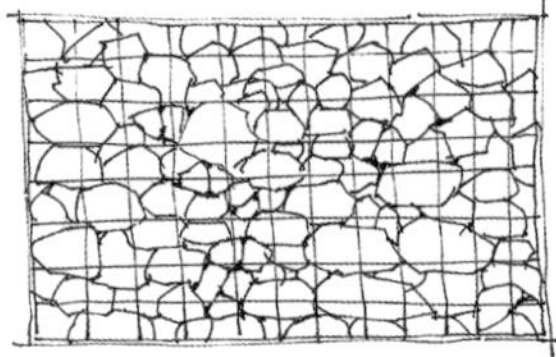
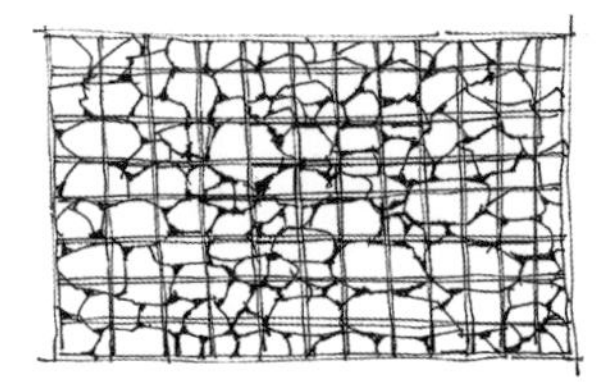
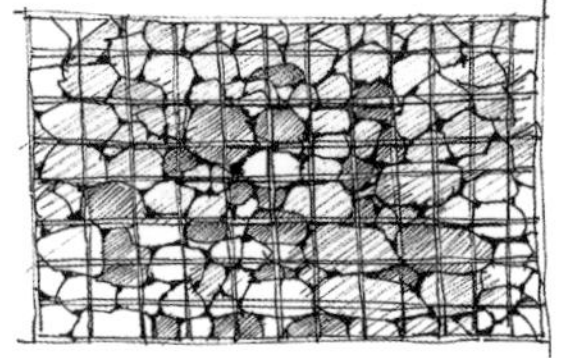

石笼景观运用

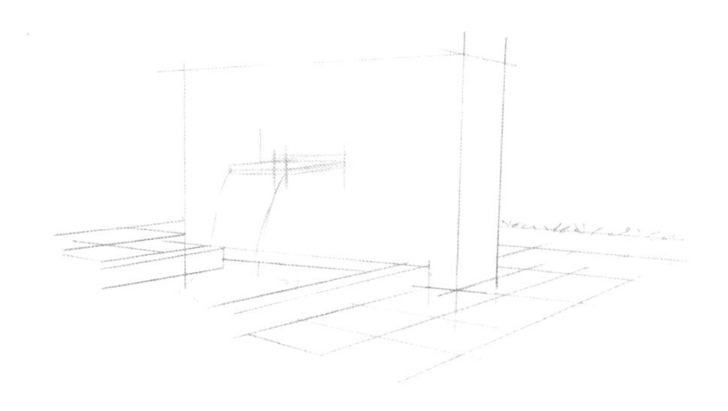

（1）用铅笔绘制出石笼水景墙的基本造型与地面铺装。【用时3分钟】

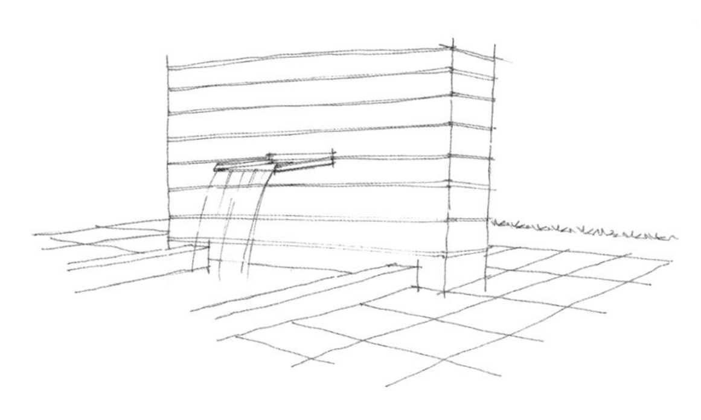

（2）根据铅笔底稿，用墨线勾勒出石笼水景墙的基本造型与地面铺装。【用时3分钟】

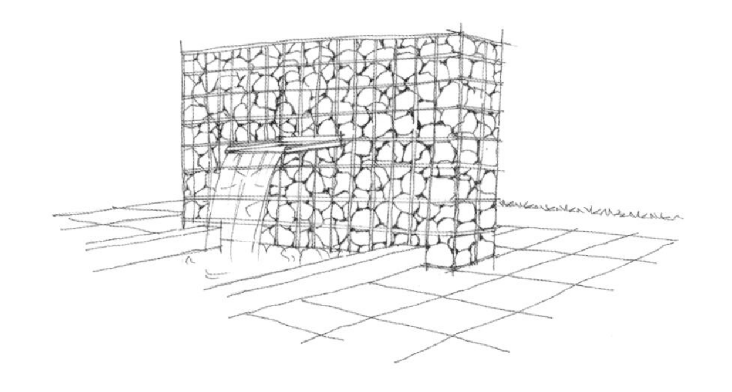

（3）重点塑造石笼网结构与内部石头造型。注意石块要有大小之分。【用时10分钟】

（4）进一步塑造石笼水景墙的明暗关系与背景植物。【用时8分钟】

3.不锈钢的基础表现与景观运用

耐空气、蒸汽、水等弱腐蚀介质或具有不锈性的钢统称为不锈钢。不锈钢在景观中运用得比较广泛，如不锈钢室外灯具、景观小品和景墙等。一般会根据景观设计需要预定造型。

不锈钢基础表现

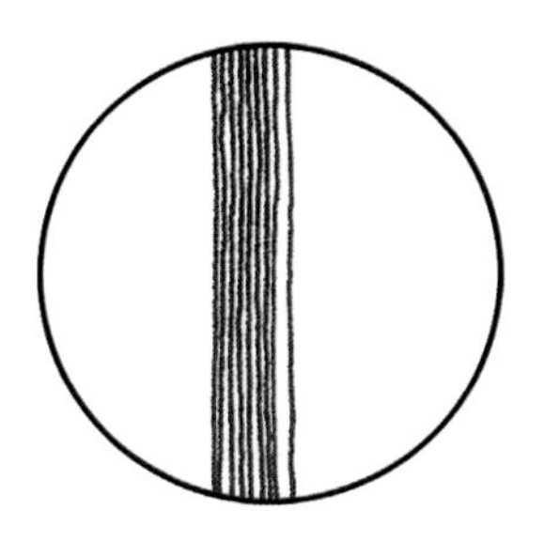
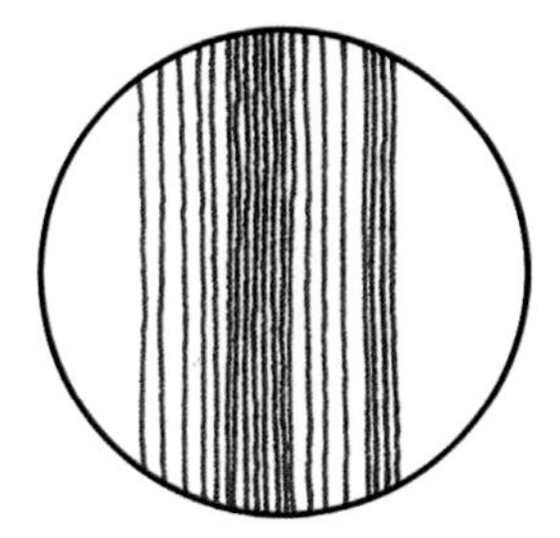
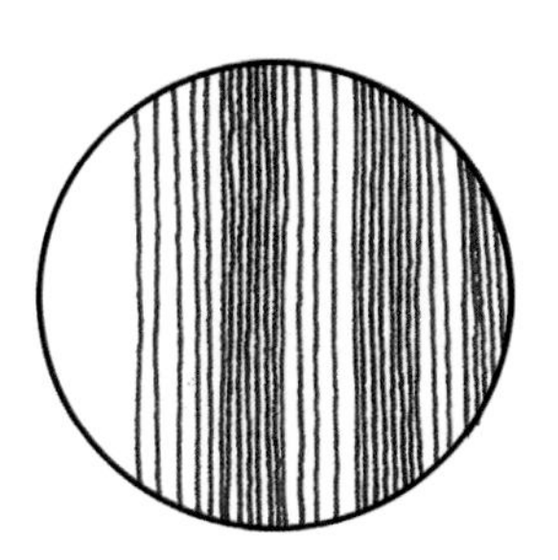
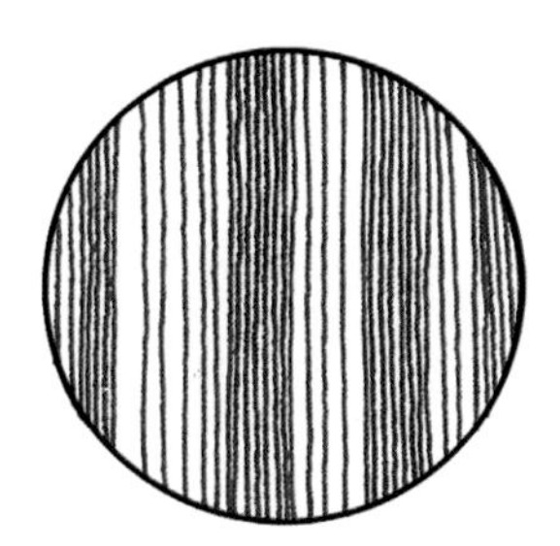

不锈钢景观运用

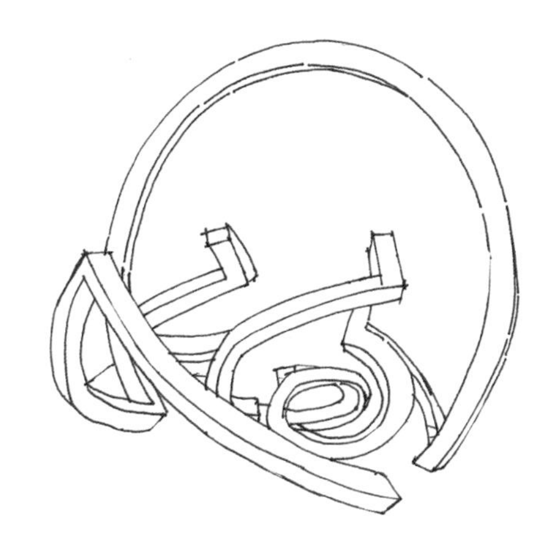

（1）绘制出不锈钢小品的基本结构，绘画时注意多对比，找准结构。【用时4分钟】

（2）细化不锈钢小品的结构与投影造型。【用时2分钟】

（3）大体绘制出不锈钢材质的局部明暗关系与反光部分。【用时5分钟】

（4）完善不锈钢材质质感的刻画，并绘制出不锈钢材质的投影，塑造空间立体感。【用时8分钟】

4.原木的基础表现与景观运用

原木是指原树木枝干按照尺寸、形状、质量的标准或特殊规定截成一定长度的木段，这个木段称为原木。原木常常以景墙、凉亭、木屋别墅、长廊及室外桌椅等形式出现，为了使维持周期变长，一般会在原木的基础上添加防腐剂，但室外景观也有直接使用原木的。

原木基础表现

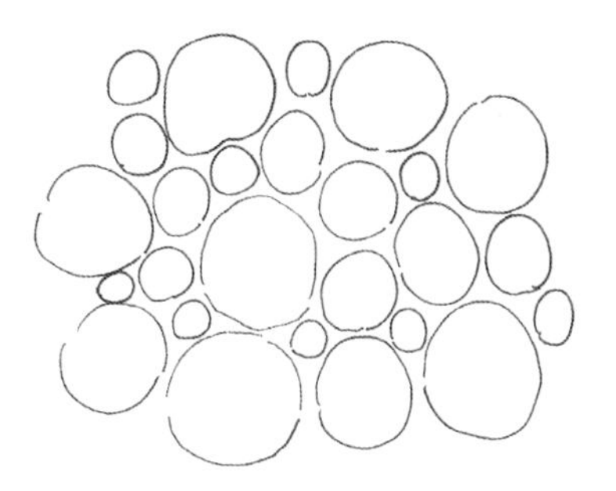

原木景观运用

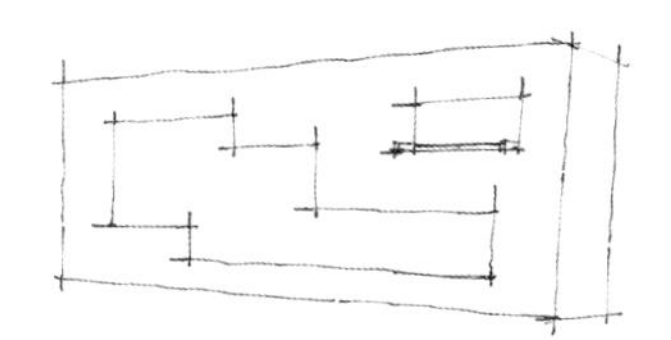

（1）绘制出景墙的基本结构及透视关系，并规划出原木的位置。【用时2分钟】

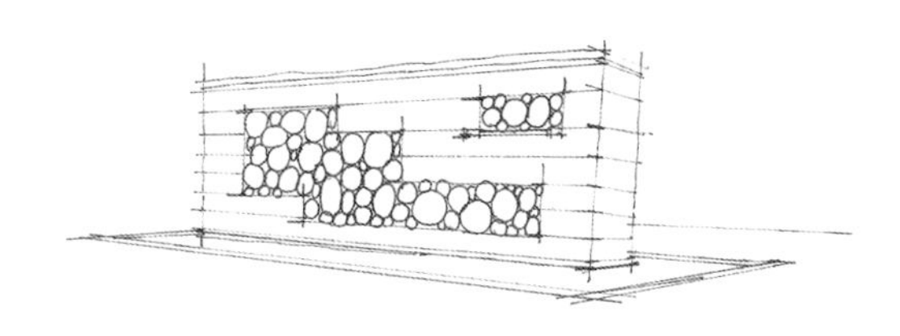

（2）运用大小各异的椭圆整体表现出原木的位置与造型，并画出底部渗水池的基本透视关系。【用时3分钟】

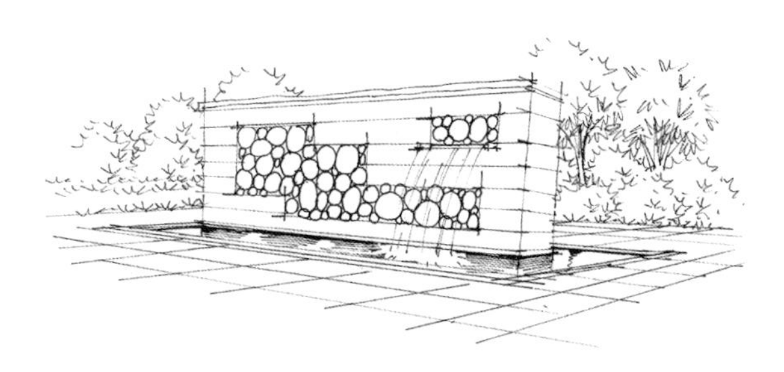

（3）绘制出地面铺装与背景植物，统一画面节奏。【用时11分钟】

（4）绘制出原木的年轮纹理和背景植物的明暗关系，完善画面。【用时8分钟】

5.文化石的基础表现与景观运用

文化石是个统称，可分为天然文化石和人造文化石两大类。天然文化石从材质上可分为沉积砂岩和硬质板岩。人造文化石产品是用浮石和陶粒等无机材料经过专业加工制作而成，它拥有环保节能、质地轻、强度高、抗融冻性好等优势。一般用于建筑外墙、景墙和室内局部装饰等。

文化石基础表现

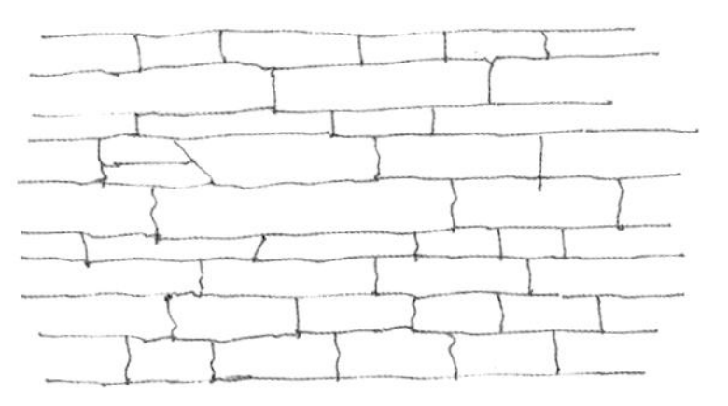

文化石景观运用

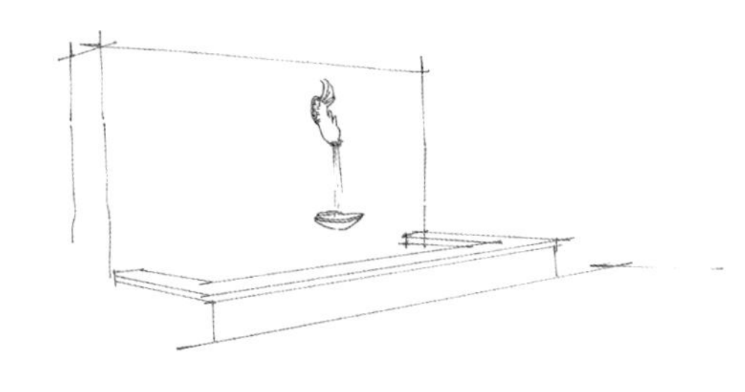

（1）绘制出文化石景墙的基本造型。【用时4分钟】

（2）绘制出景墙的横向铺装分割线、地面铺装以及周围的地被和灌木的基本造型。【用时6分钟】

（3）完善文化石景墙的细节，并绘制出背景竹子，丰富画面内容。【用时7分钟】

（4）重点绘制文化石景墙，刻画出景墙的明暗关系与质感，并整体绘制出画面的明暗关系。【用时12分钟】

 不同景亭屋顶材质刻画

1.茅草亭的基础表现与景观运用

茅草亭一般用于花园小区、动物园、主题公园、餐馆或酒吧等场所，能够表现出一种闲适的田园感觉。另外，现在的室外茅草亭也不都是使用真茅草，大部分采用仿真茅草代替。

茅草亭基础表现图

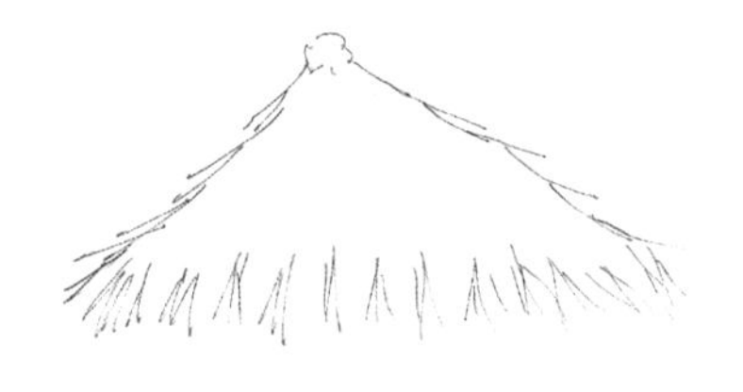

茅草亭景观运用

（1）运用铅笔绘制出茅草亭的基本造型。【用时4分钟】

（2）根据铅笔底稿用墨线绘制出茅草亭的基本造型、明暗转折关系及背景树干。【用时6分钟】

（3）绘制出茅草亭背景植物与地面铺装。【用时10分钟】

（4）绘制出前景地被植物，并整体调整画面的明暗关系，完善画面。【用时12分钟】

2.琉璃瓦的基础表现与景观运用

琉璃瓦具有强度高、平整度好、吸水率低、抗折、抗冻、耐酸、耐碱、永不褪色和永不风化等优点。广泛适用于厂房、住宅、宾馆和别墅等工业和民用建筑，并因其造型多样，釉色质朴、多彩、环保、耐用，深得建筑与景观设计师们的青睐。

琉璃瓦基础表现

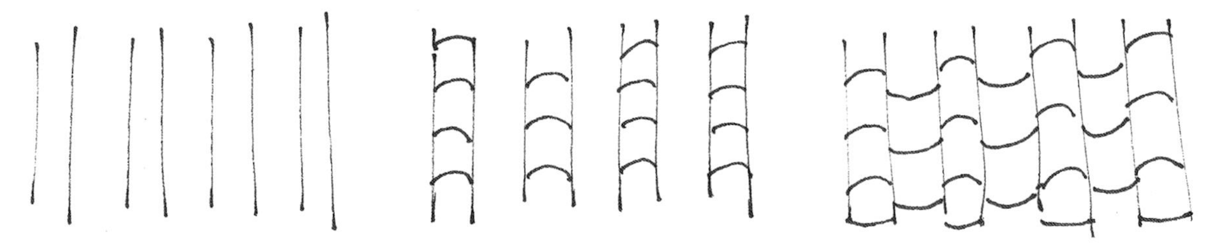

琉璃瓦景观运用

（1）用铅笔绘制出琉璃瓦凉亭的基本造型，绘画时要注意亭子尖角的透视关系，要多对比观察。【用时6分钟】

（2）根据铅笔底稿快速绘制墨线稿，对于铅笔底稿不对的地方要做修改。【用时5分钟】

（3）通过快速排线拉开画面凉亭的明暗关系，并绘制出周围环境，增强画面的空间透视感。【用时8分钟】

（4）着重刻画屋顶琉璃瓦与凉亭的投影，并绘制出地面铺装，然后完善石头围栏细节，完成绘画。【用时12分钟】

其他景观设施常用材质刻画

1.碎石材质的基础表现与景观运用

碎石指的是符合工程要求的岩石，经开采并按一定尺寸加工而成的有棱角的粒料，是混凝土的必须材料，一般混凝土使用粒径5mm~25mm的碎石。一般与种植池结合运用，在覆土的基础之上铺设一层碎石，表现独特的肌理效果。

碎石种植池基础表现

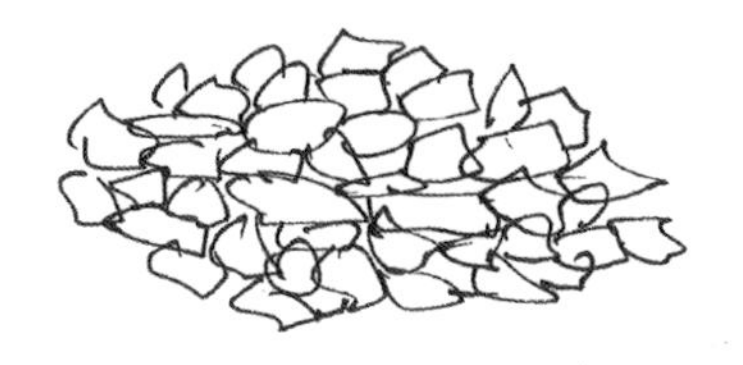

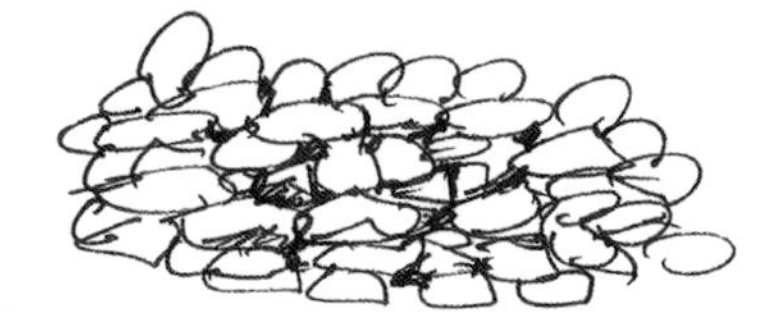

碎石种植池景观运用

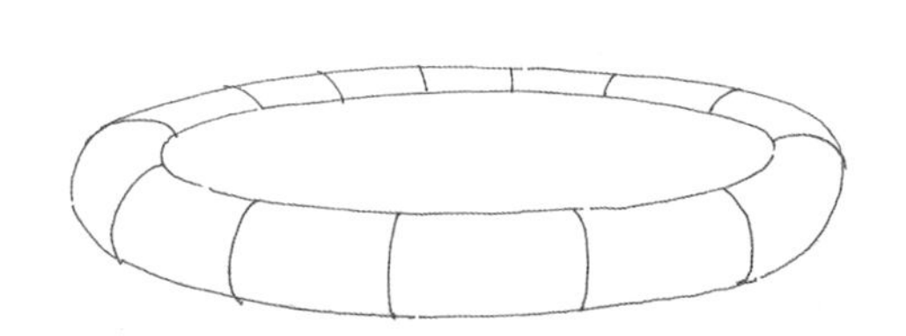

（1）绘制出椭圆形树池的基本造型与分割线，注意用线要肯定、流畅。【用时1分钟】

（2）绘制出乔木枝干与碎石，碎石的刻画要注意区分大小。【用时7分钟】

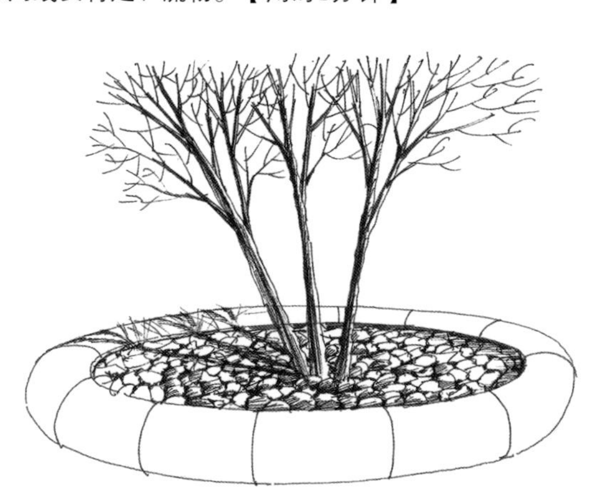

（3）绘制出碎石与乔木枝干的明暗关系，并强调出树干投射到种植池上的投影。【用时6分钟】

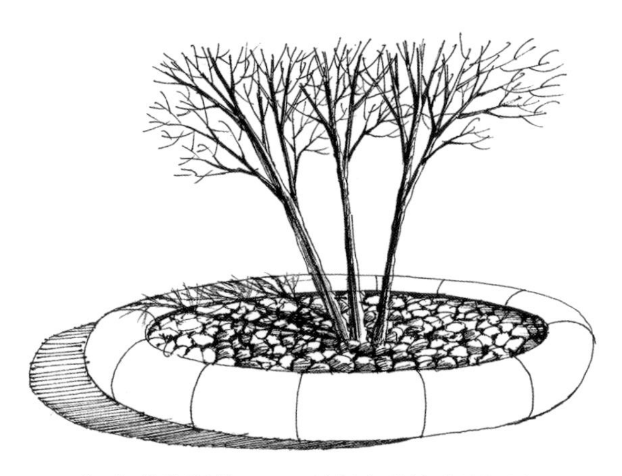

（4）整体调整画面，绘制出种植池的投影，然后局部调整碎石与乔木枝干的明暗关系。【用时4分钟】

2.毛石材质的基础表现与景观运用

毛石是不成形的石料，处于开采以后的自然状态，它是岩石经爆破后所得的形状不规则的石块。形状不规则的称为乱毛石，有两个大致平行面的称为平毛石。在景观手绘中要刻意表现出毛石表面粗糙未经处理的质感。

毛石平面基础表现

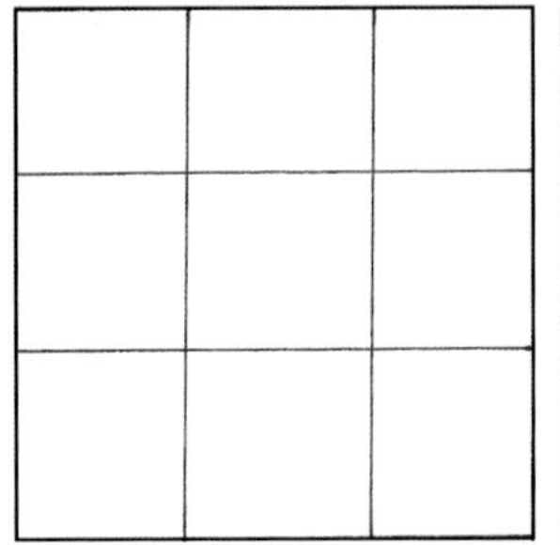

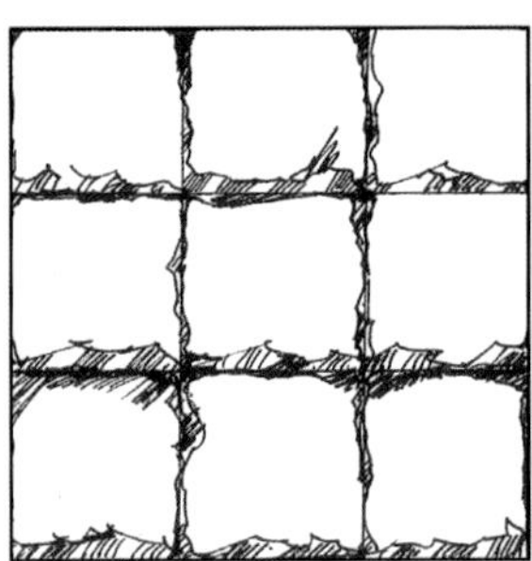

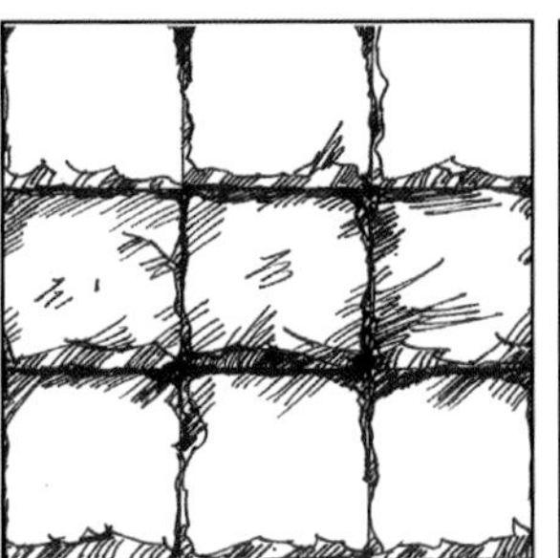

毛石挡土墙景观运用

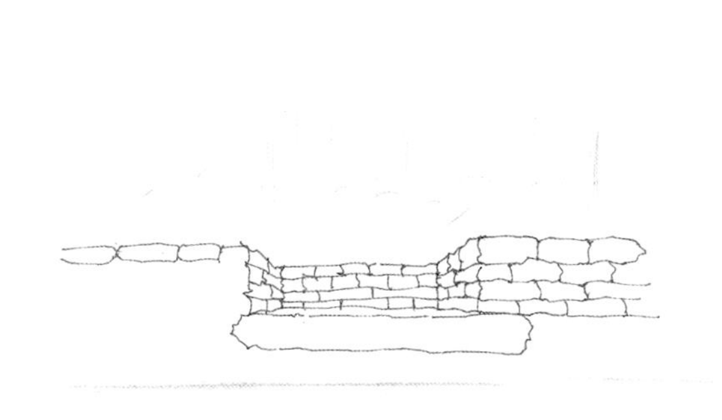

（1）根据铅笔底稿，绘制出毛石挡土墙的局部石块，作为后续绘画参照物。【用时5分钟】

（2）完善毛石挡土墙石块的刻画并绘制出背景乔灌木。【用时8分钟】

（3）加深毛石挡土墙石块之间的缝隙，突出毛石挡土墙。【用时3分钟】

（4）着重表现毛石挡土墙的明暗关系与质感，并刻画背景植物的明暗关系，拉开画面的前后透视与空间关系。【用时15分钟】

3.藤编材质基础表现与景观运用

藤编材质在景观手绘当中主要运用于室外桌椅以及特定的景观小品等，大多采用原藤的浅黄色，或加工、漂白为白色，显得柔和典雅，有些则配以咖啡色、棕色等。接下来介绍藤编材质的基础画法与景观运用。

藤编材质基础表现

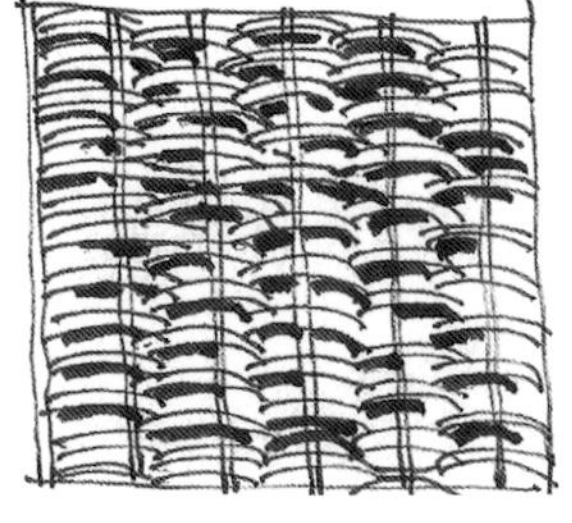

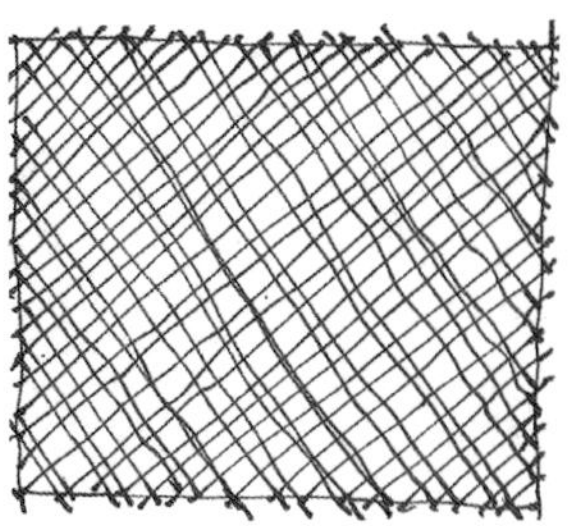

藤编材质景观运用

（1）用铅笔打底稿，绘制出室外藤编桌椅的基本透视关系与结构。【用时3分钟】

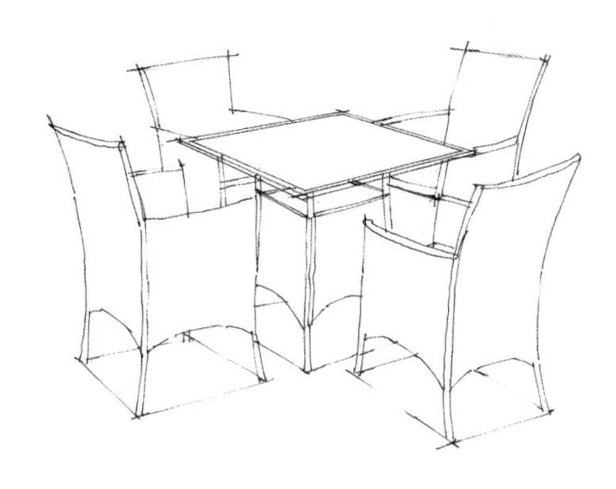

（2）用墨线勾勒出编藤桌椅的基本结构，并对底稿透视不对的地方进行修整。【用时3分钟】

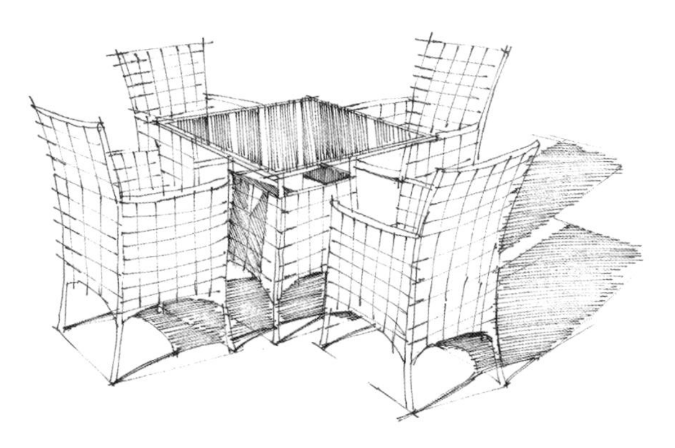

（3）绘制出藤编桌椅的投影与材质细节。【用时5分钟】

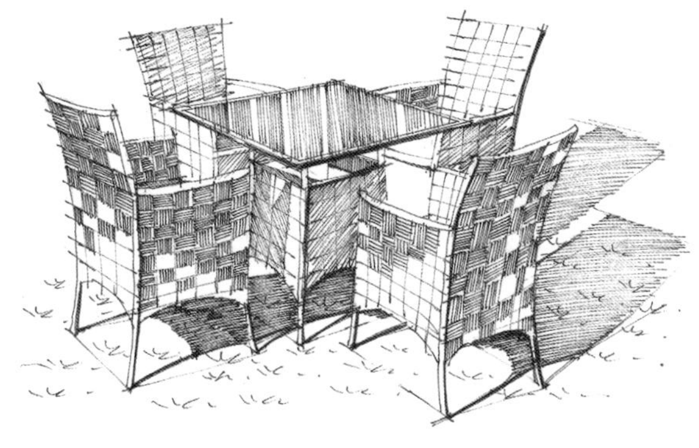

（4）细致地刻画藤编桌椅的材质，要注意藤编材质的虚实关系，局部留白。【用时8分钟】

4.镜面材质基础表现与景观运用

镜面材质主要是指表面比较光滑，反光以及高光比较强烈的材质，如铝合金、镜子、玻璃和表面光滑的金银铜等。一般镜面材质的景观小品以铝合金、不锈钢、光面石材、铜、水面以及玻璃幕墙等居多。

镜面材质基础表现

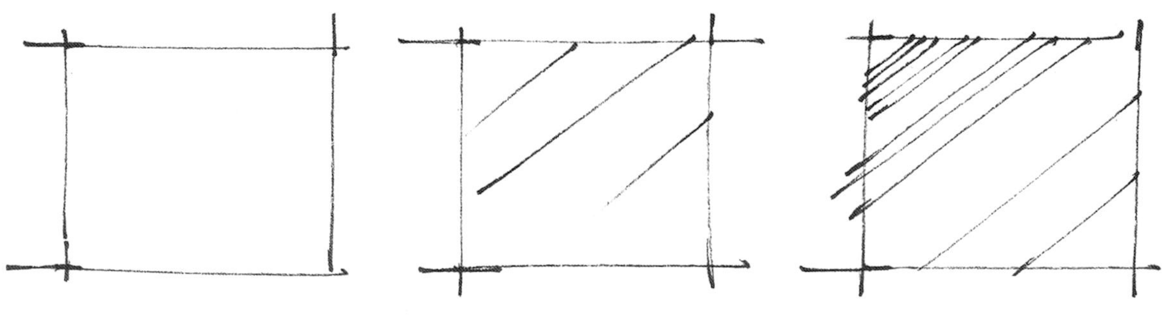

镜面材质景观运用

（1）用铅笔定出画面灭点，根据灭点绘制出镜面材质小品的具体造型与地面铺装的透视结构。【用时5分钟】

（2）根据底稿，用墨线勾勒出镜面材质小品、地面铺装和周围乔灌木的具体造型，统一画面节奏。【用时10分钟】

（3）绘制出镜面材质小品的质感与影子，镜面材质小品暗部的反光十分强烈，可以留白处理。【用时6分钟】

（4）绘制出周围乔灌木的明暗关系，然后统一画面的明暗关系，让画面过渡自然。【用时8分钟】

对物体不同时间段光影的研究

下面以景石为例讲述投影在实际绘画当中的运用方法。投影是画面必不可少的部分，投影的讲述离不开光源（太阳光和聚光灯等）。物体投影的范围受光源照射角度的影响，不同的光源照射角度不同，投影的长短形态也不同。

下面我们以光源照射物体的不同角度来分析投影的形状，为了便于理解，将光源与地面的照射角度分为锐角、钝角与直角进行研究。需要特别注意的是这里所提到的钝角实际上是不存在的，是为了便于分析和理解所特设的。

在下图中当光源与地面的照射角度为锐角且小于45° 时，先根据光源的方向确定投影的方向，然后根据景石的边角确定投影的范围，得出投影的形态，发现投影较长且面积大。

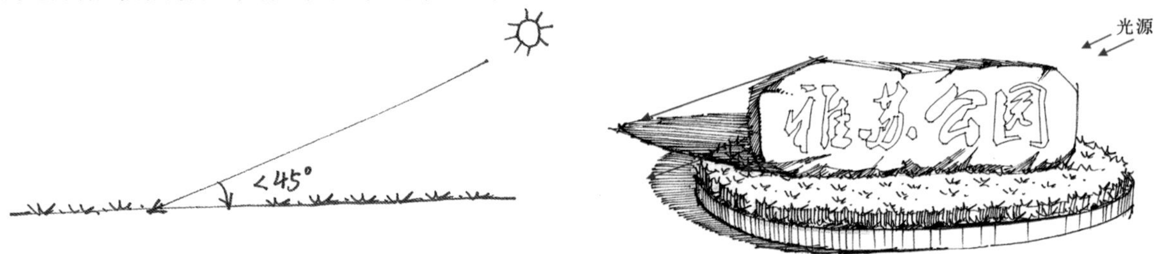

在下图中当光源与地面的照射角度大于45° 且接近直角时，也是先根据光源的照射方向确定投影的方向，再根据石头的边角确定投影的范围，得出投影的形态，发现投影线短且面积狭小。

在下图中当光源与地面的照射角度为90° 的直角时，同样先根据光源的照射方向确定投影的方向，再根据石头的边角确定投影的范围，得出投影的形态，发现投影面积相当于物体的长与宽之积，就像物体本身沿中心点缩放一样。

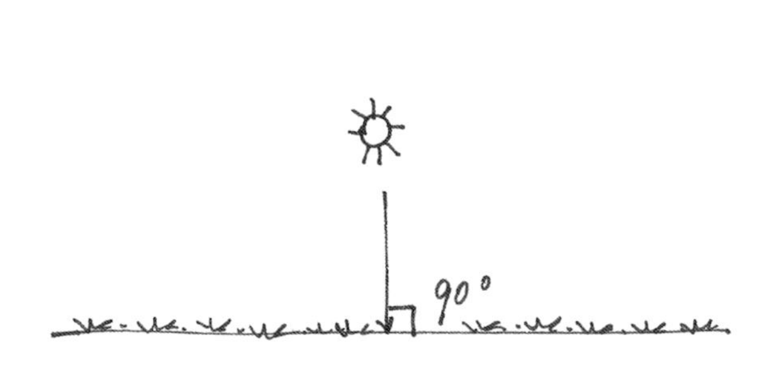

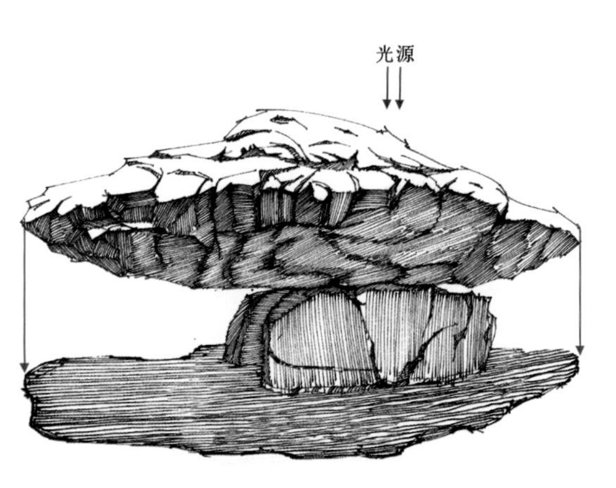

在下图中当光源与地面的照射角度大于90° 且小于180° 时，先根据光源的照射方向确定投影的方向，再根据石头的边角确定投影的范围，得出投影的形态，发现投影面积较大，就像物体本身被斜拉一样。

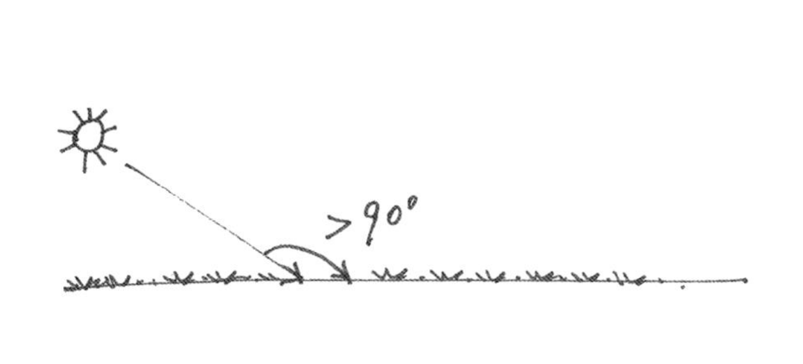

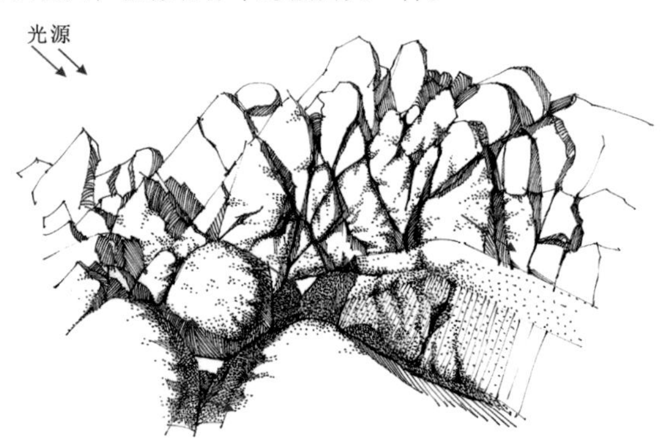

TIPS

从上面的分析可以发现物体的投影受光源角度的影响，当光源与物体的照射角度接近0° 与180° 时（日出与日落前夕），投影面积最大，越往90° 靠拢投影的影线变得越短，面积也越变越小。

六 画面的虚实处理

1.同一场景不同虚实处理

一般虚实的处理遵循近实远虚、外实内虚、亮实暗虚的原则。在具体的景观手绘场景当中，根据园林构成上的差异，组合空间的大小、疏朗、密实以及空间的分割、节奏、过渡等的不同，虚实处理会有所变化。往往会受到明暗关系、色彩深浅与冷暖关系的影响。

接下来以同一个场景的4张不同画面说明物体的虚实处理情况。

在图1中一眼就能判断出画面的视觉焦点集中在建筑与背景树干这一部分，从整体上看画面的明暗对比关系拉开了，层次感也有了，但这是不是理想的处理效果呢？虽然这张线稿效果图的核心在于右上角建筑与背景植物的刻画，在此位置上应该浓墨重彩，但忽视了画面的重点水景、亲水木平台以及水景周围植物的强调处理。

图2的虚实处理相对图1来说，整体空间感要强一些，虚实处理得相对好一些。画面的视觉焦点处于中景明暗对比强烈的植物与建筑上，背景乔木以轮廓的形式出现，使得背景往后靠，相对来说符合基本的虚实规律——近实远虚。但缺乏对前景的细致塑造。虽然从空间层次上来讲，近景不一定为实，远景也不一定为虚，只要有对比就会产生空间，但是此场景的主体景观在前景的位置，所以前景在此种情况下必须为实，因此对前景水景、亲水木平台及铺装等的刻画也是必不可少的。

图1

图2

图3的虚实处理相对于其他3张线稿效果图是比较理想的，基本上属于近实远虚、外实内虚、亮实暗虚，突出了主体景观，画面的视觉焦点也能汇集到水景、亲水木平台和建筑上来。对画面边缘的过渡也相对处理得较为恰当。

图4虽然从明暗光影关系上看比较突出，但是整体上给人一种面面俱到的感受，画面的4个边角都是实景。画面的边角可以是1~3个为实，但不要4个边角全部为实，这样就会显得虚实对比弱，整体画面效果往前凸。

图3

图4

从这4张图的明暗上看也可以得出这样一个结论，从来就没有一种唯一正确的明暗关系，只有你不断地改变明暗关系，不断地尝试，才能得到自己想要的理想效果。

物体的虚实处理是根据画面主体景观的位置而定的，主体景观处于前景那么前景就应该相应的实，进行细致刻画。景观手绘当中的主体景观在大场景当中往往也会出现在画面的中景，就像风景画一样，把主体景观放置到中景，这时中景往往要比前景实，应该细致刻画。

2.不同场景不同虚实处理

在景观设计手绘当中，也常常将画面分为几个不同的空间层次，即近景、中景和远景3个层次，进而能更好地表现画面的透视空间。

下面介绍同一场景不同空间层次，即近景、中景、远景的不同处理形式。

图5虚实的表现，采用直截了当的方式，着重表现主体中景，拉开了整张画面的空间层次，让视觉焦点集中到中景，前景作相应的明暗区分与简化处理，而背景以轮廓线的形式出现，让画面不同位置的景物形成鲜明的对比，从而产生空间感。

图6从明暗关系处理，拉开画面的空间关系，将背景植物和前景被光面压暗，从明暗关系上衬托出主体中景，注意这种处理方式，背景只是单纯的压暗，不做细致的明暗区分而前景可以适当地刻画。

图7完全遵循近实远虚规律，那么前景将成为主体景观，这种处理形式与空气透视法道理一样，处于远景的景物往往明暗对比、结构转折、虚实对比等相对减弱，中景起到一个过渡作用。

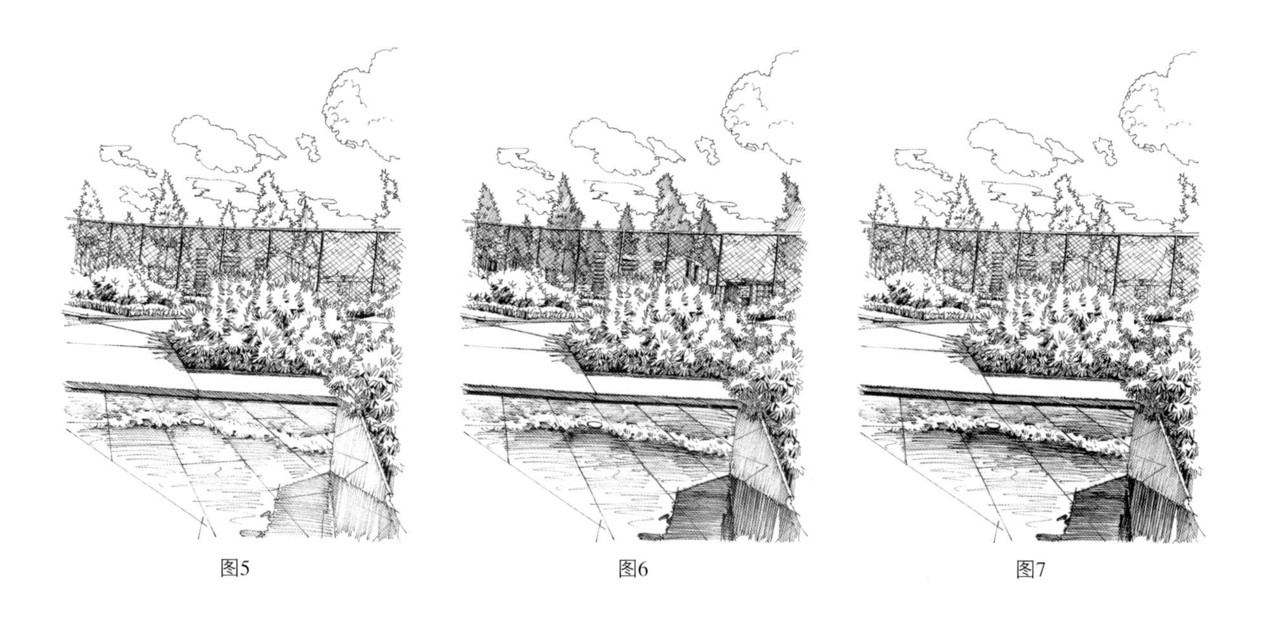

图5　　图6　　图7

综上所述，同一场景画面所强调的部分不同，所采取的虚实表现就会有所不同，所以想要什么样的画面效果要多做虚实效果的实验。

紧接着我们看看不同场景当中的近景、中景、远景的处理形式，这一部分要根据具体的场景而定，相对比较灵活，对于不同的场景每个人都有不同的虚实处理方式，适合自己的才是最好的。本书的内容只是作为一个“向导”出现。对于一张好的画面也是需要大家平时多练习、多领悟与感受。

图8中的主体水景与绿化植物处于前景，只需按照近实远虚的方式处理，拉开前景、中景、远景即可。

图9是从画面的构图形式，景观明度的深浅与构图上做文章，前景垂直的蜀柏，占据了画面大部分的面积，所以在这种情形下，前景蜀柏、地被、地面铺装便成了画面的主体景观，而建筑就成了陪衬物。通过前景的蜀柏、中景建筑、远景水面与山体相互穿插，虚实处理拉开画面的透视空间。

图10属于小场景，景墙与台阶是画面的主体景观，在这种情形之下，虚实处理方式可以随着景墙与台阶的材质明暗而定，台阶与景墙材质色调较浅，可以强化周围植物的暗部色调，衬托出景墙与台阶，若台阶与景墙材质较深，则可以简化周围植物的明暗处理，直接突出主体景观。

图11主要是通过强调前景左右两边大面积的暗部，将画面的视觉中心向蜀柏这一块引导，进而延伸到远山，这样画面的空间延伸感会更强。近景明暗对比强烈、中景相对减弱、远景以轮廓线的形式出现，这样画面的虚实对比明显。此图也可以逆向绘画，将远景小面积的山体加深，中景做好明暗过渡，前景以线条细致勾勒结构为导向刻画，也是可行的，所以要什么样的画面效果，需要画者多做研究与练习。

图8 图9

图10 图11

综上所述，不同画面虚实的处理会受到景物颜色深浅、冷暖、画面比例构图、空间大小、疏朗密实等因素的影响。

第10天 黑白线稿处理技巧

一 白描处理技巧

白描是以线为表现手段的画法。根据线条本身的粗细、刚柔、方圆、巧拙、疏密等变化来表现各种物象。同时线条本身也具有一定的抽象审美效果。白描就整个中国画来讲也是一门独立的艺术，作为工笔白描，一般线形变化不大，细而均匀，为上色留有余地。而对于景观手绘当中的白描处理技巧基本和中国画一样，也主要是运用线条来表现物体的轮廓与造型。这种手法表现出来的效果图，常常被称为“效果图正稿”。

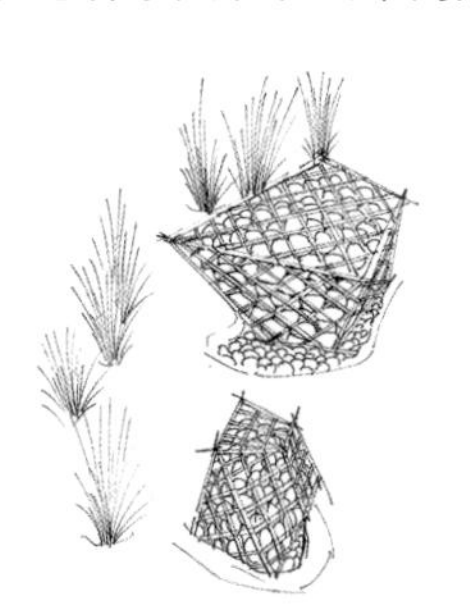

接下来以一个案例来说明白描的处理技巧。首先白描手法对线条的精准度要求相对较高，其次用线要概括简洁，最后是强调主要的透视线条。这些线条往往决定画面的成败。

（1）用铅笔绘制底稿，这一步要抓准物体的造型与透视关系，多花一点时间去推敲物体的透视结构。【用时6分钟】

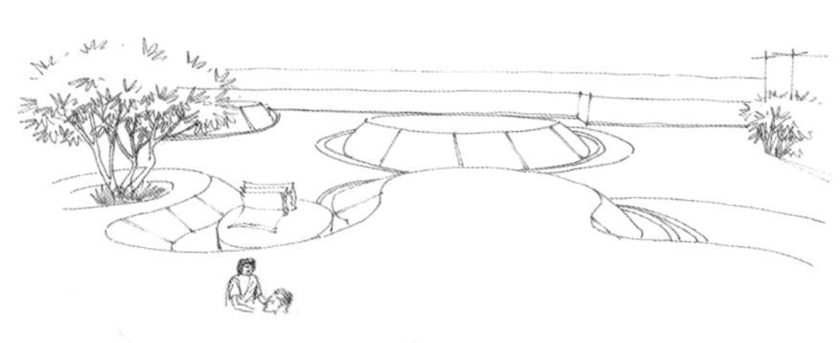

（2）根据铅笔底稿勾勒墨线，在勾勒墨线时要适当地做调整，不要完全依赖底稿，底稿有时不一定是十分准确的。【用时5分钟】

（3）绘制出远山的造型，延伸透视空间，细化墨线稿，统一画面的节奏。【用时4分钟】

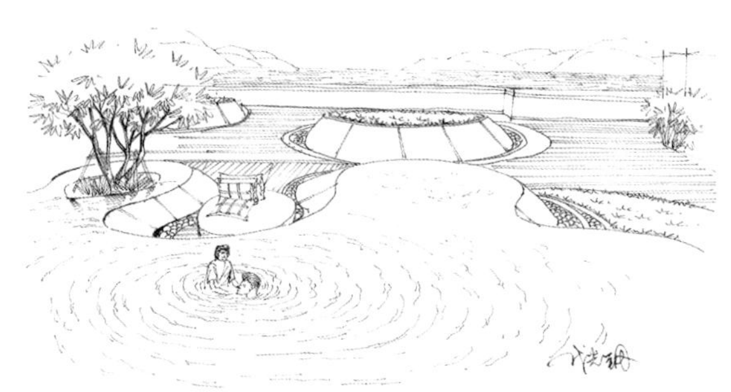

（4）整体调整画面，绘制出地面铺装与水纹，丰富画面的内容，完善画面的塑造。【用时6分钟】

二 线面结合处理技巧

线面结合的处理技巧可以简单地理解为在线的基础上施以简单的明暗块面，以便使形体表现得更为充分，是线条和明暗结合的一种方式。在景观手绘线稿表现当中比较常用，这种表现方式常常会强调主体景物的明暗体块，而针对背景景物可以简要地概括其轮廓。这样做能使画面主体突出，拉开物体的前后空间关系与画面的主次关系。

接下来也是以一个案例的形式来阐述线面结合的处理技巧。首先线面结合要求画者明确所表现的主体景物；其次是通过线条的排列方式，强调主体景物的明暗体块与转折，突出主体景观；最后是弱化边缘景物与背景，使画面虚实有别、主次分明。

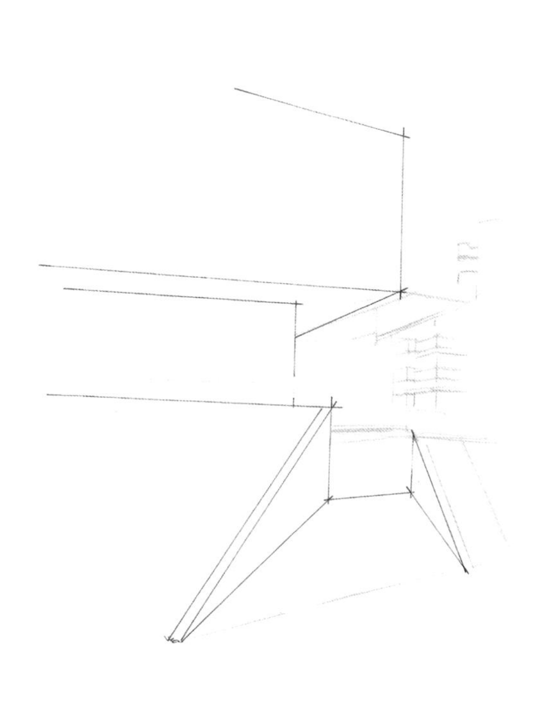

（1）在铅笔底稿的基础之上勾勒出主体景物的外轮廓，强调出透视关系。【用时6分钟】

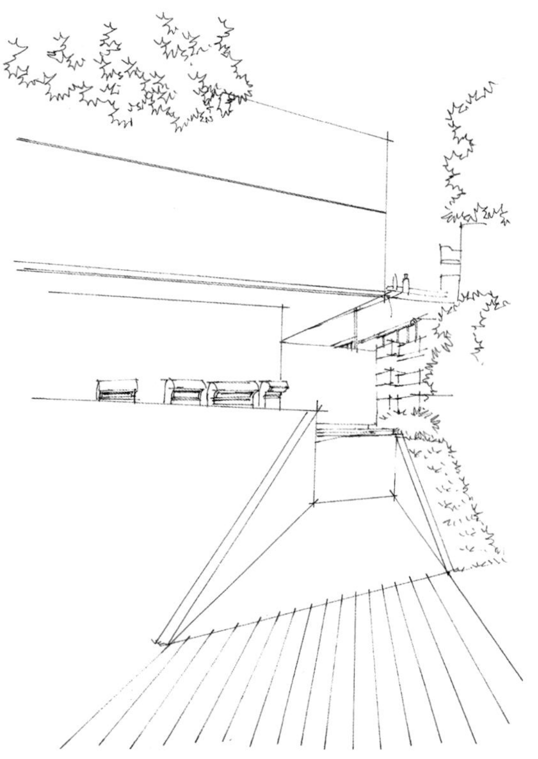

（2）绘制出边缘植物与决定透视关系的前景铺装分割线。【用时4分钟】

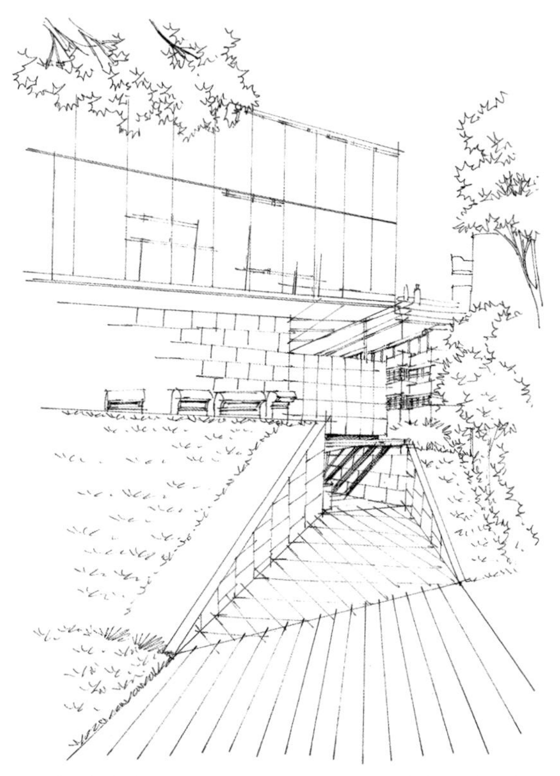

（3）完善画面内容，绘制出建筑墙体、地面的铺装、草地与植物。【用时8分钟】

（4）根据结构排线，强调出主体景物的体块与转折，突出画面的视觉焦点。【用时5分钟】

三 明暗调子处理技巧

明暗调子是素描当中的专用名词，主要是通过高光、亮面、明暗交界线、暗面及反光5大调子，来反映客观对象的体积、空间、虚实和结构等，强调素描艺术的直观真实性。在景观手绘线稿表现中常用的绘画工具是钢笔和针管笔，因此在景观手绘当中以明暗调子的处理方法出现的作品，常常被称为“钢笔画”。左下图可以直接称为素描景观作品，而右下图则为钢笔画。

接下来同样是用一个案例来讲解明暗调子的处理技巧，这种表现形式要注意所有的调子都是依据结构而存在的，主要是为了体现景物结构的转折、明暗、深浅层次及质感等，而采用的处理方法。

（1）确定主题景石的造型，并做好结构细分，便于后续表现明暗。【用时2分钟】

（2）运用概括的线条完善石头景观的整体布局与基本外轮廓。【用时5分钟】

（3）通过排线快速拉开景石的明暗与体块关系。【用时6分钟】

（4）细致地塑造出景石的暗部层次与细小的转折，以及黑白灰的过渡。【用时8分钟】

第11天 简单景观组合训练

一 简单景观组合训练的核心

简单景观组合训练这一部分主要是通过一些小场景具体训练场景空间、构成场景的不同景观元素、场景的虚实变化以及对画面的控制能力。如下图所示，将这些综合能力运用到景观设计中去，在设计中训练、在训练中设计，这才是简单景观组合训练的核心与目的。

二 简单景观组合案例训练

接下来以案例的方式学习简单景观组合训练的方法，通过步骤演示能让大家更好地跟上训练的节奏，掌握训练的一些基本方法。希望通过下面实例的训练大家能够举一反三，并且坚持练习，一定会有收获。

1.自然驳岸水景线稿表现

（1）运用铅笔绘制出汀步的基本透视关系与造型。【用时3分钟】

（2）用墨线勾勒出汀步以及汀步周围的石头和局部水生植物的造型。【用时5分钟】

（3）统一画面节奏，绘制出汀步周围的植物、水面和石头的具体造型，强调明暗体块，快速拉开画面的明暗关系。【用时10分钟】

（4）整体调整画面，加强画面暗部层次的塑造与细节的表现，完善画面的刻画。【用时8分钟】

2.石灯景观线稿表现

（1）用铅笔绘制出底稿，确定好景物的基本造型与位置关系。【用时3分钟】

（2）用墨线勾勒出主体石灯的具体造型与底座植物。强调主体景观并将其作为参照物。【用时4分钟】

（3）绘制出石灯周围的乔灌木造型，塑造画面的前后空间关系。【用时5分钟】

（4）统一画面的节奏，通过抖线划分出乔灌木的明暗区域，并着重表现出主体景观石灯的明暗转折面。【用时6分钟】

（5）通过排线快速拉开画面的明暗关系，塑造物体的体积感与空间感。【用时8分钟】

（6）整体调整画面。丰富画面的暗部层次，并用美工笔的宽线条加深暗部的深层次，让画面明暗对比更加强烈。【用时3分钟】

3.花坛景观线稿表现

（1）整体布局，运用铅笔绘制出圆形花坛与周围地面铺装的大体造型。【用时3分钟】

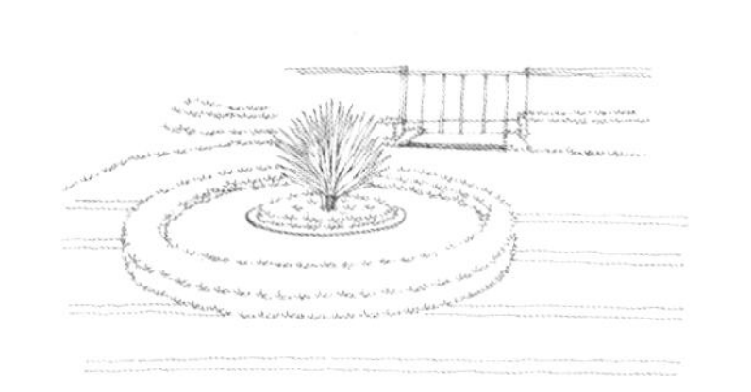

（2）根据铅笔底稿，快速勾勒出花坛与地面铺装的分割线。【用时4分钟】

（3）绘制出花坛的具体造型、背景绿篱与墙体铺装。刻画背景绿篱与墙体尽量一步到位。【用时7分钟】

（4）着重表现前景花坛的明暗关系以及地面碎拼铺装。【用时10分钟】

（5）整体调整画面，强调主体景观的明暗层次与体积空间感，并适当地塑造中景植物的明暗关系，做好过渡处理。【用时8分钟】

第12天 复杂景观组合训练

一 复杂景观组合训练的核心

复杂景观组合训练是对前面所学知识的综合运用，它不仅体现设计者的设计构思，更多的是通过这种复杂的景观组合训练，提升自我的造型能力、审美能力以及对画面空间的掌控能力等，从而将我们的设计思想快速地表现出来，这是它的核心内容。如下图所示，对于复杂景观组合要能够很好地把控其空间与透视，因此这部分的内容平时要多做练习，掌握好。

二 复杂景观组合案例训练

同样以案例的方式为大家讲解复杂景观的组合训练，通过步骤讲解让大家更好地掌握绘画当中的一些小常识与技巧，便于我们理解与提升绘画表现能力。

1.公园景观线稿表现

（1）整体布局，用铅笔勾画出主体矮墙与背景植物的位置。铅笔底稿勾画时用力尽量轻快，便于后续擦拭。【用时5分钟】

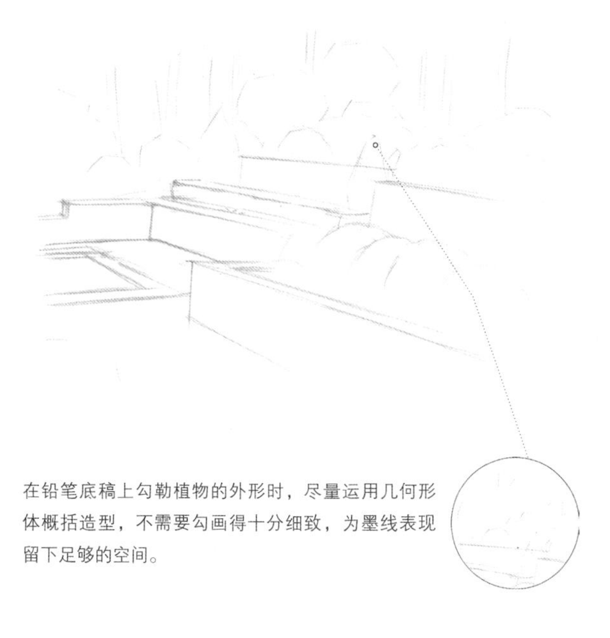

在铅笔底稿上勾勒植物的外形时，尽量运用几何形体概括造型，不需要勾画得十分细致，为墨线表现留下足够的空间。

（2）根据铅笔底稿上墨线，着重表现一部分挡土墙的材质与前景植物，作为画面后续刻画的参照物。【用时7分钟】

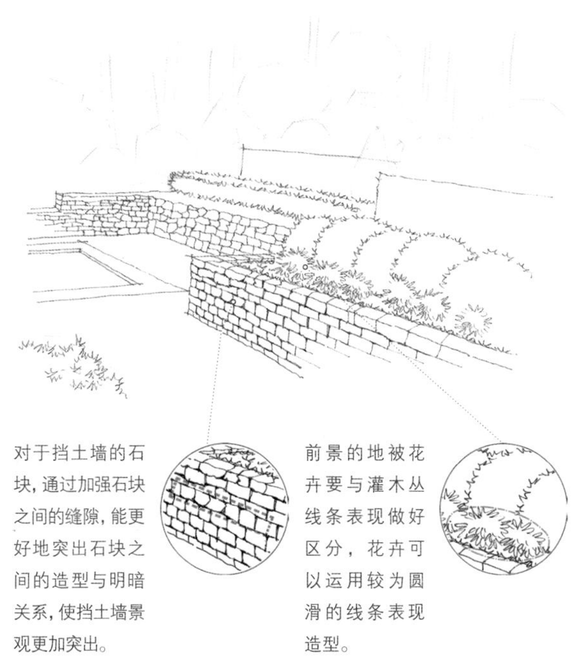

对于挡土墙的石块，通过加强石块之间的缝隙，能更好地突出石块之间的造型与明暗关系，使挡土墙景观更加突出。

前景的地被花卉要与灌木丛线条表现做好区分，花卉可以运用较为圆滑的线条表现造型。

（3）完善景观挡土墙的绘制，并强调出周围的主要灌木与地被，让画面统一。【用时8分钟】

对于中景与远景的挡土墙石块，要注意虚实有别，局部可以留白处理。

（4）刻画出背景高大乔木的基本造型，注意乔木之间的前后穿插关系。【用时5分钟】

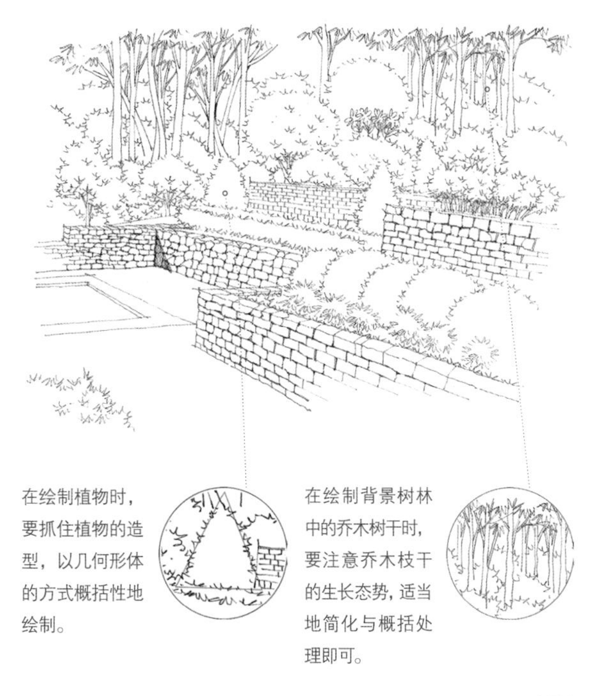

在绘制植物时，要抓住植物的造型，以几何形体的方式概括性地绘制。

在绘制背景树林中的乔木树干时，要注意乔木枝干的生长态势，适当地简化与概括处理即可。

（5）绘制出背景乔木枝干的明暗关系，背景乔木刻画要适中，不能一味地细化。【用时7分钟】

通过加深背景树林中树干的明暗关系，与背景植物大面积的白形成强烈的明暗对比，从而拉开画面的空间感。

强化表现中景挡土墙时，石块与石块之间的缝隙也要注意虚实，部分可以不加深处理。

（6）通过排线表现画面不同景物的体积与光影关系，排线要注意疏密关系，强调出画面的前后空间感。【用时12分钟】

背景树林中的乔灌木采用整体排线的方式压暗，不细致刻画明暗转折，让背景有明暗对比，但相对整个画面呈现出虚而有空间的效果。

画面暗部排线，同一景物可以采用统一的线条排列，根据结构的不同也可以适当地调整，按照结构排线有利于表现物体的体积感。

丰富暗部层次，可以运用美工笔的宽线条加深。

2.屋顶花园线稿表现

（1）运用铅笔定出消失点，通过消失点绘制出画面景物的整体透视、物体的大小以及位置关系。【用时6分钟】

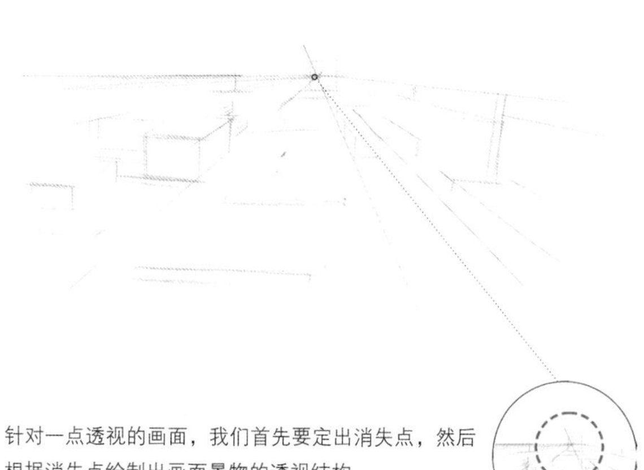

针对一点透视的画面，我们首先要定出消失点，然后根据消失点绘制出画面景物的透视结构。

（2）根据铅笔底稿从左往右用墨线绘制景物的具体造型。【用时5分钟】

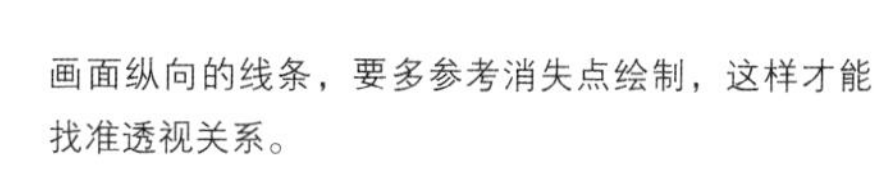

画面纵向的线条，要多参考消失点绘制，这样才能找准透视关系。

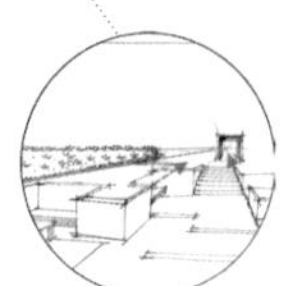

（3）绘制出乔木的基本造型与明暗关系，以及树池中的地被和绿篱。【用时8分钟】

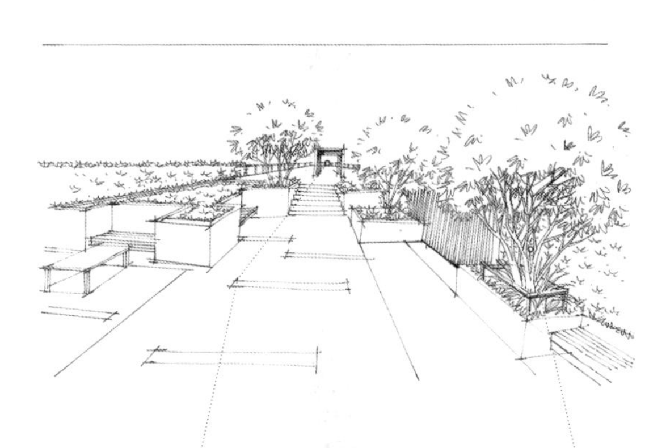

靠近消失点的亭子，在画面当中所占的面积很小，但也要根据透视画出亭子不同面的宽窄。

处于前景的乔木，枝干是很明显的，所以要耐心地理清楚枝条的前后穿插与生长走向。

（4）绘制出廊架的基本造型与明暗关系，拉开画面景物的前后空间。【用时10分钟】

廊架的木条结构要理清楚，这部分透视相对难画，绘制时要时刻对照消失点，而暗部排线尽量运用统一的线条。

右侧景墙部分，可以运用美工笔的宽线条压暗与留白相间的部分。

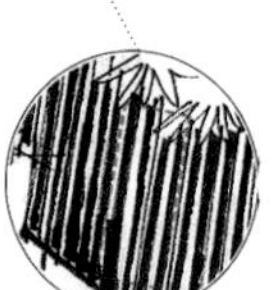

（5）绘制出画面左侧种植池的明暗关系，统一画面的节奏。【用时8分钟】

暗部排线要有疏密感保持暗部透气，离光源越近的部分越暗。

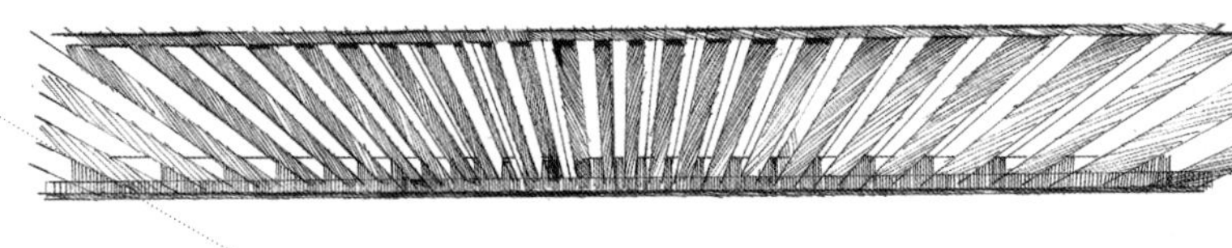

种植池的不同转折面运用不同方向的疏密排线强调。

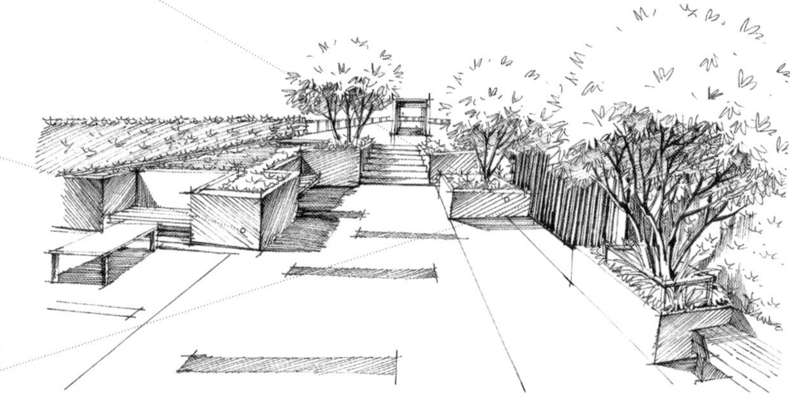

接近树冠的枝干处于被光面，可以运用美工笔的宽线条加深，拉开明暗层次。

（6）整体调整画面，绘制出地面铺装，并对画面的明暗关系作小幅度的调整，完善画面。【用时7分钟】

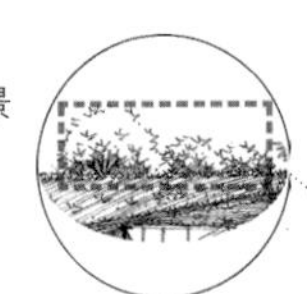
面对硬朗规则的绿篱，背景可以增添部分乔灌木过渡。

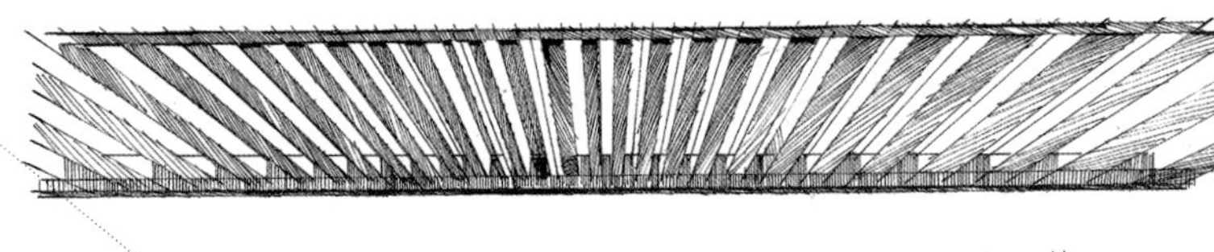

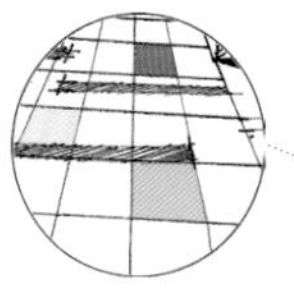
地面铺装要遵循近大远小的基本透视规律。

3.小区水景线稿表现

（1）整体布局，用铅笔打底稿，运用轻盈的线条勾画出水池的基本结构。【用时5分钟】

在打铅笔底稿时用简单概括的线条表现出植物的生长态势，尤其是叶片整体走向的把握与控制。

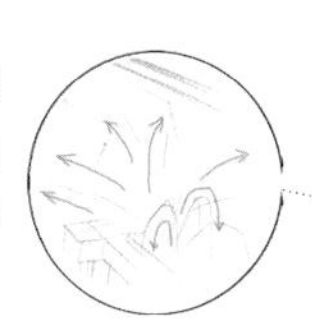

（2）根据铅笔底稿上墨线，强调出水池的基本透视结构，并勾画出前景的种植池造型。【用时6分钟】

在绘制矮栏杆时要注意运用双线绘制出栏杆的厚度，不要单线绘制，这样显得单薄。

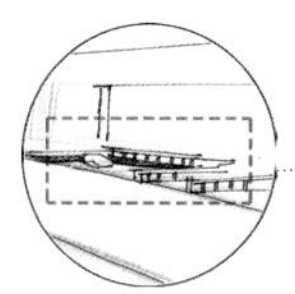

绘制水景矮墙上的溢水口时，要注意转折立面的宽度与高度。转折面的高度决定着溢水口的深度。

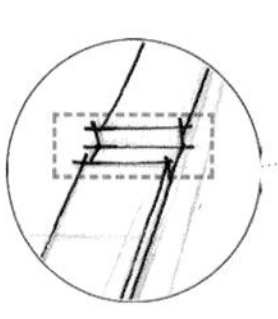

（3）绘制出前景与背景植物，并强调出高差水池的溢水口。【用时8分钟】

可以运用连笔与一根竖线结合表现背景雪松，这样能更好地弱化背景。

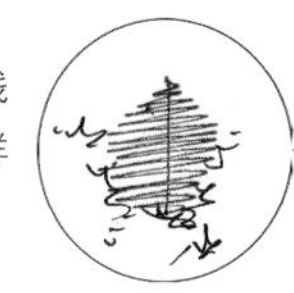

苏铁的叶片可以运用带有弧度的折线来表现，注意叶片尽量画得细长一些。

对于前景水生植物的刻画，要注意叶片的生长方向与叶片之间的前后遮挡关系。

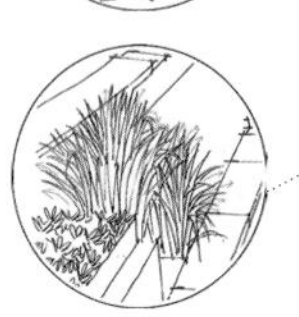

（4）运用灵动的线条绘制出水面与水景矮墙的铺装材质，并丰富植物的明暗层次。【用时8分钟】

乔木树冠的暗部表现，尽量运用统一方向的排线绘制。

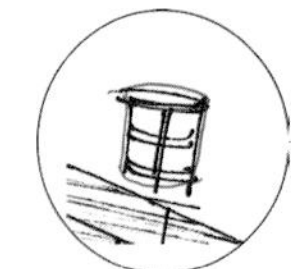

对于画面中的灯具刻画，要抓住灯具的具体造型，可以将其概括成圆柱体。

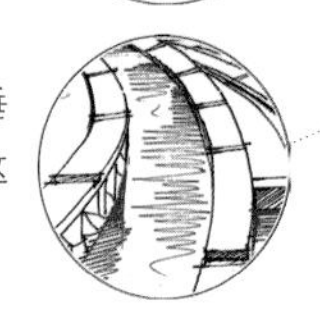

水面的表现，一般采用垂直向下的自由线表现，这样能使水面具有灵动感。

（5）整体细化植物的明暗对比关系与水面暗部层次，拉开画面的透视空间。【用时5分钟】

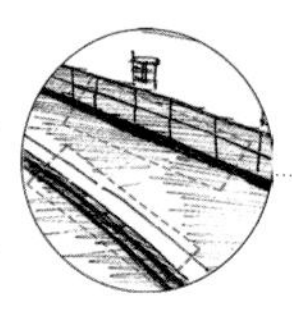

对于水面倒影的刻画，要注意倒影的影线边缘往往是比较深的，可以运用美工笔的宽线条加深，表现出倒影的质感。

对于前景苏铁的暗部刻画，可以运用美工笔的宽线条表现，加深叶片之间的缝隙，拉开叶片的前后空间关系。

（6）整体调整画面，并绘制出地面铺装，完善画面内容，运用美工笔的宽线条整体加强画面暗部层次。【用时7分钟】

加强矮围栏的体积，可以在下面的结构线上，运用美工笔的宽线条压暗，表现出厚度与明暗关系。

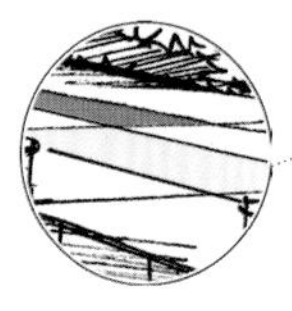

地面铺装线的透视关系要符合整体场景，并区分好前后铺装的大小。

05 景观手绘马克笔表现技法

SUN	MON	TUE	WED	THU	FRI	SAT
~~1~~	~~2~~	~~3~~	~~4~~	~~5~~	~~6~~	~~7~~
~~8~~	~~9~~	~~10~~	~~11~~	~~12~~	13	14
15	16	17	18	19	20	21

- 第13天　马克笔基础表现技法 »
- 第14天　马克笔色彩表现 »
- 第15天　配景上色技法 »

22	23	24	25	26	27	28

项目实践

第13天 马克笔基础表现技法

一 认识马克笔

1.马克笔的种类

马克笔又称麦克笔，一般用于快速表达设计者的构思，是现在快速表达设计构思以及效果图绘制最为主要的绘图工具之一。

马克笔一般为双头和单头两种，根据其笔芯内的成分不同又可以分为水性马克笔、油性马克笔和酒精性马克笔3种。

油性马克笔拥有良好的耐水性、快干性和耐光性，颜色多次叠加也不会伤害纸张，颜色较为温和。

水性马克笔的颜色亮丽而且具有水彩的透明感，还可以配合沾水笔使用，但是颜色多次叠加后会出现明显的灰色，而且由于水分含量较多容易伤害纸面。

酒精性马克笔可以在任何的光滑表面进行绘制工作，有着速干、防水等优势，其主要成分是染料加变性的酒精等，使用完需要盖紧笔帽，要远离火源并防止日晒。

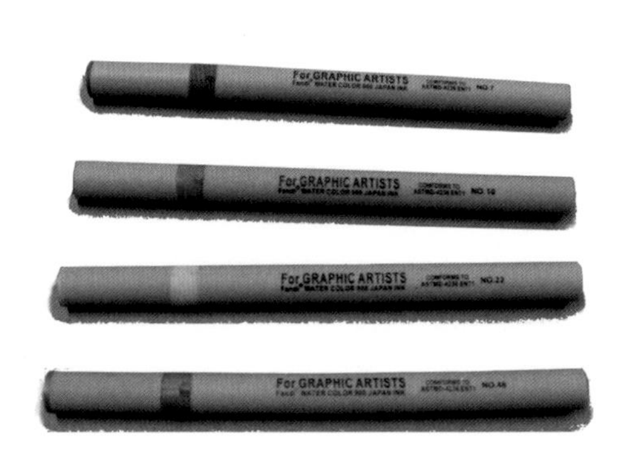

市面上的马克笔品种繁多，根据个人习惯的不同马克笔很难分出具体的好坏，只要是适合的就是最好的。

2.马克笔的笔头

马克笔笔头有大小之分。常见马克笔笔头从左到右依次为斜头型、细长型、平头型、圆头型。

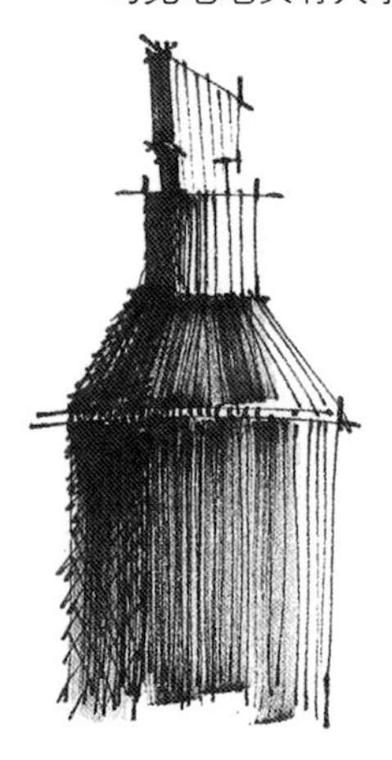

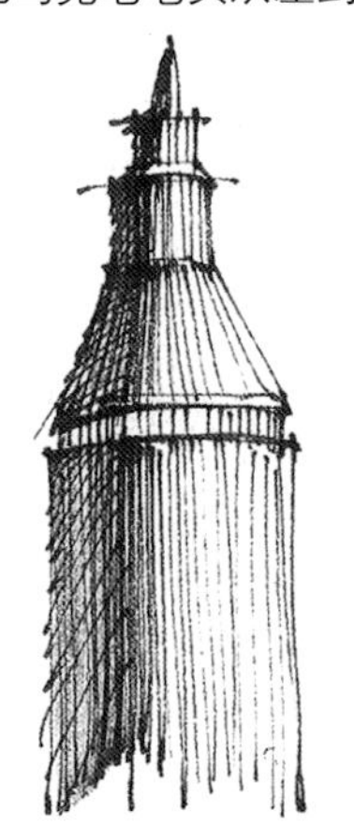

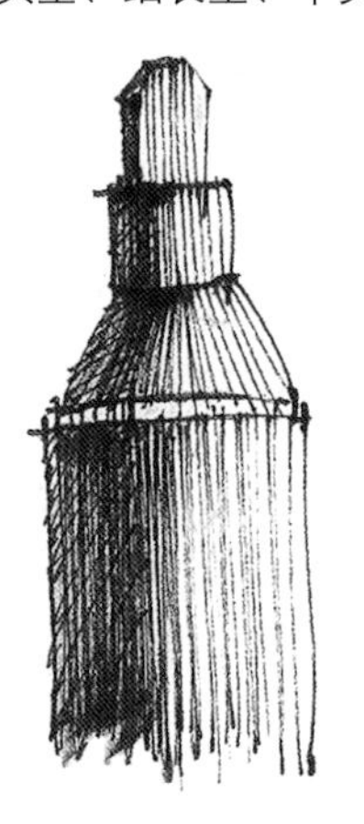

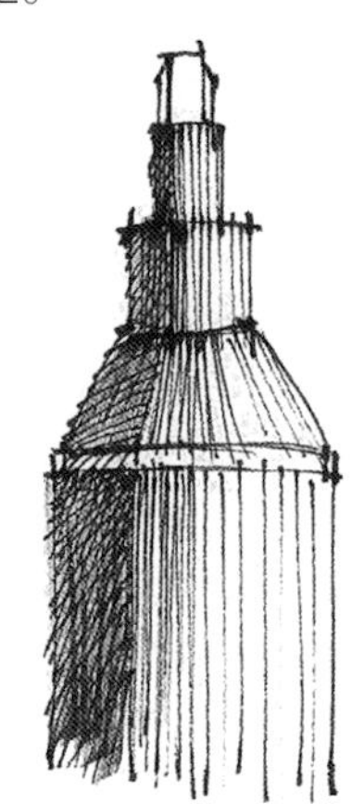

马克笔的基础用笔方式

1.单行摆笔

马克笔的竖向与横向排列线条，块面完整，整体感强烈。

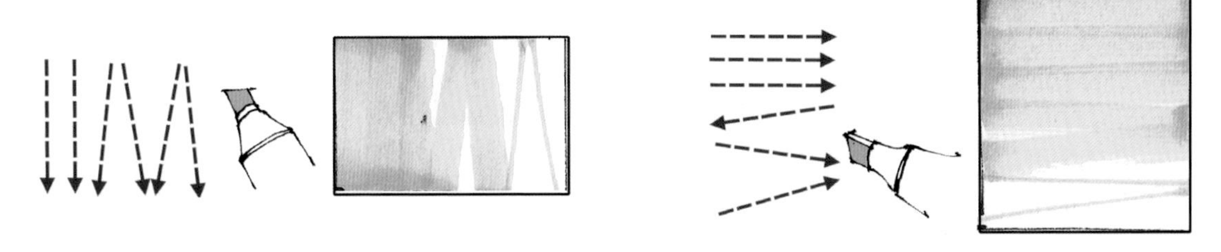

通过马克笔的竖向与横向排线，做渐变可以产生虚实变化，使画面透气、生动。

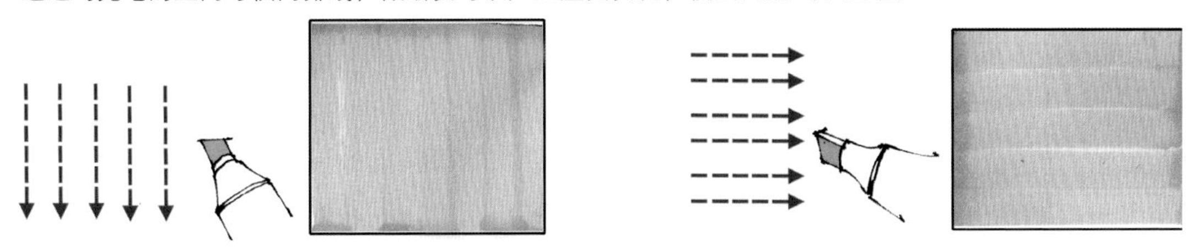

练习方法

单行摆笔通过笔触渐变地排线，熟练掌握笔触。这种笔触的宽线条利用宽头整齐排列线条，过渡时利用宽头侧锋或者细头画细线。运笔一气呵成，整体块面效果强。

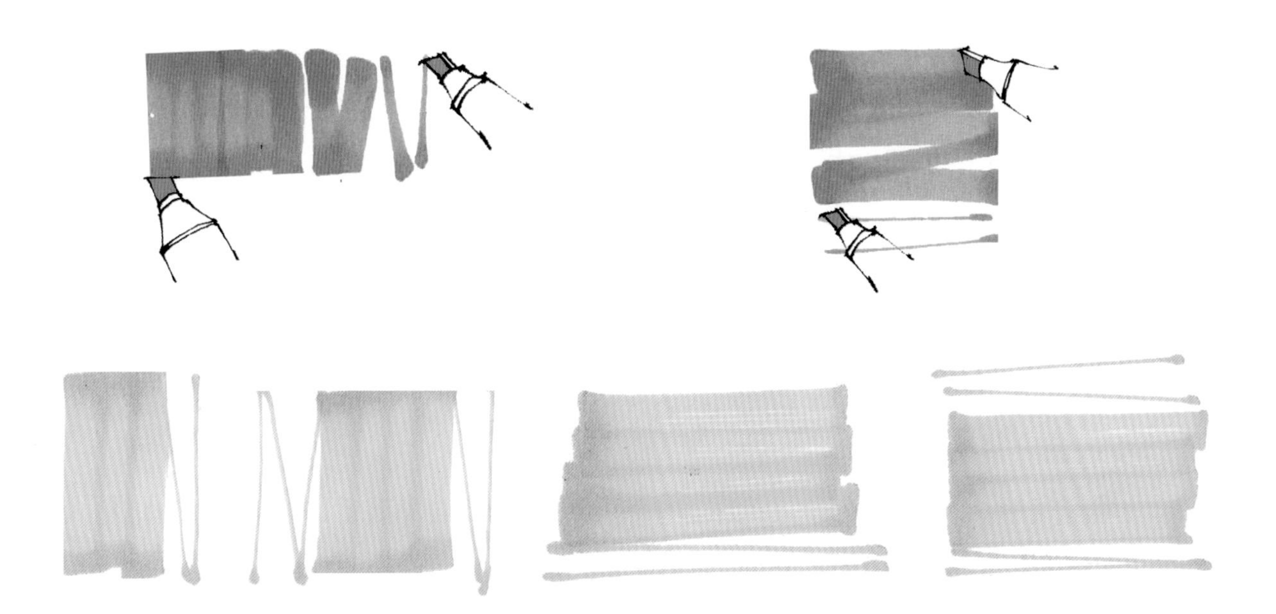

2.叠加摆笔

“叠加摆笔”是通过不同深浅的笔触叠加丰富的画面色彩，这种笔触过渡清晰。为了体现画面明显的对比效果，体现丰富的笔触，常常使用几种颜色叠加，这种叠加在同类色中运用得较多。往往在同类色中铺完第一遍浅色之后，还会在这个基础之上叠加第二层深色调，甚至会根据画面要求叠加第三层。叠加时要按照由浅到深的顺序进行，每一次叠加的色彩面积应该逐渐减少，切忌覆盖掉上一遍色调。

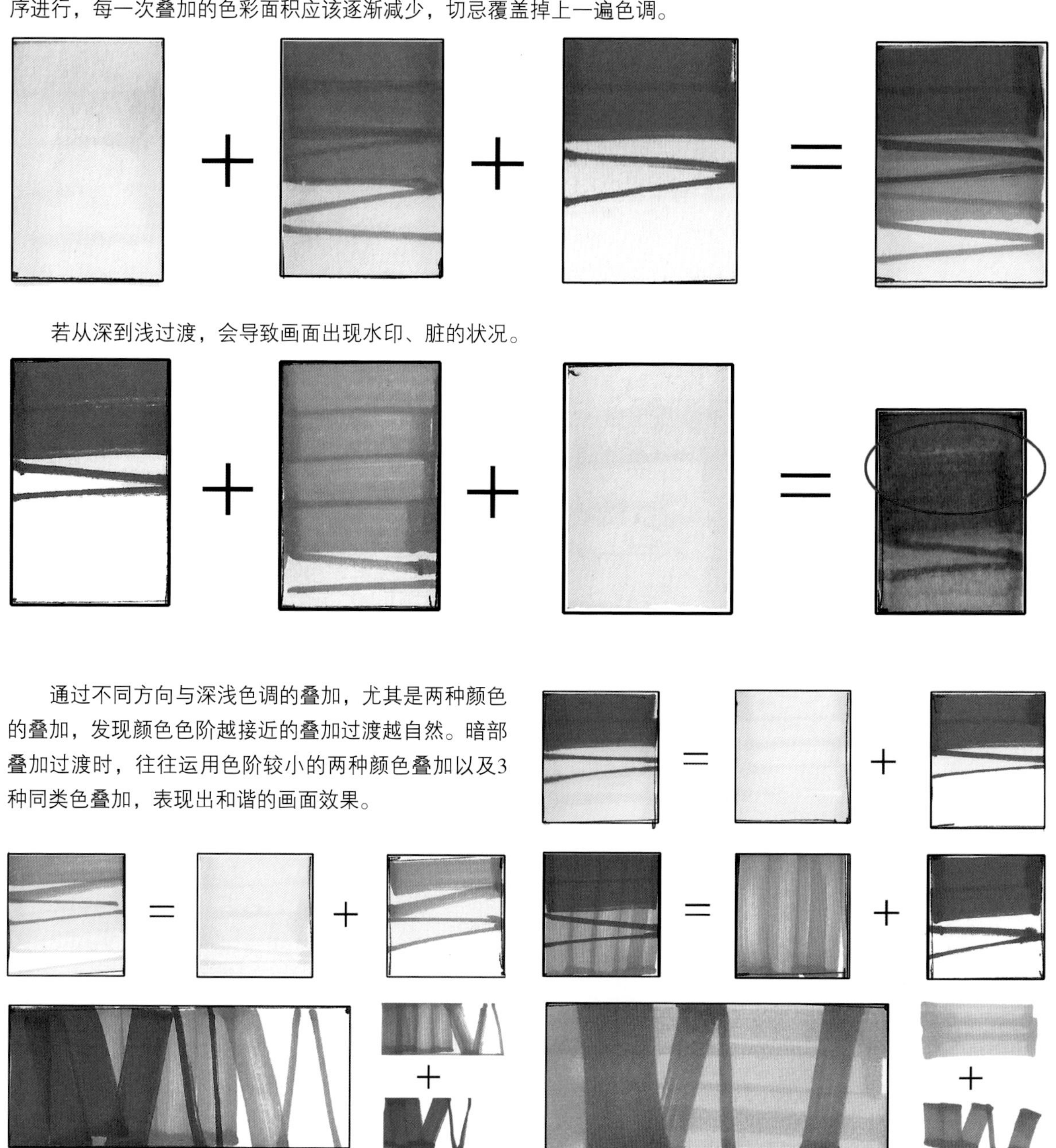

若从深到浅过渡，会导致画面出现水印、脏的状况。

通过不同方向与深浅色调的叠加，尤其是两种颜色的叠加，发现颜色色阶越接近的叠加过渡越自然。暗部叠加过渡时，往往运用色阶较小的两种颜色叠加以及3种同类色叠加，表现出和谐的画面效果。

综上所述，马克笔的渐变效果可以产生虚实关系，不同方向的叠加，每一层叠加颜色的色阶小过渡就会相对自然，笔触的渐变会使画面透气、和谐、自然。

叠加摆笔可以通过一系列的方体、景观小品、石头和铺装等进行练习，并熟练掌握，同时有利于后续更好地塑造画面效果。

叠加摆笔石头训练

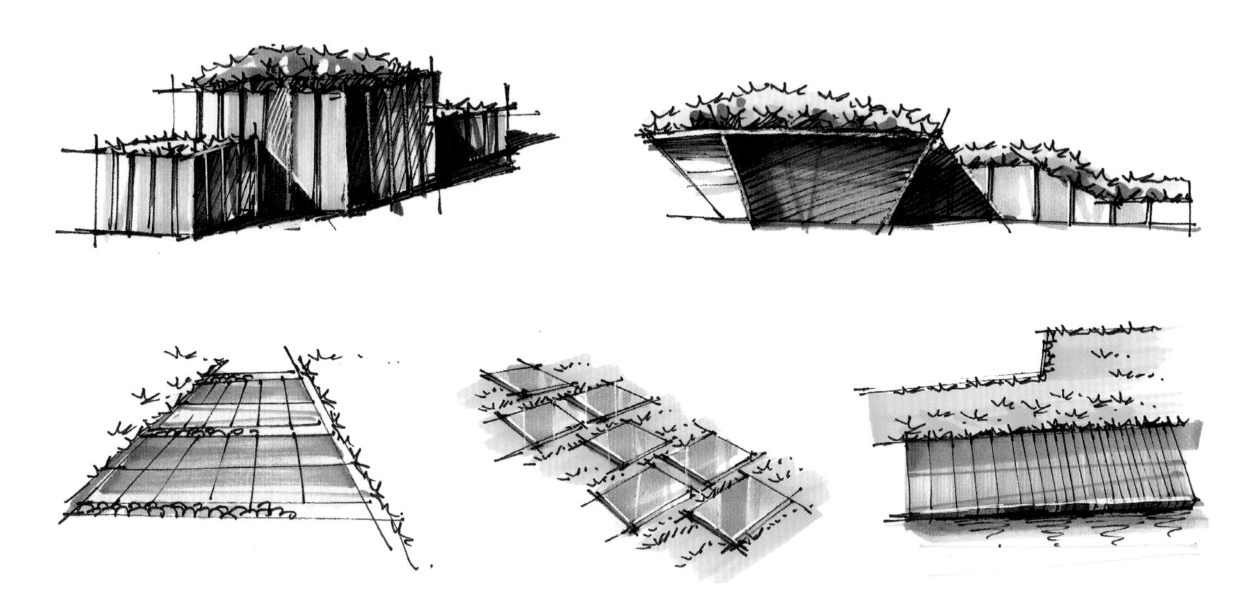

叠加摆笔小品与铺装训练

3.扫笔

扫笔是一种高级技法，它可以一笔画出过渡和深浅。在绘画过程中暗部过渡、画面边界的过渡等都是通过扫笔的技法完成的。它讲究快，用笔时起笔较重，可以理解为没有收笔。收笔笔尖不与纸面接触，是垂直飘在纸面上空的，所以这种笔触也可以理解成为过渡笔触。

不同方向扫笔排列

横向排列从左到右

横向排列从右到左

竖向排列从下到上

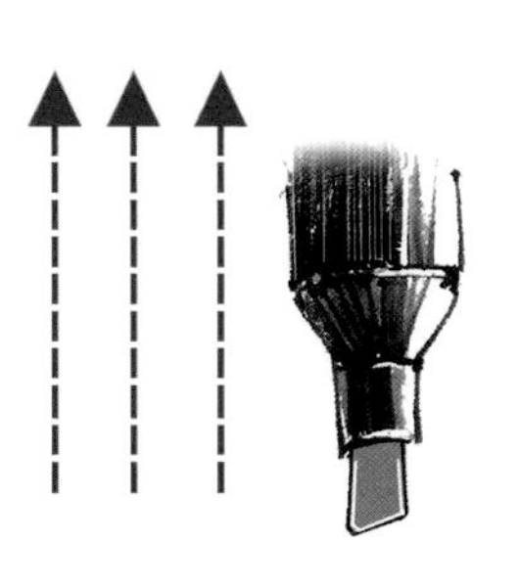

竖向排列从上到下

斜向排列从左上方到右下方

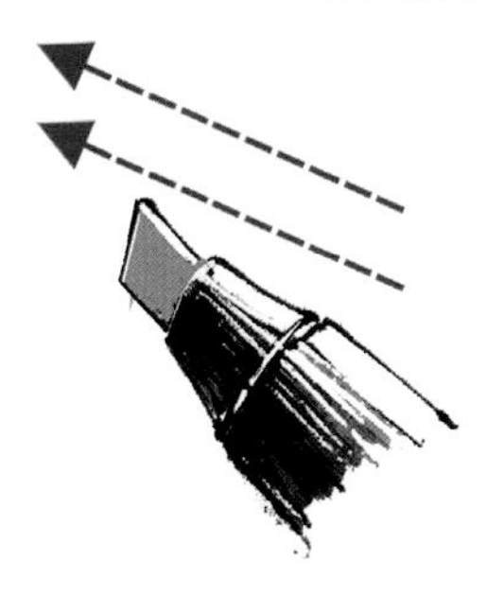

斜向排列从右下方到左上方

斜向排列从左下方到右上方

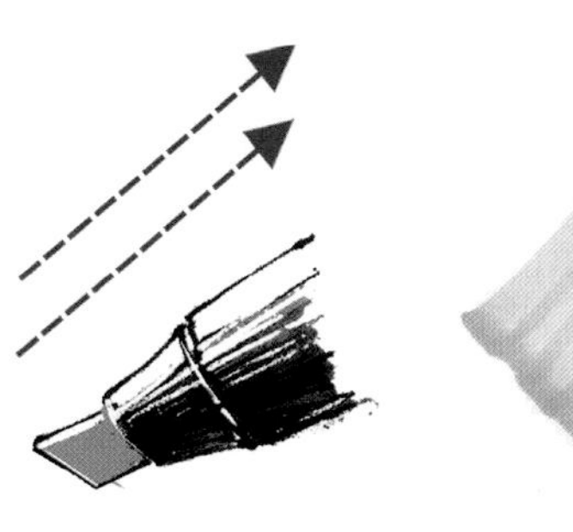

斜向排列从右上方到左下方

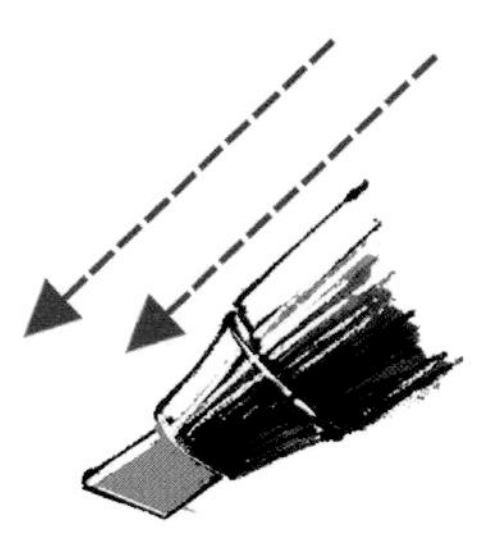

扫笔的练习方法

扫笔一般用于画面边缘的过渡。草地边缘的过渡最常见，通过一系列的草地练习，可熟练掌握扫笔技法。

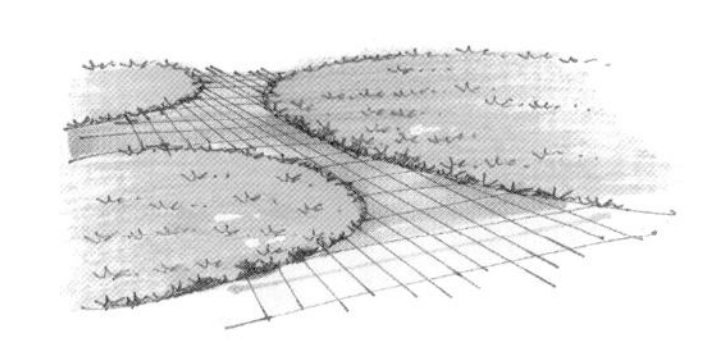
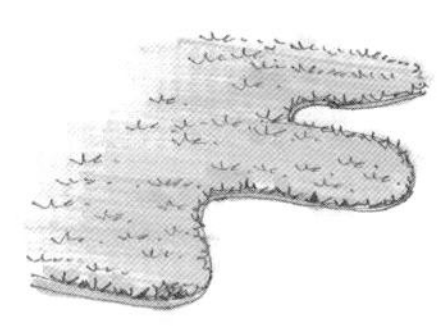

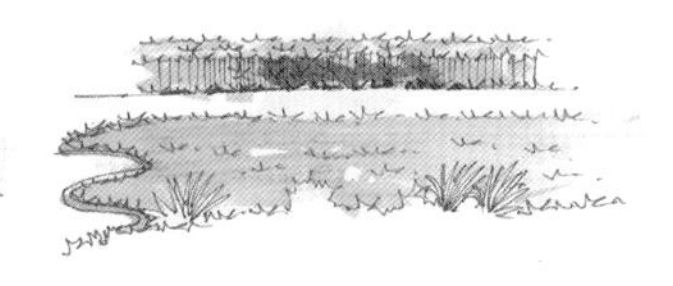

4.斜推

斜推是透视图中不可避免的笔触，两条线只要有交点，就会出现菱角斜推的笔触，只要画面存在透视关系就会有交叉的区域，这些区域如果用平移的笔触就一定会产生“锯齿”，而这种笔触能使画面整齐不出现“锯齿”，所以大家一定要很好地掌握斜推，这是画透视图必备的一种笔触。

斜推的练习方法

斜推的练习方法是绘制一些不规则的多边角形状，练习时要注意边角尽量与马克笔的笔面平行，避免边缘出现“锯齿”，影响画面效果。

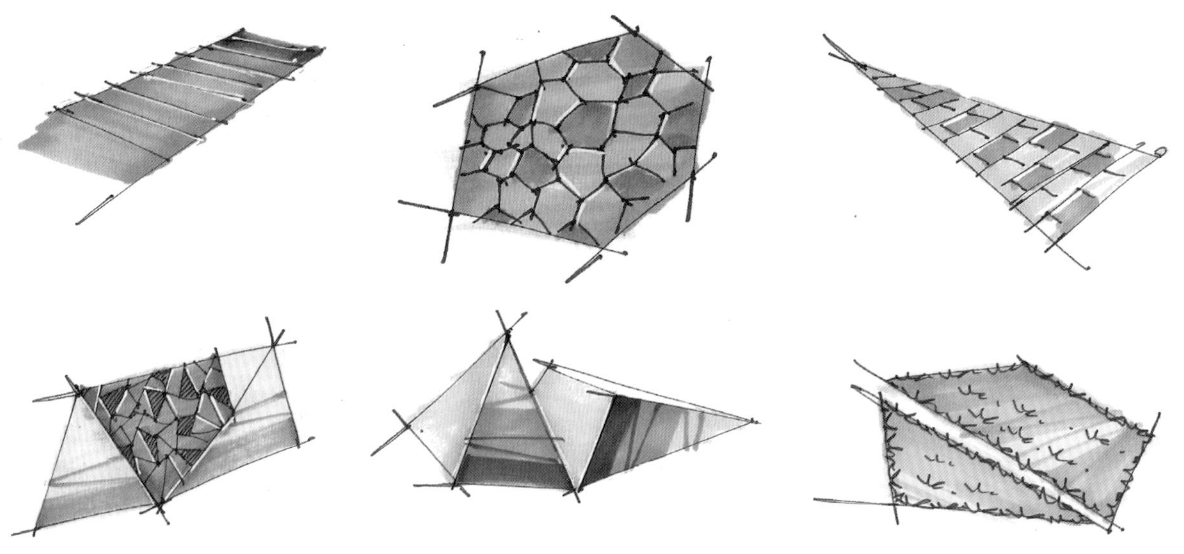

5.揉笔带点

揉笔带点常常运用到树冠、草地、云彩和地毯等景物的绘制中，它讲究柔和、过渡自然。在树冠的灰部与暗部过渡，以及草地、云彩、地毯的灰暗部过渡都是运用这种笔触。

揉笔带点的练习方法

揉笔带点的笔触在树冠、草地和云彩上运用得较多，通过一系列的上色练习，熟练掌握这种笔触。但要注意不要点得太多，避免画面出现凌乱的感觉。

揉笔带点天空练习

揉笔带点树冠练习

6.点笔与挑笔

“点笔”也是表现植物的常见笔触，点笔不以线条为主，而是以笔块为主，在笔法上随意灵活，但要注意整体关系。尤其对初学者来说，边缘线与疏密变化控制不好，容易出现画面凌乱的问题，所以在绘画的时候要有所控制，不能随意乱点。

“挑笔”一般用于表现叶片比较尖的一些景物，也用于表现从根部到叶片顶端的明暗渐变关系。这一类笔触在水生植物和地被植物等被运用得较多。

点笔一般在地被灌木以及树冠上运用得较多，通过一系列此类案例的练习，可熟练掌握点笔技法。

地被与灌木点笔练习

乔木树冠点笔练习

地被、水生植物、竹子叶片挑笔练习

三 马克笔体块与线条训练

1.马克笔的线条训练

马克笔的宽头一般用来大面积地润色。

宽头线清晰工整，边缘线明显。

细笔头表现细节，能画出很细的线，力度大线条粗。

马克笔侧锋可以画出纤细的线条，力度大线条粗。

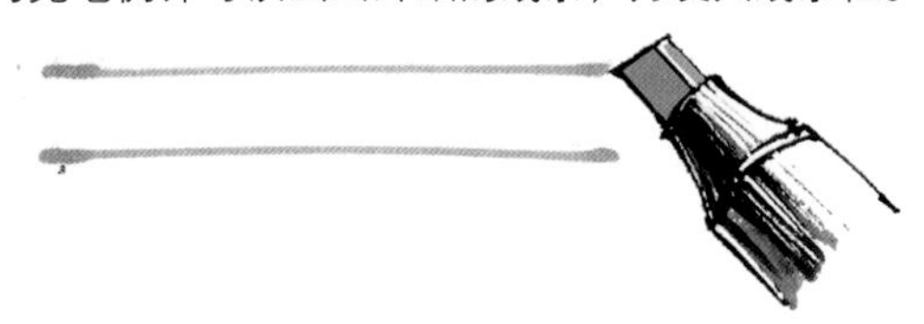

稍加提笔可以让线条变细。

提笔稍高可以让线条变得更细。

2.马克笔体块训练

马克笔的体块训练，主要是强调体块的明暗转折面，往往会加重明暗交界线的处理，这样使得体块不同的转折面更加明显，这一部分最好借助几何形体训练，因为几何形体规整便于区分明暗体块，更容易掌控画面。这一步的上色训练也要注意颜色的叠加顺序，应该由浅到深进行叠加。

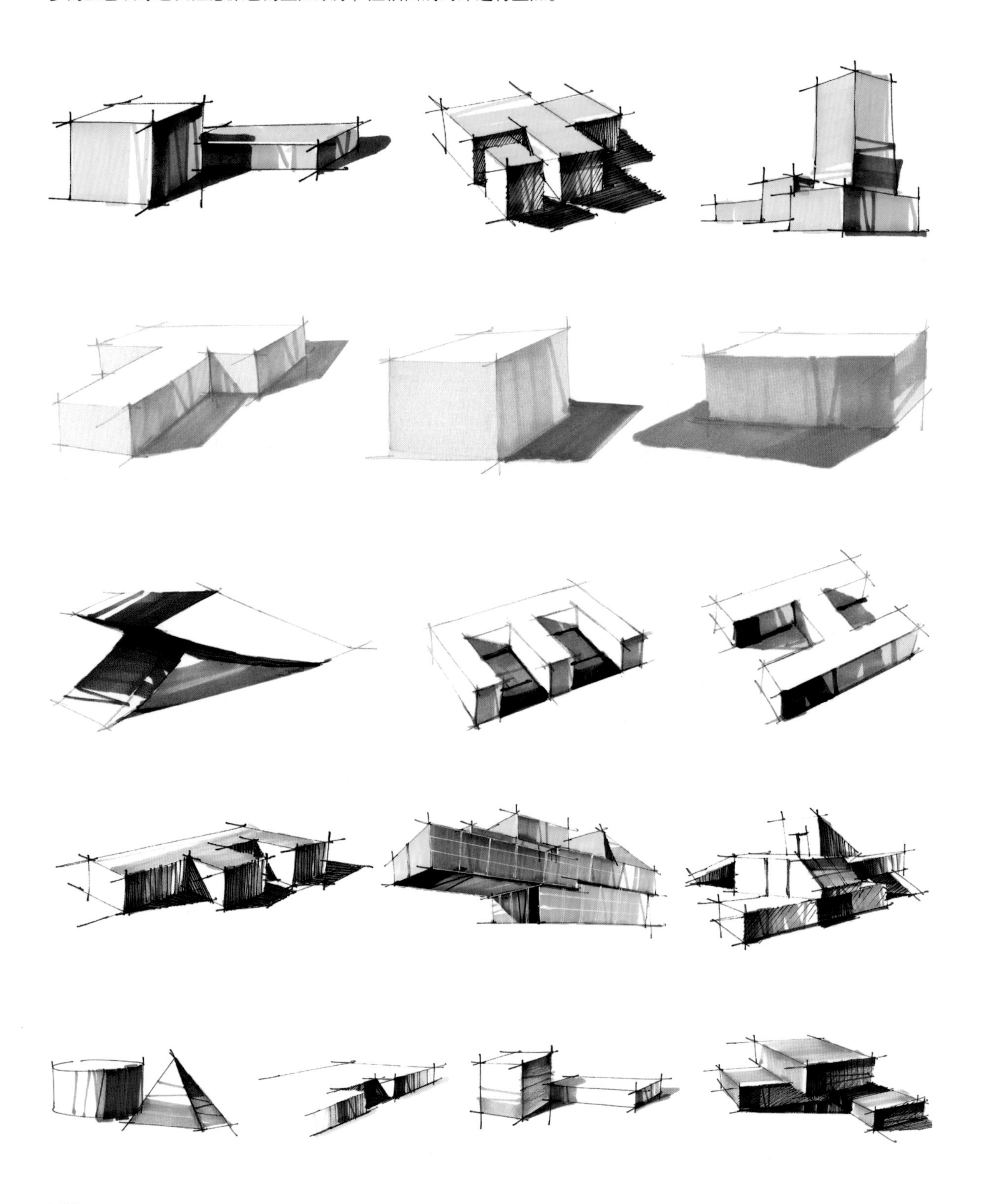

第14天 马克笔色彩表现

一 色彩冷暖关系

1.认识色彩的冷暖

色彩其实并没有冷暖关系，是由于人们长期实践和生活产生的联想，如熊熊燃烧的篝火一般显示为红色和黄色，所以当人们看到这两个颜色时会有温暖的感觉，而冰冷的海水一般是深蓝色，所以这类颜色往往让人们感觉到寒冷。

接下来以两组图片分析色彩的冷暖关系，对色彩的冷暖有一个初步的认识。

在第一组暖色调图片中，虽然图1、图2、图3都给人一种温暖的感觉，但通过对比发现，图1是这3张图片中最暖的，图2次之，图3最弱。由此可以发现色彩的冷暖是相对的，只要对比不同色彩的冷暖就会不同。

图1

图2

图3

在第二组冷色调图片中也说明了同样的道理，让我们进一步明确了色彩的冷暖是相对的关系。图4是下面3张图片中最偏冷色的一张，而图5相对图4又偏暖一些，图5相对图6又偏冷一些。

图4

图5

图6

2.手绘中的色彩冷暖关系

通过前面知识的学习我们知道色彩本身没有冷暖之分，色彩的冷暖是建立在人生理、心理和生活经验等方面之上的，是人对色彩的一种感性认识。在手绘中一般而言光源直接照射到物体的主要受光面相对较明亮，使得物体这部分变为暖色，相对而言没有受光的暗面则变为冷色。但并不是绝对的，如下图亮部有些是偏冷色而有些又是偏暖色。总之一幅画的冷暖要根据具体画面场景而定。

二 光影与体块的表现

光影与体块的表现能增强画面物体的体积、空间、视觉和透视等关系，因此光影与体块的训练十分重要。接下来以马克笔的灰色系列绘制出几何形体的黑、白、灰明暗关系，以此深入了解物体的光影与体块关系。

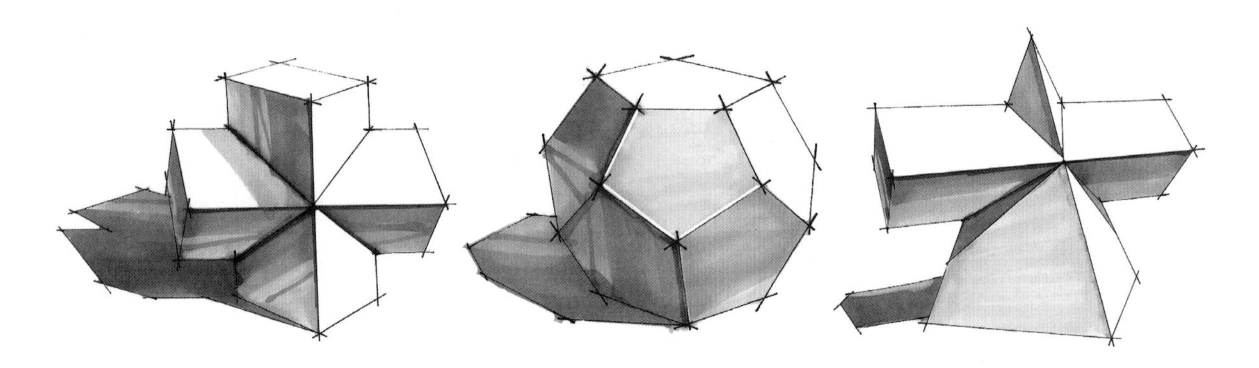

接下来用不同冷暖、明度、纯度的马克笔，表现出物体的光影与体块关系。注意马克笔上色的顺序是由浅到深，这样叠加出的颜色会显得更自然，由深到浅叠加出的颜色会出现腻、脏的感觉。

三 马克笔着色的渐变与过渡

马克笔的渐变与过渡相对于水彩和水粉等其他材料表现的画面，过渡相对会生硬、明显一些，这是由马克笔的属性决定的。先了解一下马克笔过渡的笔触方式，一般会将马克笔过渡处理成V字形。

练习马克笔渐变与过渡的方法很多，以几何形体训练居多，除此之外还可以利用石头、植物、小品和灯具等来作为训练的对象。

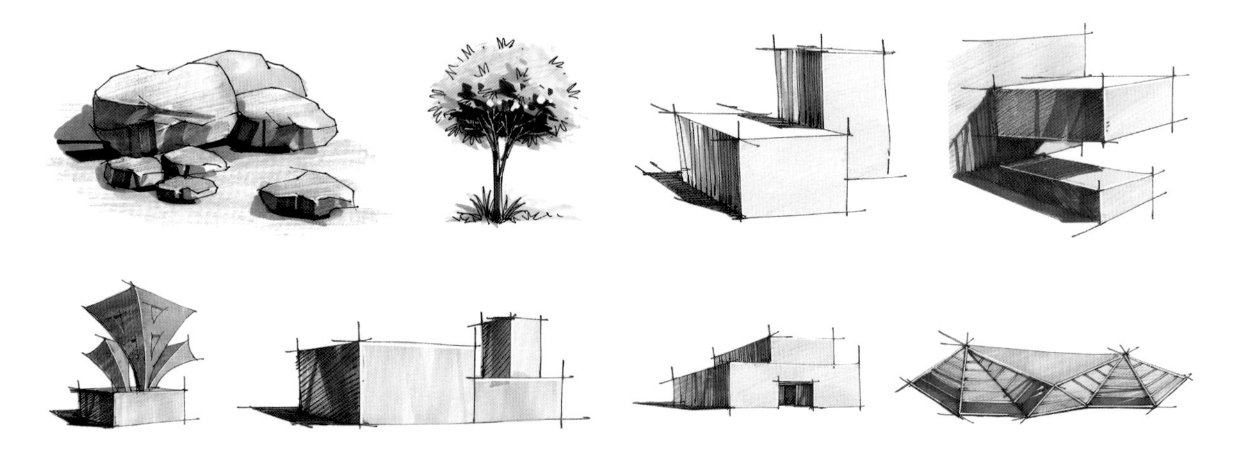

四 不同材质与空间的表达

对于不同材质与空间的表达，首先我们要从基础的平面或是简单的体块开始训练，在基础的表现过程中，建议大家先用3~4种颜色简单表现，刻画出物体的明暗体块关系即可。对于小场景空间而言，要很好地体现出空间感与透视关系。上色要注意环境色对主体景物的影响，也不必刻意地追求细节。这一阶段主要是培养大家对空间的认识，以及快速表现能力和造型能力。

简单地运用几种颜色体现材质的明暗与质感即可，这样能快速地掌握材质的基本表现方法，摸索出适合自己的绘画风格。

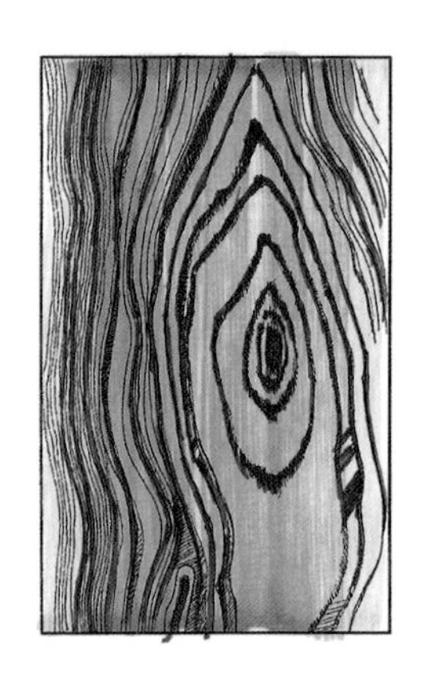

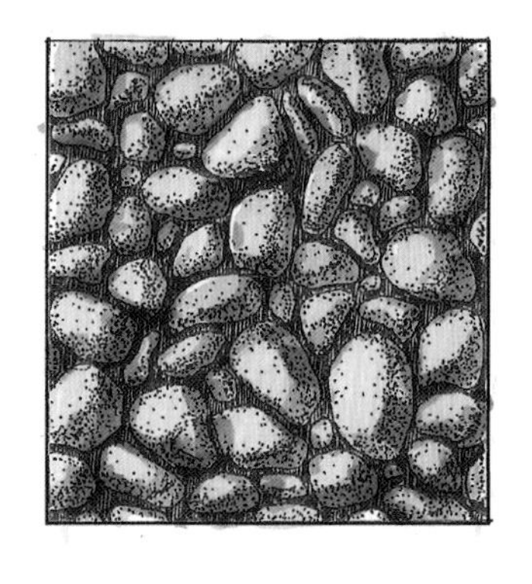

针对材质组合而成的小场景，要合理地处理画面的明暗层次、空间层次和虚实关系等。结合前面所学马克笔的一些基础笔法技巧以及素描明暗关系的理解，采用概括、快速的形式表现出来。这一部分的训练目的就在于此。

第15天 配景上色技法

一 景观石的上色表现

1.太湖石上色表现

主要用色

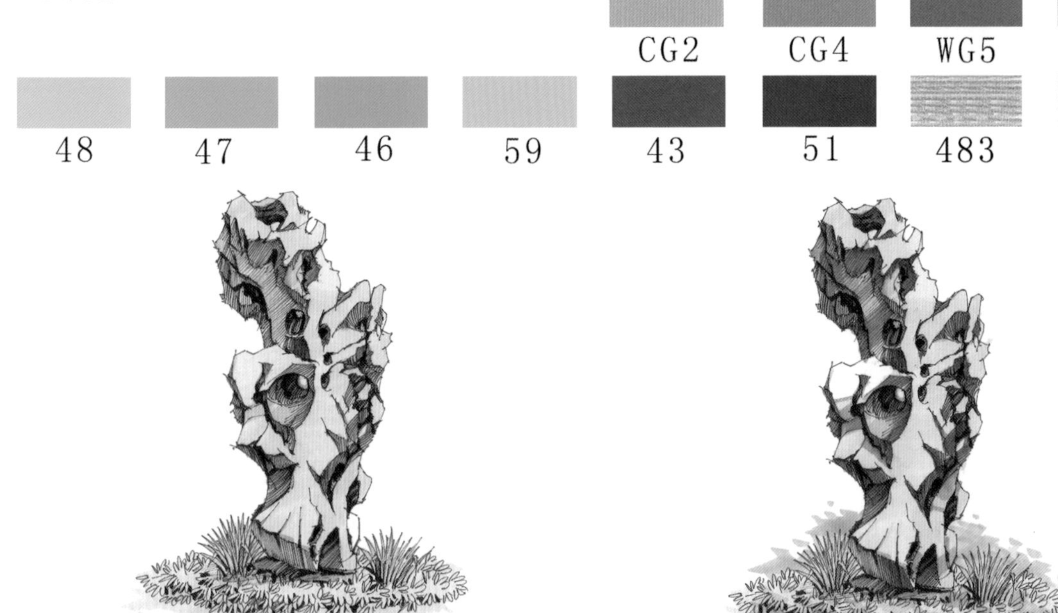

（1）快速整体铺色，运用TouchCG2绘制出太湖石的灰色调，然后用Touch48和Touch59绘制出地被植物的亮部色调。【用时4分钟】

（2）用TouchCG4绘制出太湖石的暗部深层次色调，然后用Touch47加强背景植物的刻画。【用时3分钟】

（3）用TouchWG5和TouchWG7丰富暗部的层次，并用彩铅colours454绘制出石头的环境色。【用时5分钟】

（4）整体调整画面，用Touch43和Touch51绘制出地被植物的暗部色调，然后用彩铅colours483丰富石头的色调，接着用提白笔局部提白塑造光感。【用时5分钟】

2.泰山石上色表现

主要用色

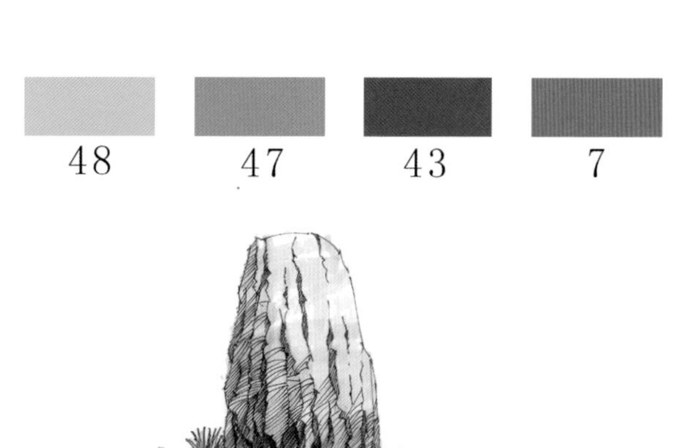

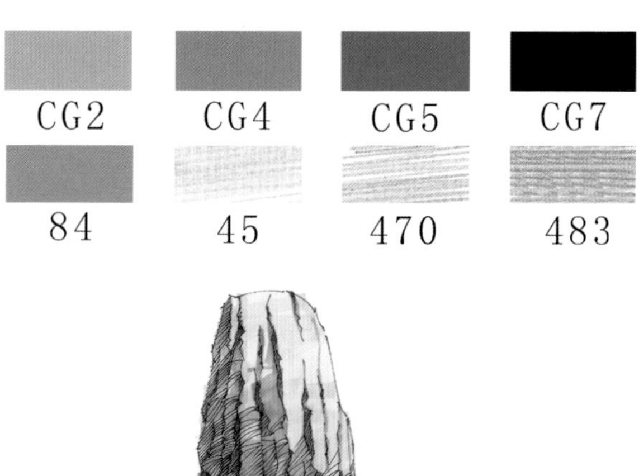

（1）整体布局，用TouchCG2绘制出泰山石的亮色，然后用Touch7、Touch48和Touch47绘制出地被植物与花卉的亮部色调。【用时5分钟】

（2）用TouchCG4加强泰山石的暗部转折面，然后用Touch84绘制出地被花卉的暗部。【用时4分钟】

（3）用TouchCG5和TouchCG7加强泰山石的暗部深浅层次，然后用Touch43和Touch47丰富地被植物的暗部层次与固有色。【用时6分钟】

（4）整体调整画面，用彩铅colours470和colours483过渡，使画面更加和谐自然，然后运用提白笔局部提白，使画面明暗对比更加强烈。【用时3分钟】

3.千层石上色表现

主要用色

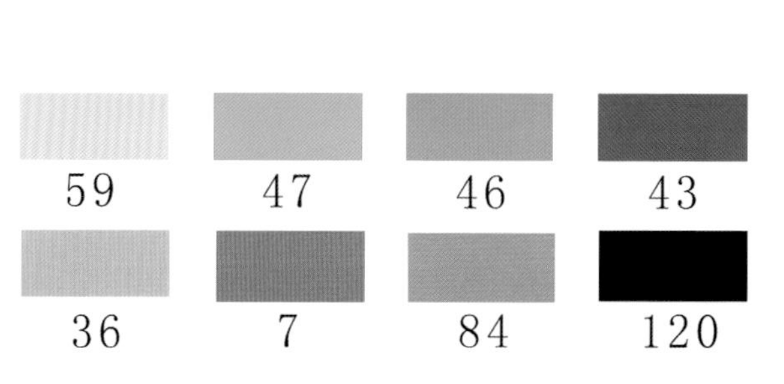

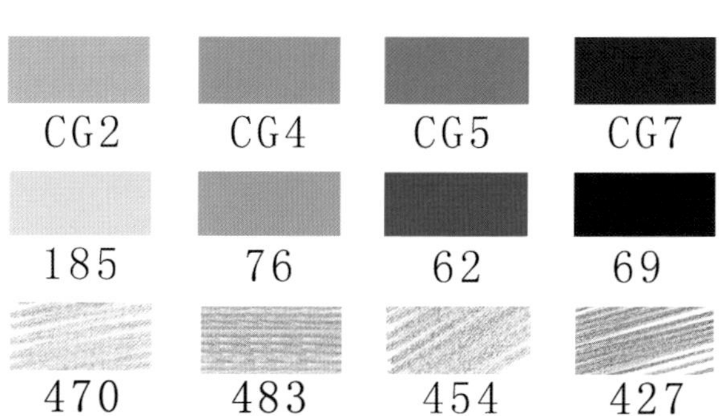

（1）整体上色，用TouchCG2绘制出千层石的转折背光面，然后用Touch59绘制出周围植物的亮部色调，接着用Touch185和Touch76绘制出水面色调，最后用Touch7绘制出花坛的固有色，完成基调的绘制。【用时6分钟】

（2）用Touch36绘制出千层石的亮部色调，然后用Touch46绘制出地被植物的固有色，接着用TouchCG4加强千层石背光面的暗部色调。【用时8分钟】

（3）用Touch43和Touch84加强绿色植物的暗部色调与花坛的暗部色调，然后用Touch62加强水面深色调，接着用彩铅colours470、colours483和colours454作过渡处理。【用时9分钟】

（4）用Touch47丰富绿色植物的固有色，然后用TouchCG5和TouchCG7强化千层石的明暗转折关系，接着用Touch69加强水面暗部的塑造，最后用黑色马克笔局部加深暗部，强调明暗转折关系。【用时7分钟】

（5）用彩铅colours427绘制出千层石的过渡色调，使画面色调丰富自然。【用时3分钟】

4.置石上色表现

主要用色

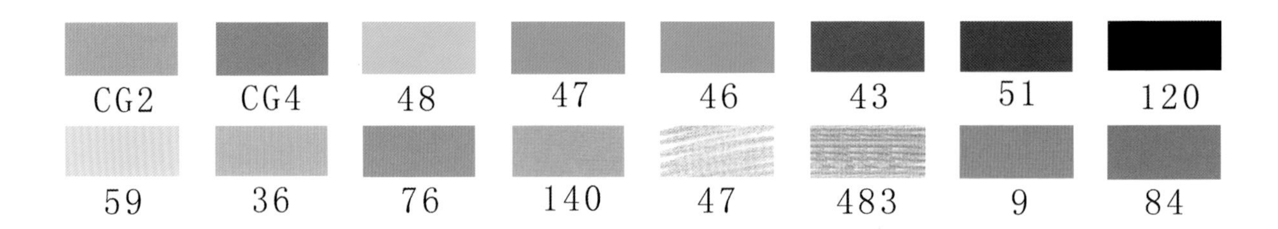

（1）使用Touch48和Touch47绘制出草地的基本色调，然后用Touch9绘制出花卉的亮部色调，接着用Touch36、Touch140和TouchCG2绘制出置石的亮部色调 。【用时5分钟】

（2）用Touch59进一步丰富草地颜色，然后用Touch46和Touch43绘制出草地的暗部与固有色，接着用TouchCG4绘制出石头的背光面，最后用Touch84加强花卉暗部的刻画。【用时3分钟】

（3）用Touch46进一步塑造草地的固有色，然后用colours47和colours483表现草地与石头的过渡色，让画面更加和谐。【用时8分钟】

（4）用Touch51与Touch120加强投影，然后用提白笔局部提白，塑造光感。【用时6分钟】

二 人物、车辆、船舶的上色表现

1.人物上色表现

主要用色

（1）……人物上衣色调，然后……时3分钟】

（2）用TouchWG2绘制出人物下半身服饰与丰富上衣色调，然后用TouchWG7绘制出包的色调与女生上衣色调。【用时4分钟】

（3）用TouchWG5和TouchWG7绘制出暗部转折面，丰富暗部层次，然后用TouchCG4绘制出坐凳的背光面。【用时5分钟】

（4）用colours409、colours483和colours43丰富人物服饰色调，并作过渡处理。【用时4分钟】

人物上色作品展示

2.车辆上色表现

主要用色

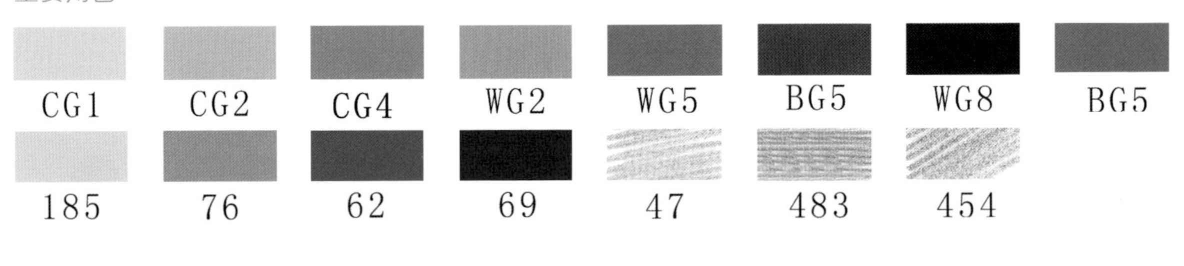

（1）整体铺大色，用TouchCG1、TouchWG2和TouchWG5绘制出汽车的基本明暗色调，然后用Touch185绘制出车窗的颜色。【用时5分钟】

（2）用TouchCG2、TouchCG4和TouchWG5细化汽车的明暗色调，然后用Touch76绘制出车窗的固有色，统一画面的节奏。【用时6分钟】

（3）用Touch62和Touch69表现出车窗的暗部层次，然后用TouchWG5、TouchWG8和TouchBG5进一步加深车身与投影，让画面的明暗对比拉得更开。【用时4分钟】

（4）用colours47、colours483和colours454丰富汽车的环境色。【用时3分钟】

3.船舶上色表现

主要用色

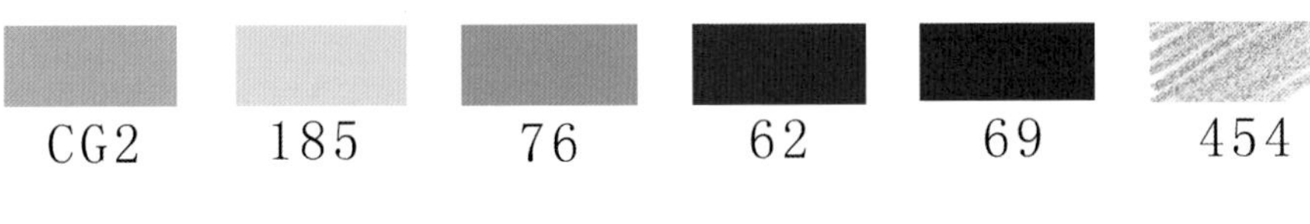

（1）用TouchCG2和Touch185绘制出船身及水面的大体色调，为画面奠定基调。【用时6分钟】

（2）用Touch76和Touch62绘制出船舶窗体及水面的深色调，然后用Touch76进一步表现船舶的环境色。【用时4分钟】

（3）用colours454彩铅强化船舶的环境色。彩铅排线尽量一遍到位，然后用Touch69加深水面暗部颜色。【用时3分钟】

（4）调整画面，然后用Touch76加强水面反射的蓝色调，完善画面。【用时2分钟】

三 水体的上色表现

主要用色

WG2 WG4

185 76 120 59 48 47 46 43

（1）整体布局，用Touch185绘制出水体的亮色，然后用Touch59绘制出周围绿色植物的亮部色调，接着用TouchWG2表现出鹅卵石的整体色调。【用时6分钟】

（2）用Touch47和Touch46绘制出水体环境色与绿色植物的固有色，然后用Touch76和Touch120绘制出水体的固有色与暗部层次，接着用Touch76绘制出水体立面墙的深色调。【用时8分钟】

（3）用Touch48绘制出绿色植物留白的区域，然后用Touch43丰富绿色植物暗部层次与水面环境色，接着用TouchWG4绘制出鹅卵石的背光面，最后用提白笔提出水体的高光，塑造光感。【用时4分钟】

（4）用Touch120局部调整绿色植物的暗部层次，然后用提白笔提出鹅卵石的高光，完善画面内容。【用时5分钟】

四 景观亭廊的上色表现

主要用色

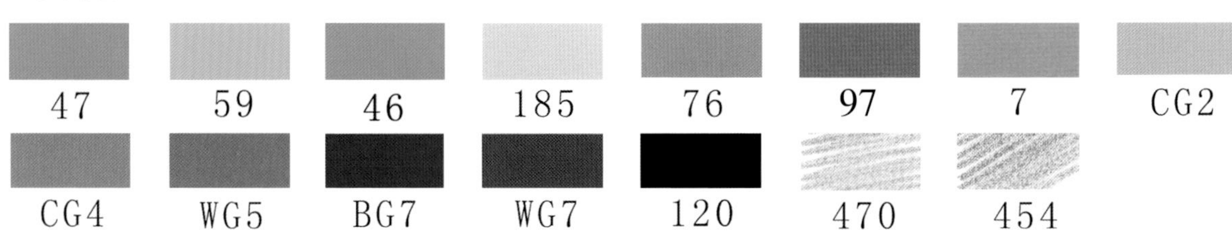

（1）整体布局，用Touch47和Touch59绘制出背景乔灌木的亮色与固有色，然后用Touch185绘制出廊架玻璃顶的亮部色调，接着用Touch97绘制出廊架下的休息座椅，为画面奠定基调。【用时7分钟】

（2）用Touch46绘制出绿色植物的固有色，然后用Touch7绘制出有色叶植物的树冠，接着用TouchCG2和TouchCG4绘制出廊架支撑结构的明暗转折关系，最后用TouchWG5绘制出地面阴影。【用时6分钟】

（3）运用Touch76绘制出玻璃顶的固有色，然后用Touch120加深植物的深色调，接着用TouchBG7绘制出廊架的深色调，最后用提白笔局部提白拉开明暗关系，塑造光感。【用时4分钟】

（4）用colours470和colours454作绿色植物与廊架玻璃顶的过渡用色，完善画面，使画面过渡更加自然和谐。【用时5分钟】

五 景观小品的上色表现

主要用色

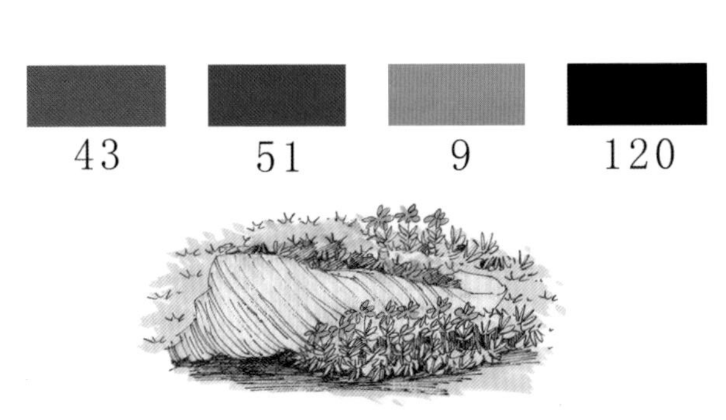

（1）用Touch36绘制出景观小品的亮色调，然后用Touch46、Touch59和Touch47绘制出周边植物与花卉的色调。【用时4分钟】

（2）用Touch46绘制出绿色植物的固有色，丰富植物的色调，然后用TouchWG2强调出景观小品的明暗转折面。【用时2分钟】

（3）用Touch46进一步强化绿色植物色调，然后用Touch43、Touch51和Touch120绘制出绿色植物的暗部深浅层次，接着用TouchWG4加强景观小品的暗部塑造，统一画面的节奏。【用时3分钟】

（4）整体调整画面，然后用colours409和colours483彩铅过渡，使画面更加协调自然。【用时3分钟】

六 景观灯饰的上色表现

景观灯饰的表现，主要是为了后期表现夜景而准备。灯具有很多种类，如路灯、高杆庭院灯具、草坪灯、石灯、壁灯和射灯等。每一种灯具都有不同的造型。接下来列举一些景观设计手绘当中常用的灯饰造型，供大家临摹与参考。

06 景观空间综合表现技法

SUN	MON	TUE	WED	THU	FRI	SAT
~~1~~	~~2~~	~~3~~	~~4~~	~~5~~	~~6~~	~~7~~
~~8~~	~~9~~	~~10~~	~~11~~	~~12~~	~~13~~	~~14~~
~~15~~	16	17	18	19	20	21

- 第16天 街头绿地景观表现
- 第17天 滨水景观表现
- 第18天 公园广场景观表现
- 第19天 别墅庭院景观表现
- 第20天 居住区景观表现

22	23	24	25	26	27	28

项目实践

第16天 街头绿地景观表现

街头绿地景观介绍与分析

街头绿地是指沿道路、河湖、海岸和城墙等，具有一定游憩设施或装饰性作用的绿地。街头绿地叫法不太一样，有的叫绿地或花园，有的叫小游园或小广场，有的叫路侧绿地，根据目前这些绿地的内容和特点，把这种用地称为街头休息绿地较为合适。在绘制这方面的景观时，主要是突出街头绿地的性质，场景当中的道路、水景、墙体等往往都是主体景观，绘画时尽量要把这些因素都考虑进去。

手绘参考图片

案例主要用色

185	76	62	69	48
59	47	46	43	51
9	36	120	WG2	WG5
WG7	WG8	449	432	433
463	454	478	49	WG4

手绘参考图片

街头绿地景观实例表现

（1）绘制出画面的重要透视线条，从画面的左下角与右上角向画面中心绘画。【用时8分钟】

近景的地被植物用稍微圆一些或者尖一点的M或者W字形线条表现植物叶片，这样叶片显得真实一些，如图1所示。

在表现前景菖蒲时，要注意菖蒲叶片的穿插结构以及生长规律，绘制时可以按照图2的步骤慢慢揣摩与完善。

图1

图2

（2）绘制出画面中心的植物、水景以及背景建筑，绘制背景建筑时，要为建筑前部的乔木留下余地。【用时12分钟】

对于画面当中特殊的植物，要抓住植物的基本造型，可以先把它看成是由不同几何形体组合而成的，如图3可以简单概括为椭圆形与矩形的结合。

在刻画小跌水或者是水帘的时候，用笔的虚实要注意，一般向下用笔，收笔的时候要轻和快。表现出流水的虚实关系，如图4所示。

图3

图4

（3）运用抖线绘制乔木的树冠造型，并完善前景铺装的绘制，统一画面的节奏。【用时6分钟】

用抖线表现远景乔木树冠的外轮廓与明暗时，抖线要比前景的更概括，通过这种表现形式能更好地拉开树冠的前后关系，如图5所示。

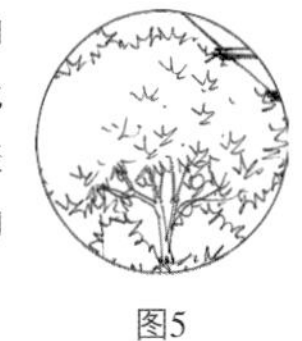

图5

背景建筑的窗户可以运用几条肯定概括的线条表现，这样便于拉开画面的空间与虚实关系，如图6所示。

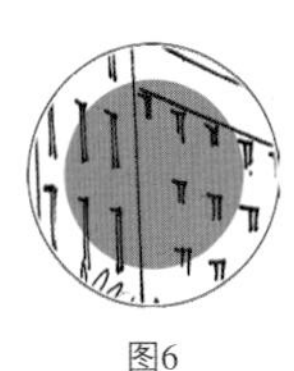

图6

刻画多组水生植物菖蒲时，要注意每组植物的生长态势与叶片的穿插关系，需要合理地刻画，可以从远处的叶片往前画。这样便于为前面的植物留下足够的空间，如图7所示。

图7

（4）加强主体景观植物和水景墙体的暗部刻画，通过加强画面的明暗关系，增强画面的空间感与视觉冲击力。【用时18分钟】

刻画水景墙面铺装时，可以将其分成方体加斜线与深调子的面组成，如图8所示。

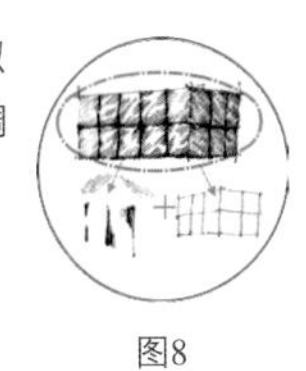

图8

（5）整体调整画面的明暗关系，加强背景建筑与主体景观的过渡关系，使画面更加和谐自然。【用时15分钟】

菖蒲植物可以加深叶片之间的间隙来拉开叶片的前后关系，如图9所示。

图9

近景乔木树冠的暗部可以先统一排一遍斜线，然后在斜线的基础之上加虚实变化的抖线，但要注意明暗交界线，可以局部加深，这样能更好地表现树的体积感，如图10所示。

图10

前景地被植物的明暗可以先用统一的竖线或者斜线统一暗部，然后可以局部加深线条形成线面结合的第2种层次，部分叶片可以直接用较小的面或者线直接加深形成第3种层次，如图11所示。

图11

（6）运用Touch48、Touch49、Touch59、Touch47和Touch46绘制出植物的亮部色调，然后用Touch185绘制出水景的色调。第一遍色调运笔要快速，大面积铺色即可。【用时6分钟】

树冠上的笔触多采用揉笔带点的方式表现，如图12所示。

图12

第一遍亮色可以采用连笔与揉笔带点的方式，破解树冠边缘的锯齿形状，这样可以起到对树冠边缘过渡的作用，如图13所示。

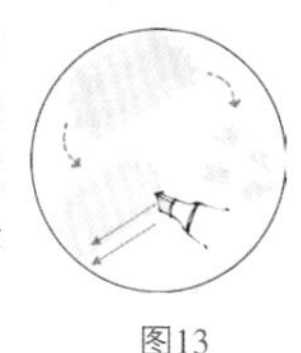

图13

（7）前景铺装和背景建筑暗部可以先用亮色TouchWG2铺一遍，然后用Touch46与Touch47着重表现植物，接着用Touch76绘制出水的固有色与建筑窗户，为画面奠定基调。

对于台阶旁边的菖蒲植物固有色，可以运用挑笔的方式绘制，注意要保留上一步的亮部色调，不可全部覆盖，如图14所示。

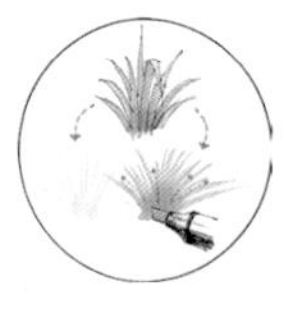

图14

前景铺装与背景建筑笔触的过渡，可以采用摆笔形式过渡，过渡时可以运用马克笔的细头或者是侧锋表现细线，如图15所示。

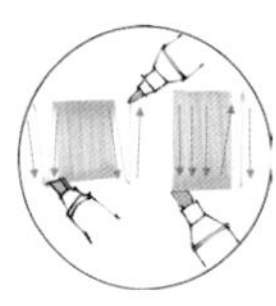

图15

在表现树冠不同深浅色调时，要保留亮部明度较高的色调，这样便于体现树冠的体积感，如图16所示。

图16

（8）运用Touch43、Touch51和Touch120绘制出树冠与其他植物的暗部深浅层次，并用Touch9丰富树冠上的色调，然后用Touch62和Touch76绘制出背景建筑窗户与水景暗部层次，接着用Touch36绘制出背景建筑与台阶的亮部色调，最后用TouchWG4、TouchWG5和TouchWG7绘制出右侧建筑与前景台阶的背光面。【用时16分钟】

在表现树冠暗部层次时，要注意色调越深所占的面积越小，尽量打破上一遍色调的笔触，如图17所示。

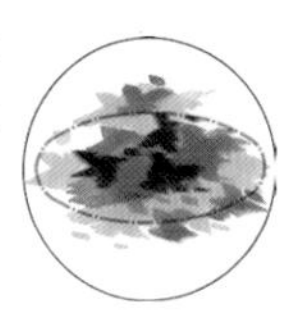

图17

台阶亮部色调的运笔尽量跟随结构，并运用斜推的笔触来表现，保持笔触与边缘透视线齐平，避免出现锯齿，影响画面美观，如图18所示。

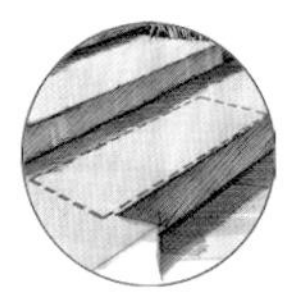

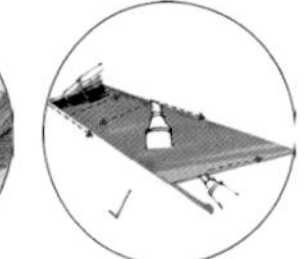

图18

丰富树冠颜色时，笔触所占的面积不宜过大，这样既可以抽象地表现树冠上的新叶与花朵，同时也起到了丰富画面树冠色彩的作用，如图19所示。

图19

树冠亮部的表现方式有两种，一种是运用艳丽和明度较高的亮色表现，另一种就是如图20所示的直接留白处理即可。

图20

（9）用提白笔塑造光感，使画面明暗对比更加强烈，然后用Touch69画出建筑窗户的暗部层次，接着对画面进行局部的调整。【用时5分钟】

运用提白笔时，要注意是在画面暗部与亮部交界线的地方提白，这样才能有很好的视觉效果，同时笔触要圆润，如图21所示。

图21

表现溅起的水花时，小水花可以用细的提白笔表现，以挑笔的形式提出水花，如图22所示。

图22

台阶可以适当地运用摆笔竖向画几道，更能表现出台阶的质感，如图23所示。

图23

（10）整体调整画面，用彩铅colours449、colours432、colours433、colours463、colours454和colours478丰富前景铺装、玻璃窗、建筑与植物的过渡色调。【用时10分钟】

建筑玻璃顶的冷色调与建筑墙面的暖色调形成鲜明的冷暖对比，使得画面效果更加突出。在绘制时对画面要人为地处理与强调，不要按部就班，如图24所示。

图24

用绿色彩铅colours463斜向排线表现过渡，这样既可以很好地控制过渡关系，又能打破原有马克笔的笔触，统一树冠，如图25所示。

图25

将colours449、colours432、colours433、colours454和colours478这几种彩铅综合表现在前景铺装上，丰富铺装色调，但要注意每种彩铅所占的面积。整体偏暖，所以暖色调的彩铅所占的面积应该要大一些，如图26所示。

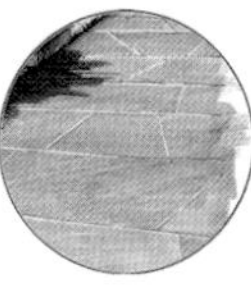

图26

第17天 滨水景观表现

滨水景观介绍与分析

滨水一般指同海、湖、江、河等水域濒临的陆地边缘地带。在绘制滨水景观时，水景是十分重要的，它能贯穿与连接画面不同的景观元素，使画面活跃具有灵动性。

手绘参考图片

案例主要用色

185	76	62	69	48
59	47	46	43	51
7	9	84	36	140
97	91	449	433	463
454	120	CG2	BG5	WG2
WG4	WG5			

手绘参考图片

滨水景观实例表现

（1）绘制出滨水景观建筑和主要构筑物的透视，并刻画出建筑周围乔木的基本造型，作为参照物。【用时13分钟】

对于组团树冠乔木表现，要理清乔木枝干的生长方向，在此基础之上再刻画树冠的组团。这种乔木常常会遮挡一部分的枝干，所以在表现时上下枝条衔接要自然，如图27所示。

面对压边叶片比较稀疏的乔木，在绘制时要明确树冠的造型，可以概括成扇形，只需要画出一半的造型，如图28所示。远景边缘压边树只需表现出基本的轮廓与大体造型即可，无需细致刻画。

图27

图28

（2）从局部出发，着重刻画出前景的水生植物，在表现水生植物叶片穿插关系时要有耐心。仔细推敲水生植物的穿插关系与造型。【用时15分钟】

在绘制前景水生植物时，可以从前往后画或者先刻画叶片穿插最密集的地方，比较适合表现几组植物叶片的穿插关系，如图29所示。

图29

在表现驳岸卵石时，要注意卵石的基本造型，我们能看见的只是一个半椭圆体，一部分是在地面之下的，所以不要全部画圆圈表现，如图30所示。

图30

花瓣造型可以运用带有一定弧度的线条表现，在表现花瓣时，尽量一笔到位，不要一瓣一瓣地拼接，如图31所示。

图31

（3）刻画出前景水生植物的明暗关系与局部背景植物的明暗关系，作为画面整体明暗关系的参考，然后刻画出水中的倒影。【用时8分钟】

接近叶片的枝干常常处于背光面，所以在绘制树冠暗部排线时，要加深部分枝干，拉开树冠与树干的空间关系，如图32所示。

图32

对于背景的雪松或者是松柏之类的乔木，可以简单地将其概括成三角形，然后通过平面的形式表现，如图33所示。

图33

静态水中的倒影与地面上的乔木、建筑等呈现出对称的效果，可以用一组抽象的连笔线条垂直向下表现，如图34所示。

图34

（4）完善画面植物、建筑和水体的表现，统一画面的节奏。做好近景、中景的空间表现。【用时9分钟】

玻璃幕墙上映射的树冠造型，可以运用上下错落的线条表现，如图35所示。

图35

对于树冠与枝干交接处的部分，枝干应加深，表现出背光面枝干的明暗层次，切记不要每一根枝条都加深。局部要留白保持暗部透气，如图36所示。

图36

对于不同的背景植物树冠，可以通过不同方向的排线来拉开明暗与前后关系，如图37所示。

图37

建筑墙面上的暗部排线要注意虚实，一般情况都会将离光源越近的地方处理得越深，明暗对比越强，如图38所示。

图38

对于大片暗部门窗的区域，排线应该密集且保持透气，局部暗面也需要留白，如图39所示。

图39

（5）整体调整画面，完善建筑局部的表现。这种表现可不做细致刻画，只是要表现出元素的存在，如玻璃窗的暗部，直接采用美工笔的宽线条概括表现即可。

中景面积较小的室外座椅，只需要体现出它的透视关系即可，无需细致刻画，如图40所示。

图40

对于驳岸边缘的水生植物，倒影是比较清晰的，且沿水岸线对称，这样的倒影应该要画得细致一些，如图41所示。

图41

远山的刻画用线要肯定、放松，局部可以断开，只需表现出山体连绵起伏的感觉即可，如图42所示。

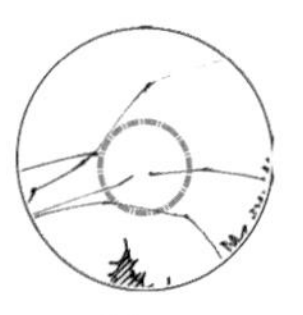

图42

靠后的门窗与暗部可以运用美工笔的宽线条抽象表现，如图43所示。

图43

根据场景与空间的需求，可以适当画一些飞鸟，活跃画面氛围，如图44所示。

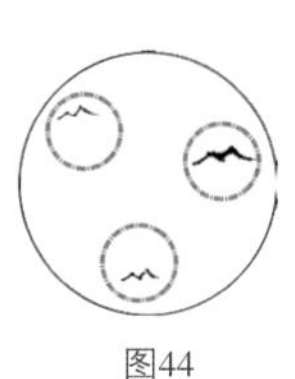

图44

（6）用Touch48、Touch47和Touch59绘制出绿色植物的亮部色调，然后用Touch185绘制出建筑玻璃幕墙与水面的亮部色调，再用Touch7或者是Touch9绘制出花卉的亮部色调，接着用TouchCG2绘制出驳岸卵石的亮部色调，最后用Touch36绘制出前景道路的亮部色调，完成第一遍颜色的绘制。【用时6分钟】

中景边缘的绿篱用连笔的方式快速铺满第一遍色调，如图45所示。

图45

前景草地用扫笔绘制，根据个人的控制能力，可以朝左或者是朝右运笔，考虑右侧的驳岸卵石，可以采用朝右运笔。扫笔解析示意如图46所示。

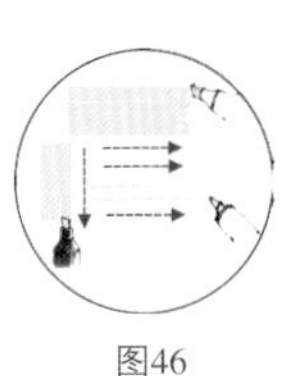

图46

（7）用Touch46与Touch47绘制出绿色植物的固有色与暗部色调，然后用Touch43绘制出背景建筑玻璃窗体上的植物色调，接着用Touch76和Touch62绘制出水面固有色与暗部色调，并用Touch120局部加深水面暗部层次，再用TouchCG2绘制出左侧背景建筑的暗部色调，最后用TouchWG4绘制出左侧前景卵石的暗部色调。【用时13分钟】

树冠用揉笔带点的方式表现，每上一遍颜色，要比上一遍颜色少，且注意要打破原有笔触的位置，如图47所示。

图47

背景建筑上映射的植物颜色用Touch43抽象表现即可，如图48所示。

图48

花瓣的颜色与叶片尽量分开上色，便于保持花瓣的完美造型，如图49所示。

图49

刻画远山的时候，离视线越近，色彩倾向越偏绿些，离视线越远越偏冷色，如图50所示。

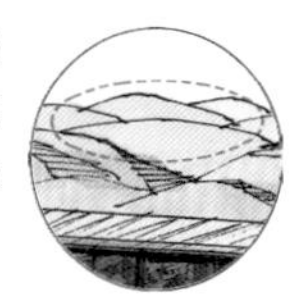

图50

（8）用Touch46、Touch47、Touch43和Touch51这几种颜色完善绿色植物，然后用Touch84和Touch140加强花卉暗部的塑造，接着用Touch97和Touch91绘制出走道的固有色与暗部色调，最后用彩铅colours449绘制出远山的明暗过渡层次。

对于颜色较深的背景植物，可以用Touch51这一种颜色表现，拉开与周围植物的空间关系，如图51所示。

图51

树冠上的深色调用揉笔带点的方式打破原有的笔触位置，如图52所示。

图52

水景中的倒影部分往往要比实际植物颜色偏灰、偏暗一些，在画水面第一遍颜色时，不要将植物倒影的位置留白，尽量铺满，绘制倒影时就可以运用植物的固有色与水景颜色叠加一次，降低植物颜色的明度，如图53所示。

图53

前景水生植物的投影及暗部层次可以运用揉笔带点的形式表现，注意不同叶片的弯曲弧度与投射到走道上的叶片具体造型，如图54所示。

图54

（9）用Touch69与Touch120局部调整水面与植物的暗部层次，然后用TouchWG5加强背景建筑的暗部，并用TouchBG5加强建筑的背光面，接着用TouchCG2绘制出亮部右侧景墙的灰色调，再用Touch140丰富植物的环境色，最后使用提白笔提出高光，塑造画面的光感，使画面明暗对比更加强烈。

根据不同位置植物的重要性，进行树冠的提白。体积较大且靠前的植物可以适当提白，而距离远且体积小的植物只需表现出大体的明暗关系即可，如图55所示。

图55

建筑亮部与暗部要有冷暖对比，亮部偏冷暗部就相应地处理成偏暖的色调，如图56所示。

图56

水中的倒影会受到景物离水岸的远近及水面的大小双重影响，离水岸越近水面越宽，倒影就越全面，如图57所示。

图57

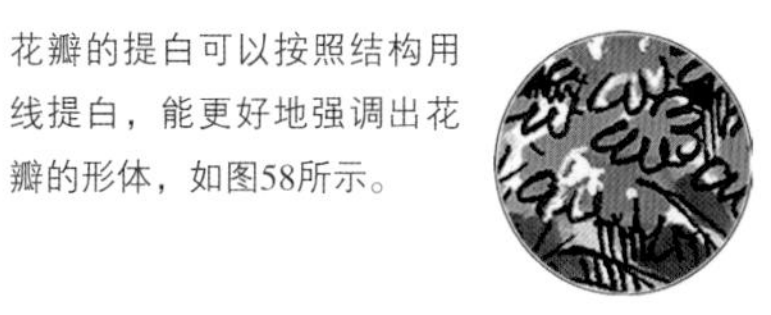

花瓣的提白可以按照结构用线提白，能更好地强调出花瓣的形体，如图58所示。

图58

（10）用彩铅colours449和colours454绘制出天空的颜色，然后用colours463绘制出植物树冠的过渡色，接着用colours433绘制出走道的过渡色，最后用Touch120调整暗部层次完成绘画。【用时15分钟】

玻璃幕墙上的高光可以运用点与双斜线表示玻璃幕墙的高光与反光，如图59所示。

图59

前景水生植物的暗部可以运用黑色马克笔压上几笔，拉开前后叶片的空间关系，如图60所示。

图60

与水景暗部交界的植物叶片，运提白笔提白，主要是区分水景与植物叶片的前后空间关系，如图61所示。

图61

对于水面提白，起笔要圆润且运笔要轻快，做到虚实有变，如图62所示。

图62

彩铅排线要有笔触感，两种或者两种以上的彩铅排线尽量运用不同方向上的叠加方式，避免统一方向画得过腻，如图63所示。

图63

TIPS

远山的冷色调与近景暖色的对比，能很好地延伸画面的整体空间，所以面对一张实景图片作画时，要进行思考，如何将画面的空间、物体的冷暖关系及画面的视觉冲击力等塑造得更好，要对画面景物进行合理安排。

第18天 公园广场景观表现

公园广场景观介绍与分析

公园广场应该具备的功能有生态功能、审美功能、休闲娱乐功能、保护教育功能和防灾避险功能等，公园广场的建设应在囊括基本功能基础上实现新的突破。绘制实景公园广场，应该做相应的增添与删减，使画面具有美感与韵律。

手绘参考图片

案例主要用色

185	76	62	120	48
59	47	46	43	51
97	23	22	1	CG2
CG4	BG5	454	433	463
432	WG2	WG4	WG5	WG7

手绘参考图片

公园广场景观实例表现

（1）根据参考图对景物进行合理的绘制与修饰，绘制出画面当中的硬质景观，即地面铺装与景墙。【用时7分钟】

对于原始参考图的种植地带，可以适当地规整造型，依据地面植物围合而成的造型为基础，添加种植池规整画面，如图64所示。

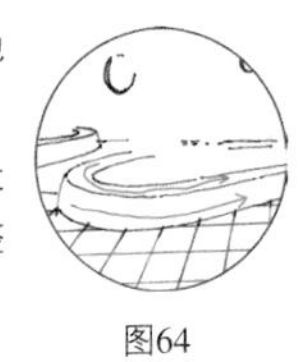

图64

添加前景地面铺装，铺装的分割大小与空间透视关系要符合画面的整体透视，同时要注意铺装之间近大远小的透视规律，如图65所示。

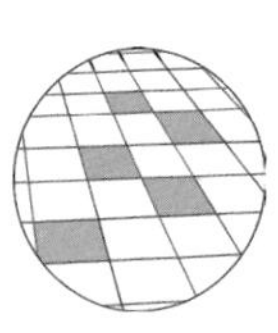

图65

要注意景墙圆形穿孔不同孔洞的透视转折面的宽度，如图66所示。

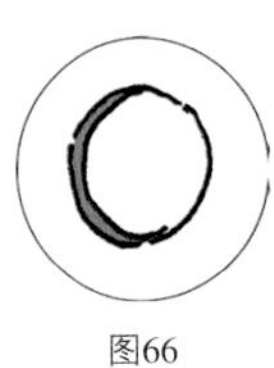

图66

（2）绘制出背景植物的基本轮廓与树池中的棕榈植物，棕榈植物的叶片整体走向，可以先用弧线概括，然后用竖线确定建筑的大体位置。【用时12分钟】

前景中配景人物的高度要与儿童景墙的门洞进行对比，同时对于前景的人物要细致刻画，如图67所示。

图67

拉开棕榈植物的树干与地被植物的前后关系，如图68所示。

图68

画面边缘的草丛，可以运用简单的线条概括出大体造型，如图69所示。

图69

棕榈树的叶片运用弧线，先概括出生长走向，但要注意整体叶片之间的前后位置关系，如图70所示。

图70

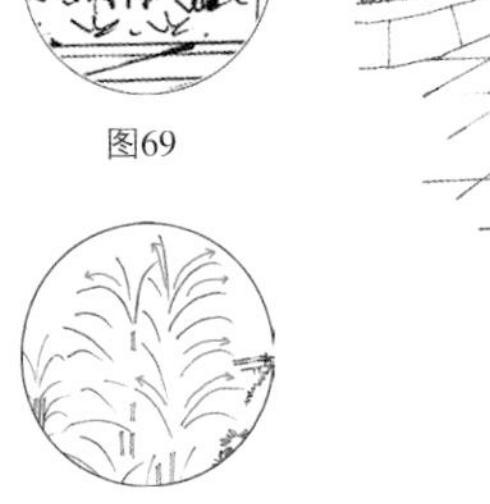

（3）用抖线区分出背景植物的明暗区域，并着重刻画出棕榈树的叶片，然后用硬直线简要地概括出背景建筑的窗体分割。【用时15分钟】

在绘制乔木树干时，树干两侧的分叉枝条不要沿主干完全对称，如图71所示。

图71

背景建筑的窗体分割线应相应地简化与概括，用硬朗肯定的线条表现，如图72所示。

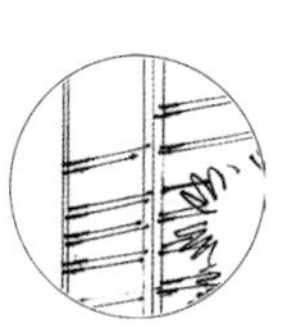

图72

棕榈树的叶片要注意不同叶片的生长方向与透视关系，用线灵活并注意叶片之间的前后穿插关系，如图73所示。

图73

前景压边乔木树冠叶片应运用稍为圆滑一些的抖线表现，这样叶片显得更加真实，如图74所示。

图74

（4）塑造光感，整体加强画面的背光面，将不同的景观拉开明暗关系。【用时18分钟】

种植池的铺装用双线绘制表现出铺装之间的间隙，如图75所示。

图75

用美工笔的宽线条加深植物的叶片，拉开景墙与植物的前后空间关系，如图76所示。

图76

暗部枝干可以运用排线加深与留白两种方式结合表现，如图77所示。

图77

（5）整体调整画面，树冠的灰面用抖线调整过渡，并强调画面不同景物的细节。【用时6分钟】

右侧边缘的草地与铺装交接线可以运用美工笔的宽线条加强，这样画面细节会更丰富，如图78所示。

图78

透过景墙空洞，能看见的背景植物也要表现出来，这样有利于画面空间的延伸，如图79所示。

图79

景墙的暗部排线要注意，从明暗交界线向亮面与右侧边缘过渡呈现出逐渐变浅，排线越来越疏的效果，如图80所示。

图80

（6）运用Touch48、Touch59和Touch47绘制出绿色植物的亮部色调，然后用Touch185绘制出背景建筑玻璃幕墙的亮部色调，接着用TouchCG2绘制出地面铺装的底色，最后用Touch23绘制出景墙的底色，奠定画面的基调。【用时8分钟】

景墙边缘运用单行摆笔的方式过渡，过渡的线条可以用马克笔的细头，也可以用马克笔的侧锋来绘制，如图81所示。

图81

大面积树冠可以采用连笔绘制，再用揉笔带点的笔触柔化边缘锯齿形状，如图82所示。

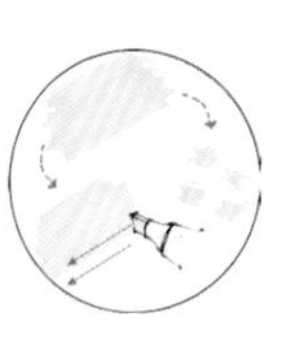

图82

（7）用Touch46和Touch47绘制出植物的固有色，然后用Touch22绘制出景墙的固有色，接着用TouchCG4绘制出树池暗部，最后用TouchWG2和TouchWG4绘制出人物服饰的明暗色调。【用时10分钟】

边缘草地用扫笔笔触过渡，这样画面边缘会有虚实变化，如图83所示。

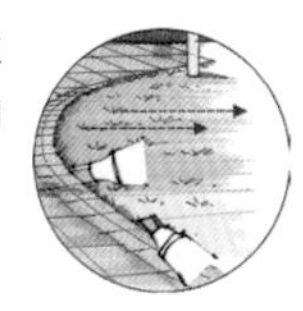

图83

踩滑板的人物高度要与背景墙体孔洞高度进行比对，如图84所示。

图84

树冠一般采用揉笔带点的笔触表现，如图85所示。

图85

（8）用Touch43、Touch51和Touch120绘制出绿色植物的暗部层次，并用Touch185绘制出天空色调，然后用TouchBG5绘制出树池暗部的深色调，接着用TouchWG5和TouchWG7加强人物的暗部层次，最后用Touch76和Touch62加强背景建筑玻璃幕墙的固有色与暗部。【用时12分钟】

树池的造型比较圆滑，树池的立面一般采用摆笔笔触表现深浅色调，而影子部分会使用扫笔绘制，如图86所示。

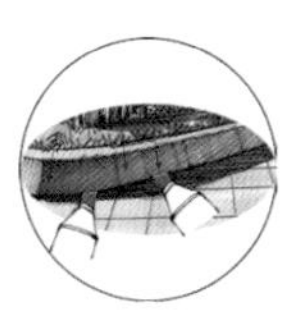

图86

天空的色彩运用揉笔带点的笔触表现，但要注意笔触边缘不要过于生硬，塑造出柔和圆滑的造型，如图87所示。

图87

棕榈树暗部到亮部的过渡可以采用挑笔的方式表现，这样具有较好的虚实过渡关系，如图88所示。

图88

树冠上的颜色越深，所占的面积就越小，注意揉笔带点的笔触尽量打破原有笔触的位置，如图89所示。

图89

（9）用提白笔提出画面高光，塑造光感，然后用彩铅colours433和colours432丰富地面铺装的颜色。【用时5分钟】

棕榈树叶片与景墙接触的地方，用提白笔提出叶片的亮部，拉开景墙与植物的前后空间关系，如图90所示。

图90

在树冠的暗部与明暗交界线的地方提白，注意笔触要圆润，如图91所示。

图91

用马克笔绘制地面铺装的颜色时，叠加过多会导致脏与腻，可以适当运用彩铅表现，能避免类似问题，如图92所示。

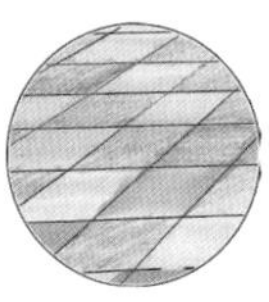
图92

（10）整体调整画面，用colours454绘制出天空的过渡色，然后用colours463绘制出绿色植物树冠的过渡色调，使画面过渡更加自然，接着用Touch1绘制出景墙的暗部，最后用Touch97绘制出树冠的环境色。【用时15分钟】

靠前的人物投影要注意具体的造型，草地可以运用揉笔带点的形式，强调草地生长的浓密关系，如图93所示。

图93

注意棕榈树在树池与地面上的影子，可以运用提白笔强调出具体造型，并提出铺装之间的间隙，如图94所示。

图94

蓝天的表现可以先用Tocuh185绘制出底色，然后用蓝色或者紫色彩铅排线过渡完成，也可以用Touch76局部加深完成，如图95所示。

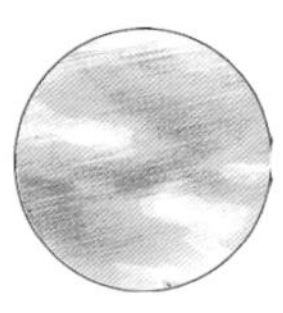
图95

景墙用彩铅过渡，在不同颜色笔触的位置排线，线条尽量清晰明了，保持画面清晰，如图96所示。

图96

树冠暗部的树干要有选择性地提白，不要每一根枝条都提白，如图97所示。

图97

红绿蓝是光的三原色，所以同时出现在一张画面上对比会很强烈，要注意颜色的比例关系，红色与绿色的比例最好不要1:1，大红大绿比例相同画面会显得很难看。红颜色里面尽量添加一些偏黄的色调。

第19天 别墅庭院景观表现

别墅庭院景观介绍与分析

现代别墅庭院从设计上来说往往具有个性化，具有一定的私密性。庭院景观设计更多体现的是室内空间的一种延伸，从而创造出更多的层次感，在本案例中尤其是室外廊架的灰色玻璃顶设计，使室内外空间联系更紧密，同时借助周围开阔的环境来增强室外空间的延伸感。通过简单几何形体的穿插、搭接、叠加和咬合等方式形成丰富的层次与空间，做到了简约而不简单。在绘制这样的别墅庭院时，要注意用笔干脆利落，表现出别墅庭院的本质特征。

手绘参考图片

案例主要用色

185	76	62	69	48
59	47	46	43	51
7	9	84	36	140
97	95	449	433	463
454	407	483	120	CG2
BG5	WG2	WG4	WG5	WG7

手绘参考图片

别墅庭院景观实例表现

（1）绘制出别墅建筑与庭院的基本透视与轮廓线，确定整体画面的透视关系。【用时6分钟】

绘制建筑墙体狭窄的面时，要多与周围的建筑透视对比，这些狭小的面往往是很难控制的，小的顶面往往对整体画面的透视有影响，不容忽视，如图98所示。

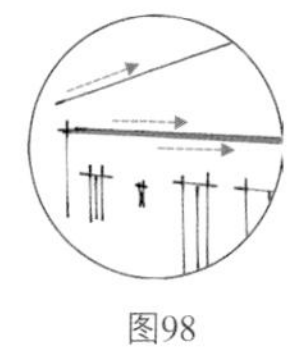

图98

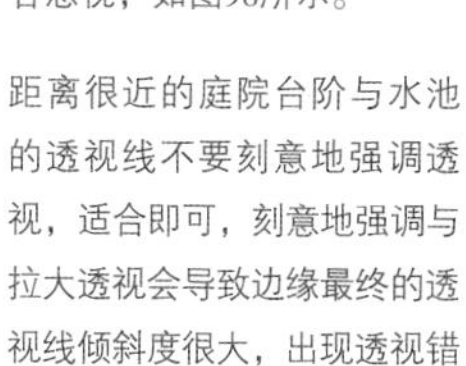

距离很近的庭院台阶与水池的透视线不要刻意地强调透视，适合即可，刻意地强调与拉大透视会导致边缘最终的透视线倾斜度很大，出现透视错误的情况，如图99所示。

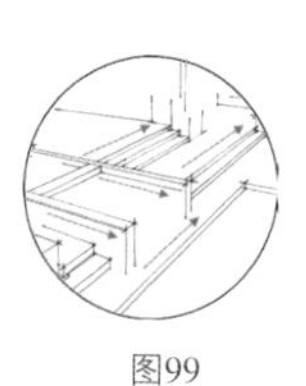

图99

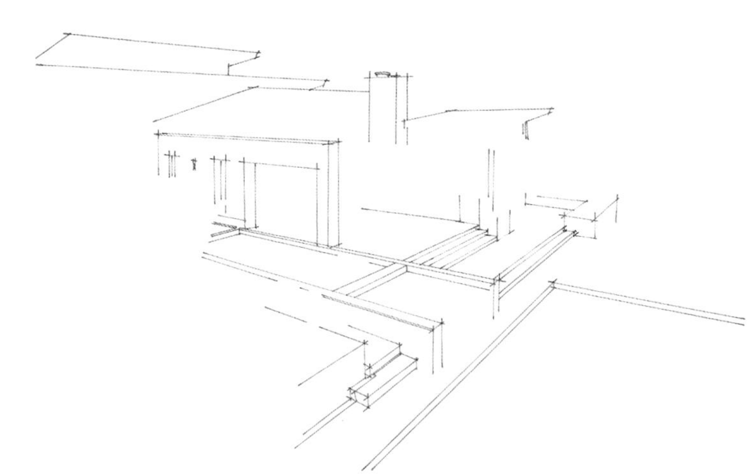

（2）绘制出前景靠近建筑的植物造型与建筑窗体的细节，并强调出植物的明暗转折，同时绘制出水池台阶、汀步、躺椅与远山，远山可使画面透视具有延伸感。【用时20分钟】

躺椅可以概括成长方体再进一步塑造形体，这样便于把控透视，如图100所示。

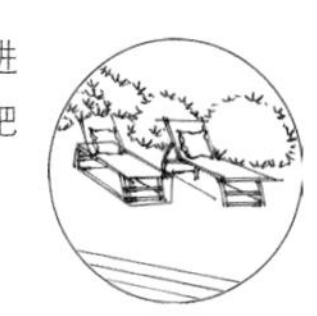

图100

廊架的木条面积虽小，在绘制时也要符合整体的透视关系，不能随意表现，如图101所示。

图101

远山的表现用线灵活生动，线条衔接的地方可以断开，这样更有虚实感，如图102所示。

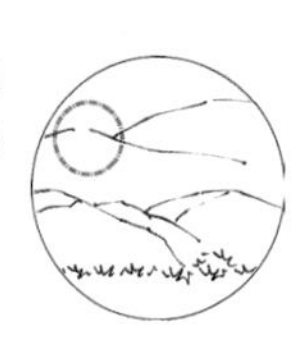

图102

水池旁的植物暗部，运用不同疏密的竖向排线表现，体现出暗部的层次及抽象的枝干，如图103所示。

图103

（3）绘制出中景植物的大体区域，并细致绘制出建筑的细部结构，统一画面的节奏。【用时7分钟】

在大场景中，所占比例较小的椰子树，可以抽象地表现出树冠的大体形态，无需细致刻画，如图104所示。

图104

建筑的细部支撑结构，可以归纳为三角形来表现，在三角形的基础之上添加厚度即可，如图105所示。

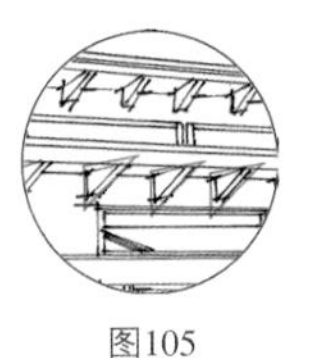

图105

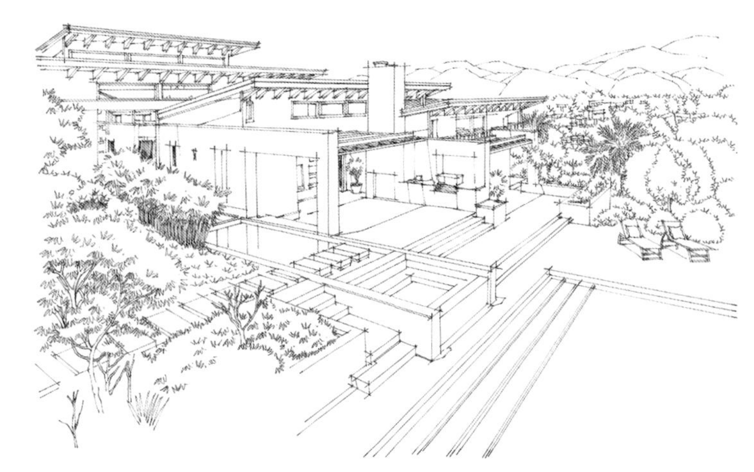

（4）集中刻画植物的明暗关系，前景的植物应细致刻画从而与中景植物有对比。前景植物叶片运用稍圆滑具有一定弧度的抖线表现。【用时12分钟】

通过排一组斜线拉开植物的前后关系，背景建筑直接运用简单的方体表现出明暗体块即可，如图106所示。

图106

远山的暗部排线要按照山脊线来排列，强调山体连绵起伏的感觉，如图107所示。

图107

前景植物树冠为了强调光影关系，常常会运用美工笔的宽线条加强明暗交界线，使树冠视觉冲击力更强，如图108所示。

图108

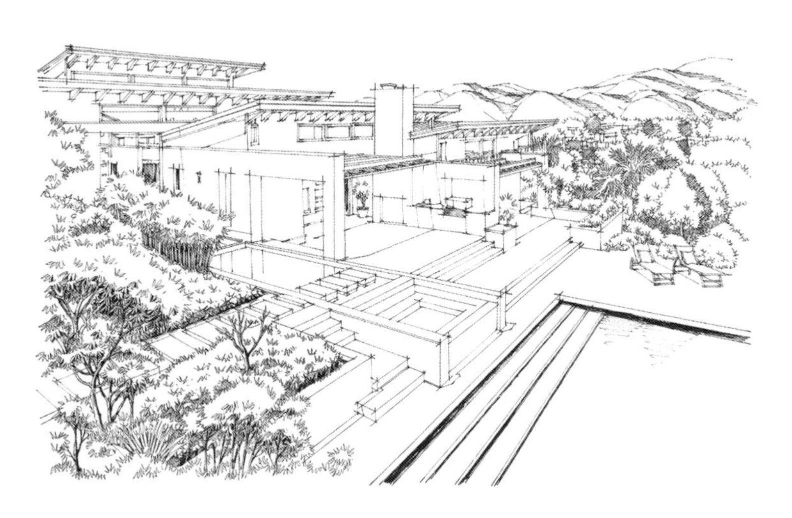

（5）调整画面，强调建筑体的暗部与水景的暗部，可以用黑色马克笔与美工笔的宽线条来表现，加强画面整体的明暗对比。同时绘制出建筑立面木质铺装的分割与天空飞鸟活跃场景气氛。【用时11分钟】

暗面的排线要注意尽量采用统一的线条，注意离光源越近的地方排线越密集，竖向的墙体从上到下排线间距逐渐扩大，如图109所示。

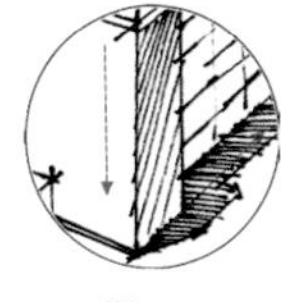

图109

建筑细部结构与转折处可以运用美工笔的宽线条压暗一些，这样明暗转折会更加明显。对于后续要上色的，暗部可以留白处理，不要全部加深，这样线稿的画面会清新一些，如图110所示。

图110

天空飞鸟可以概括为M字形，飞鸟的表现主要是起到一种烘托场景，活跃画面氛围的作用，如图111所示。

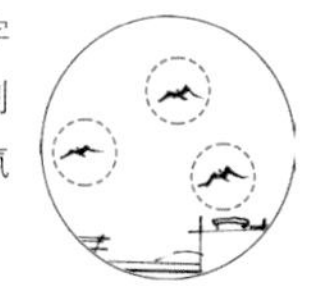

图111

水池的暗部表现要注意局部留白，快速运笔绘制出比较虚化的线条表现水面，如图112所示。

图112

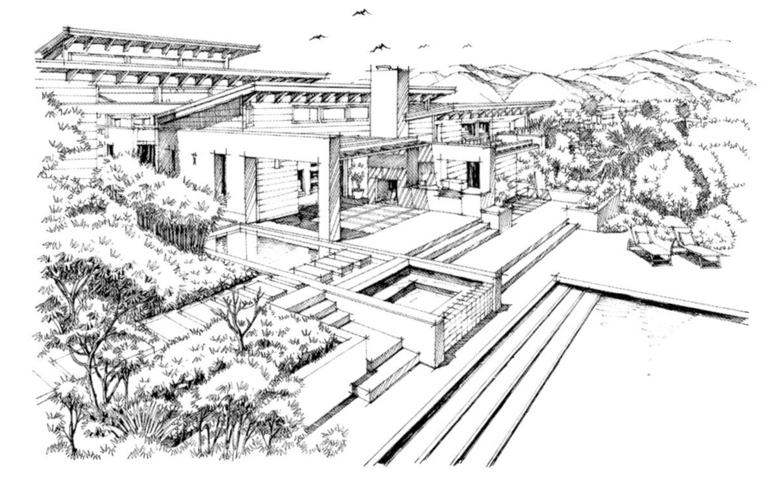

（6）用Touch185绘制出远山与水景的亮部色调，然后用Touch76绘制出水景的固有色，接着用Touch48、Touch47和Touch59绘制出绿色植物的亮部色调，最后用Touch9和Touch140绘制出有色叶植物部分的亮部色调与暗部色调。【用时9分钟】

画面边缘的树冠笔触尽量小一些，能更好地过渡，如图113所示。

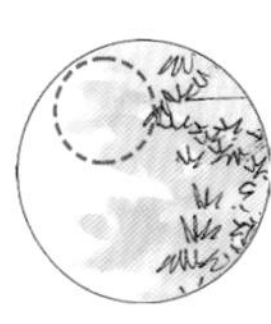

图113

大面积的水景可以使用扫笔向中间绘制，这样笔触能很好地融合在一起，如图114所示。

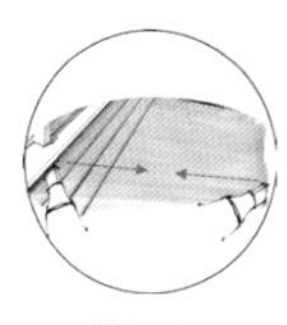

图114

（7）用彩铅colours449、colours454和colours407绘制出远山的色调，然后用Touch36和Touch97绘制出建筑墙面的亮部色调与固有色，接着用Touch46和Touch47完善绿色植物的固有色，再用Touch84加强有色叶树的暗部，最后用TouchWG2和TouchCG2绘制出庭院铺装的底色。【用时13分钟】

前景地面铺装可以使用叠加摆笔加深，拉开前后关系。注意这种叠加摆笔可以是同一个色号，也可以是深色调的摆笔叠加，如图115所示。

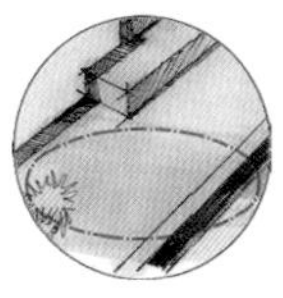

图115

在表现前景绿篱时可以根据透视走向上色，区分不同植物的前后空间关系，如图116所示。

图116

远山尽量一气呵成，不适合反复叠加与塑造，如图117所示。

图117

（8）用colours449、colours454、colours433、colours449和colours483绘制出水景的颜色、地面铺装与建筑墙体的过渡色，然后用Touch62绘制出玻璃的暗部色调，再用Touch95绘制出木质墙体的暗部，接着用Touch43和Touch51绘制出绿色植物的暗部层次，最后用TouchBG5、TouchWG4和TouchWG5绘制出灰色墙体的背光面及阴影。【用时15分钟】

暗面墙体颜色要注意过渡关系，离光源越近用笔越实，如图118所示。

图118

背景植物可以运用1~2种颜色概括表现出基本的明暗，如图119所示。

图119

前水景的环境色用彩铅表现，这样便于控制画面，如图120所示。

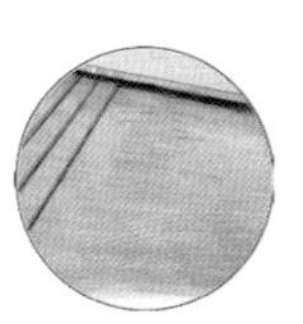

图120

（9）用colours449和colours454绘制出天空颜色，并用黑色马克笔丰富树冠暗部层次，然后用Touch95加强木质墙体的深色调，最后用TouchWG7绘制出前景矮墙的投影。【用时14分钟】

庭院水池立面用马赛克的铺装强调，这样能聚焦，突出主体庭院景观，如图121所示。

图121

烟囱的亮面偏黄橙色，暗部可以处理成蓝紫色，这样颜色互补，对比更强，如图122所示。

图122

建筑墙体木质铺装用深色调整时，要保留上一遍的颜色，不要完全覆盖，如图123所示。

图123

用蓝色与橙色两种颜色表现天空，能使天空更加醒目，画面的延伸感更强，如图124所示。

图124

（10）整体调整画面，用提白笔提出画面的高光，塑造光感，然后用Touch97丰富树冠环境色，完成绘画。【用时8分钟】

通过玻璃照射到地面的光，要比直接照射到地面的光线弱一些，在之前统一加深暗部的基础之上，用提白笔提出一些亮光，强调出廊架投影的具体造型，如图125所示。

图125

前景种植池的明暗对比应强化，种植池的背光立面，用叠加摆笔的过渡方式，一般成V字形或者是N字形，如图126所示。

图126

树冠环境色的添加要注意笔触的大小，以小笔触出现为宜，如图127所示。

图127

水面的提白要注意，这种笔触有点类似马克笔的扫笔，只是起笔圆润一些，而运笔快速，收笔向上方提，做出虚实感，如图128所示。

图128

第20天 居住区景观表现

居住区景观的介绍与分析

居住区景观的设计主要是对空间关系的处理和发挥，景观设计与居住区整体建筑风格的融合与协调，包括道路的布置、水景的组织、路面的铺砌、照明设计、小品设计和公共设施的处理等。这些方面既有功能意义，又涉及视觉和心理感受。在进行景观设计时，应注意整体性、实用性、艺术性、趣味性的结合。尤其是在绘制居住区景观时，建筑的处理既不可草草了事，也不能过分强调，通常景观植物、小品、水景和地面铺装等充当主景。

手绘参考图片

案例主要用色

9	7	14	84	49
59	47	46	43	51
120	185	76	97	94
BG3	BG5	454	433	463
407	WG2	WG4	WG5	WG7

手绘参考图片

居住区景观实例表现

（1）通过两条大的透视线找到画面的消失点，然后绘制出建筑的外轮廓线。【用时8分钟】

视觉较远的廊架，第一遍尽量画出厚度，由于面积小后续常常会忽视掉，如图129所示。

图129

建筑屋顶的细小转折与透视要仔细观察，尤其是角线要理清楚。不要用单线绘制，否则屋顶会显得单薄，如图130所示。

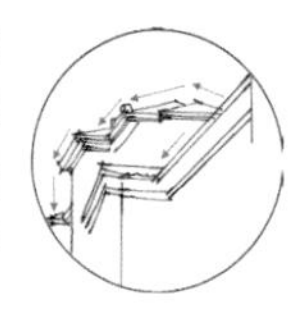

图130

通过建筑墙体与地面铺装的透视线，将画面的消失点先找出来，这样便于绘制其他物体的透视与形体，如图131所示。

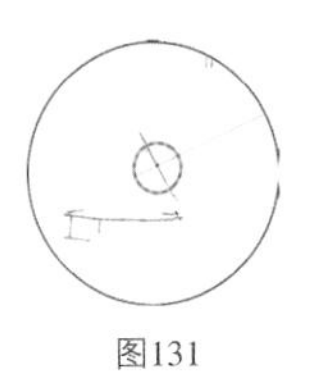

图131

（2）通过消失点两边对称绘制，这样便于控制画面的景物。大面积的植物区域可以先预留出来。【用时16分钟】

与矮墙结合的花钵要注意整体造型与透视关系，注意软质植物可以跟随画面的需求进行改动，但硬质景观常常是不能变的，如图132所示。

图132

前景小灌木的造型整体呈现出椭圆的形状，用抖线时局部可以断开，避免框得太严密，如图133所示。

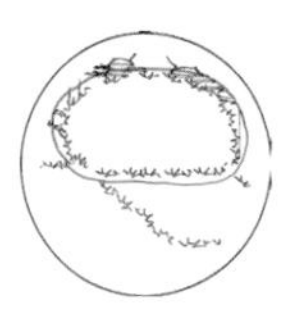

图133

建筑立面窗户的结构要仔细观察，绘制出不同转折面的宽度，并强调出围栏扶手的大体高度与面积，如图134所示。

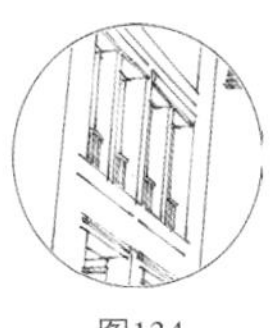

图134

（3）完善建筑的细部结构后，绘制出乔木、地被和花卉的基本造型，统一画面的节奏。【用时18分钟】

靠前的阳台扶手细部分割要稍做表现，根据不同画面空间位置做相应的调整，如图135所示。

图135

一幅画面当中可以有一组或者几组枯枝，这样能更好地体现画面通透感，如图136所示。

图136

前景的乔木树冠与树枝干要理清楚，尤其是树冠里显露出的枝干，这样可以表现出树冠的层次与通透性，如图137所示。

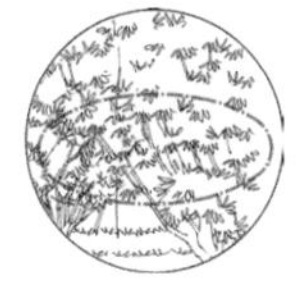

图137

根据画面位置的不同，树冠浓密、叶片的大小、形状的不同，绘画的方式与运用的线条是有区别的，如图138所示。

图138

（4）绘制出植物的明暗关系，塑造光感，越靠前的植物刻画越细致，明暗对比越强烈。同时注意暗部排线要有疏密关系，保持暗部透气。【用时20分钟】

顺应结构表现前景绿篱的明暗，并加深绿篱与地面接触的界线，能很好地体现绿篱的体积与空间感，如图139所示。

图139

通过加深周围叶片之间的暗部，衬托出花卉的具体造型。注意拉开暗部的深浅层次，如图140所示。

图140

树冠暗部的排线尽量一遍到位，运用统一方向的线条排列，并用美工笔的宽线条拉开暗部的不同层次，如图141所示。

图141

（5）绘制出地面铺装并加强建筑门窗的刻画，对于处在大面积暗部的建筑，可以只加深门窗的暗部层次，墙面以留白的方式处理，这样画面会更清新明亮。【用时16分钟】

处于树冠里面的枝条应局部留白处理，不要完全加深，如图142所示。

图142

离视线越远的建筑窗户刻画得越概括，可以直接运用线条勾勒出大致形状，如图143所示。

图143

乔木树干保温的草绳，可以在绕圈间隙处加深，能体现出草绳的体积感，如图144所示。

图144

窗框的暗部排线可以按照结构竖线条与斜线排列，暗部可以运用美工笔的宽线条直接加深，但要保持暗部透气，如图145所示。

图145

对不同铺装规格大小要有所控制，符合场景空间，并注意近大远小的透视关系，如图146所示。

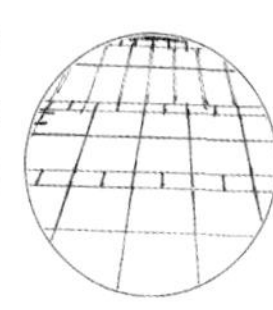

图146

（6）用Touch49、Touch46、Touch59和Touch46绘制出绿色植物的亮色调，然后用Touch7、Touch9和Touch14绘制出花卉的基本色调，接着用Touch185绘制出建筑玻璃窗的亮色调，最后用TouchWG2绘制出建筑墙体局部色调。【用时12分钟】

树冠大面积颜色运用连笔的笔触表现，暗部可以适当地运用揉笔带点的方式强调，如图147所示。

图147

花朵的颜色与叶片的颜色尽量分开上色，避免大面积的绿色覆盖花朵所占的位置，如图148所示。

图148

（7）用Touch84加强花卉与有色叶树冠的暗部，然后用Touch46绘制出绿色植物的固有色，接着用Touch97绘制出建筑屋顶的固有色，最后用TouchWG2和TouchWG4绘制出建筑大面积的暗部色调与地面铺装底色。【用时20分钟】

面对大面积的建筑暗部，要注意刻画建筑暗部的反光，这样能使建筑暗部更加透气，如图149所示。

图149

几种不同的绿篱表现，在表现交界地带时可以运用扫笔表现，并注意不同颜色的叠加与过渡关系，如图150所示。

图150

（8）用colours454、colours433、colours407、TouchBG5、TouchWG5和TouchWG7绘制出建筑墙面的暗部层次与环境色，并结合TouchBG3绘制出地面铺装的颜色，然后用Touch7绘制出有色叶树的过渡色，接着用Touch43和Touch51丰富绿色植物的暗部层次，最后用Touch76绘制出建筑玻璃的暗部色调，统一画面的节奏。【用时16分钟】

建筑不同立面的暗部也要注意冷暖关系，可以运用彩铅添加，表现出细微的色彩倾向，如图151所示。

图151

用彩铅丰富地面铺装的色彩，用彩铅上色尽量不要叠加得过多，保持画面的清新，如图152所示。

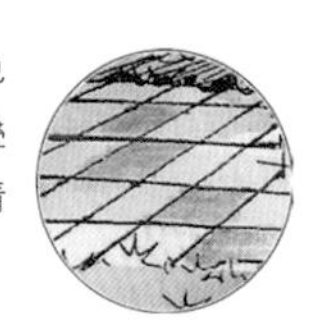

图152

前景压边植物的暗部刻画，笔触尽量小一些，尤其是黑色的笔触，如图153所示。

图153

位于受光面的建筑立面，不要完全留白处理，可以用彩铅表现环境色与固有色，丰富画面的色调，如图154所示。

图154

（9）用Touch120加强树冠暗部的层次，并用提白笔提出高光，使画面视觉冲击力更强。【用时4分钟】

花朵的提白笔触不宜过大，根据花朵的结构进行提白，强调出部分花瓣的形态，如图155所示。

图155

处于树冠暗部的枝干，提白时要有选择性，根据光源的位置确定提白的部分，如图156所示。

图156

树冠上高光的明度过高，可以在提出的高光部分运用Touch59压一遍颜色，如图157所示。

图157

（10）整体调整画面，然后用彩铅colours454和Touch185结合绘制出天空的颜色，接着用colours463绘制出绿色植物的过渡颜色完成绘画。【用时8分钟】

背景建筑墙体运用彩铅概括表现，加强屋顶的影子，做到明暗关系明确即可，如图158所示。

图158

处于大面积暗部的高光，要注意高光的面积与造型，如图159所示。

图159

蓝天的表现可以先用Touch185绘制出底色，然后用蓝色或者紫色彩铅排线过渡完成，也可以运用Touch76号马克笔局部加深完成，如图160所示。

图160

边缘压边植物用彩铅过渡，能很好地柔和马克笔的笔触，使画面边缘具有虚化的效果，如图161所示。

图161

要注意前景乔木在绿篱上的投影并不是一片深颜色，由于乔木叶片之间有很多间隙，难免会有部分透光的地方，所以投影会有一些亮部，可以运用提白笔提白，这样暗部也会更加透气，如图162所示。

图162

07 景观设计手绘平立面表现技法

SUN	MON	TUE	WED	THU	FRI	SAT
~~1~~	~~2~~	~~3~~	~~4~~	~~5~~	~~6~~	~~7~~
~~8~~	~~9~~	~~10~~	~~11~~	~~12~~	~~13~~	~~14~~
~~15~~	~~16~~	~~17~~	~~18~~	~~19~~	~~20~~	21
22	23	24	25	26	27	28

项目实践

第21天 景观平面图与立面图的绘图规范

能够完整、规范地绘制景观设计平面图和剖立面图是景观设计师必须具备的能力。平面图和立面图是清楚反映设计师设计思想的最基本设计语言，它反映了设计师的基本设计素养和设计能力。而一张合格的手绘景观平面图、剖立面图由基本的制图规范支撑。

一 平面图基本设计规范

1.图幅大小

常用的图幅一般有A0、A1、A2、A3和A4这5种。在这里需要指出的是，为了节省时间，一般不建议把景观平面图绘制得过大，以反映清楚的设计思想为准，以免浪费时间。

尺寸代号/幅面	A0	A1	A2	A3	A4
尺寸（mm）	841×1189	594×841	420×594	297×420	210×297

2.线型及运用

为了能够在复杂的平面图中识别各种信息，绘图的线条要分线型及宽度。一般线型分为粗实线、中实线、细实线、细虚线和点划线。宽度分为4个层次，即B、0.5B、0.25B和0.05B。

粗实线：用于景观平面布局中的主要轮廓线，如道路边界线、建筑轮廓线和水岸线等。

中实线：主要用于景观空间轮廓线、植物轮廓线、水面等深线和文字等。

细实线：主要用于道路铺装、植物图例细线和尺寸标注等。

细虚线：主要用于一些不可见部位的结构线和场地等高线等。

点划线：用于中心线、对称线和用地红线等。

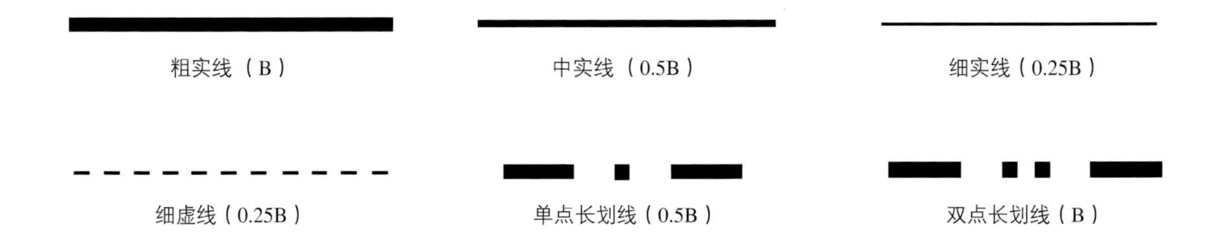

需要注意的是以上线型划分可能会和制图规范有所不同，但这是根据手绘景观平面图的特点所决定的，不能像建筑制图一样规范，它需要更加便捷、快速。

3.尺寸标注及单位

在手绘景观平面图中，只对重要的景观空间尺寸用细实线进行标注，标注方式与建筑制图相同。

平面总图标注单位一般以米为单位，保留小数点后两位。

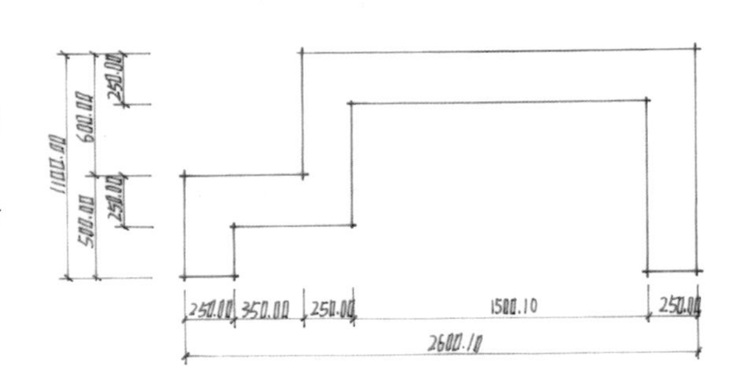

4.图名和比例

手绘景观平面图要有图名和比例标注，一般位于图纸下方中间位置，字高500mm~700mm。

比例应根据用地大小在1:500~1:2000间进行选择，也可以运用线段比例尺表示，如下图所示。

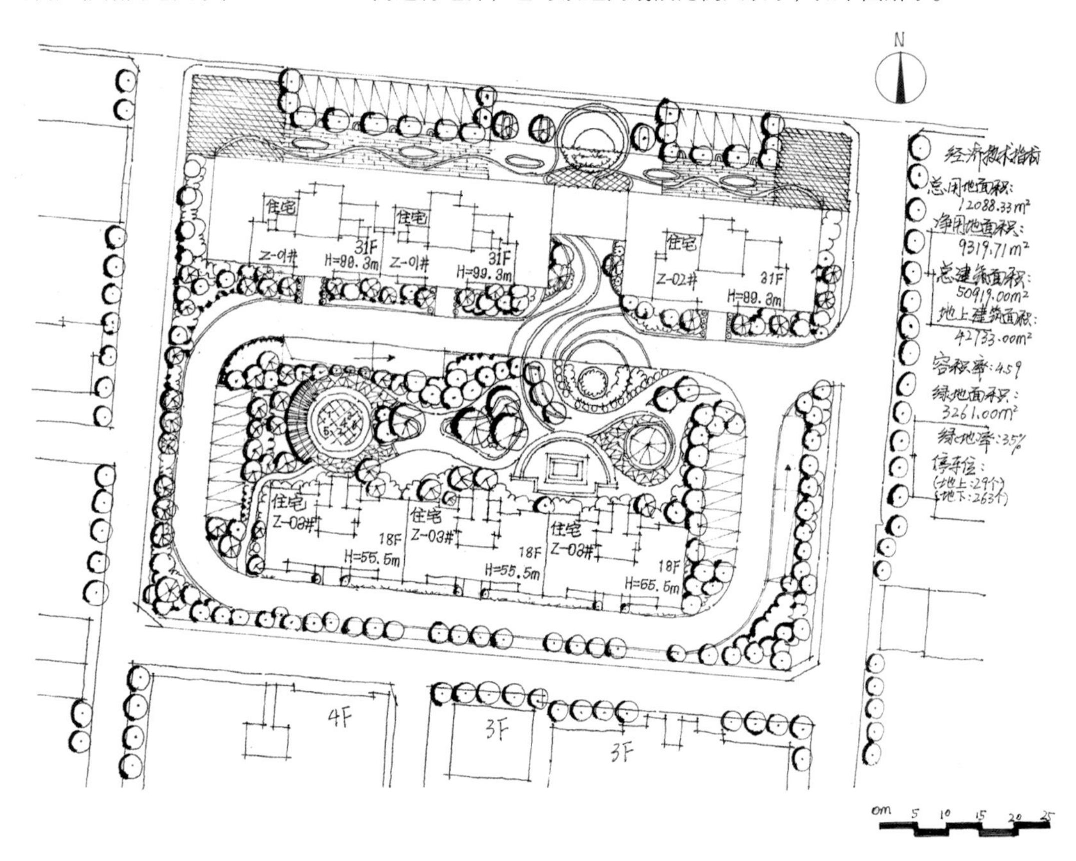

岳阳市场价局景观设计

5.指北针

在图纸的右上角要标注指北针，一般用细实线绘制直径为24mm的圆，指针为北向，尾部3mm，注明N或者“北”。

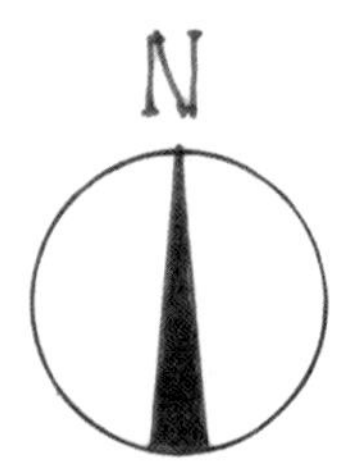

6.图例

园林设计元素较多，图例相对来说也比较多，一般位于图纸右侧。在第8章中会详细解析园林图例的绘制方法。

二 立面图基本设计规范

1.线型要求

为了避免景观空间中元素较多，容易重叠的问题，在手绘景观立面图中用线型区分是必要的。

粗实线：一般用于表现景观立面最外边的轮廓线。

中实线：用于表现内部主要结构的外轮廓线。

细实线：用于表现立面材质、植物和人物等配景元素、尺寸标注和竖向等。

加粗线：用于表现地坪线。

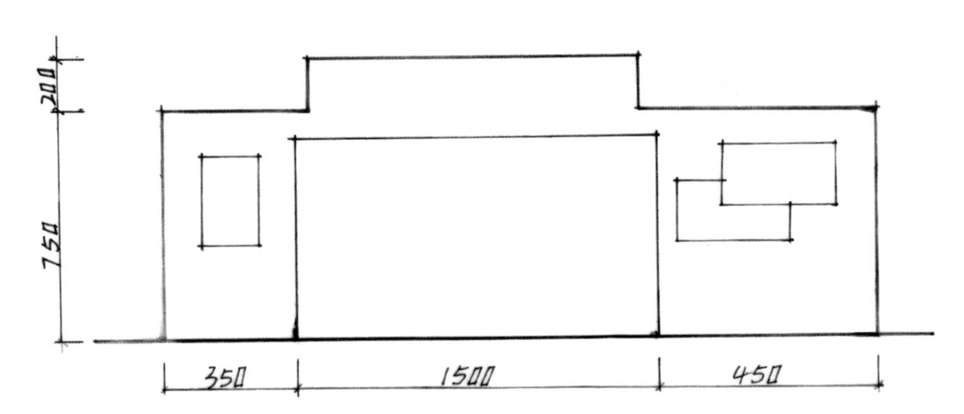

2.比例

根据表现立面的内容大小及要求可以选择的常用比例有1:1、1:2、1:5、1:10、1:20、1:50、1:100、1:200和1:500等。注意比例尺是相对正规图纸而言的，在实际的书籍中会有所差异，经过书籍排版的缩放1cm并不一定代表50cm，如下图所示。

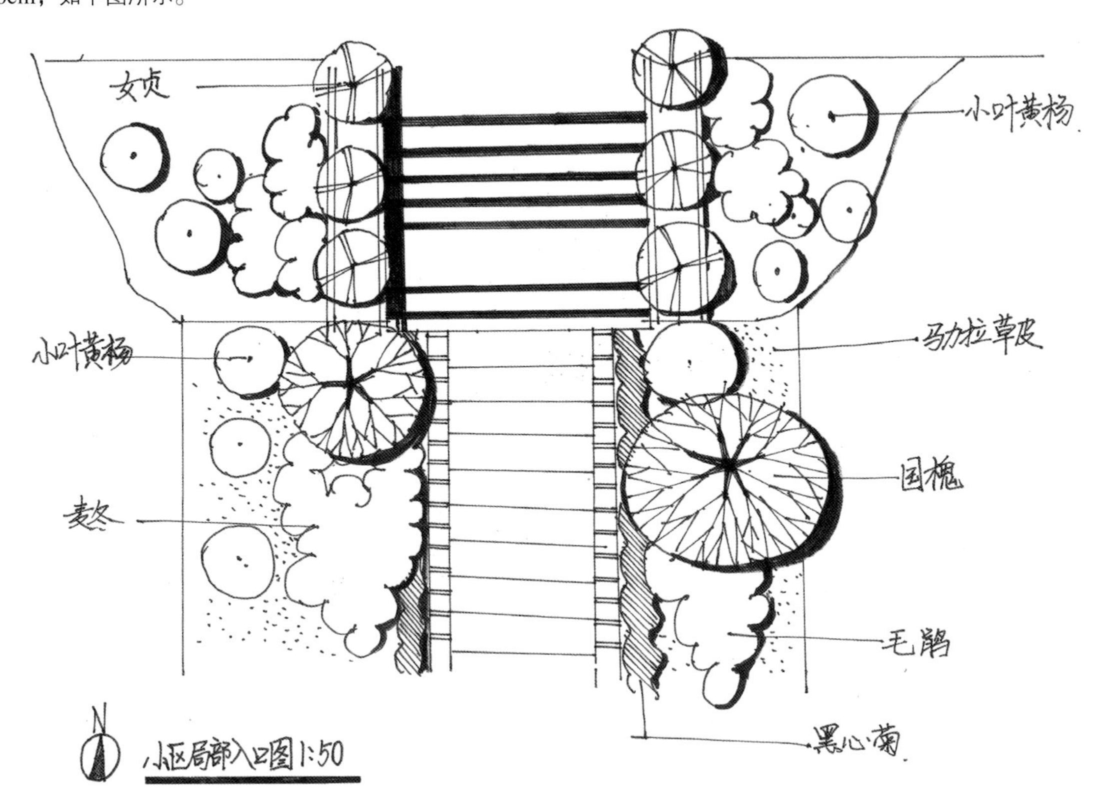

3.尺寸单位及标注

在手绘立面图中，一般以毫米为单位，标注大的尺度即可，不必标注得很细。

第22天 景观平面图和立面图的基本画法

一 景观平面图基本画法

（1）根据方案设计草图和比例用铅笔将空间结构轻轻画出，在此过程中进一步确定空间尺度的准确性。

（2）在铅笔稿确定的情况下用0.25B针管笔对主要空间结构，如道路边线、广场边线、水面和高差等主要空间框架进行描绘，然后用B针管笔对建筑物轮廓线进行描绘，在此阶段可以先不要考虑植物。

（3）在主体框架确定的情况下要考虑植物布局，植物造景是依附于整个空间的，所以在植物布局时首先要看空间特点，如在轴线部分需要对称种植、广场上需要围合种植，场地周边要考虑是否需要在遮挡的地方种植密林，阳光朝向好的需要考虑草坪的活动空间及动静关系等。

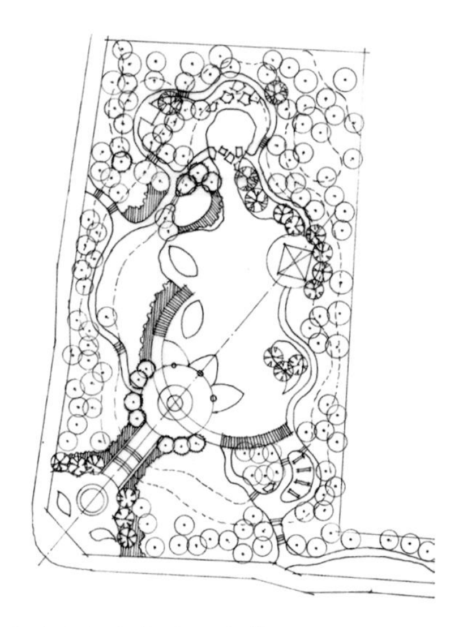

（4）在大框架都布局完整以后，用0.05B针管笔对平面图中的元素进行细致的线稿表现，以使画面更加丰富，如铺地和植物形态等。

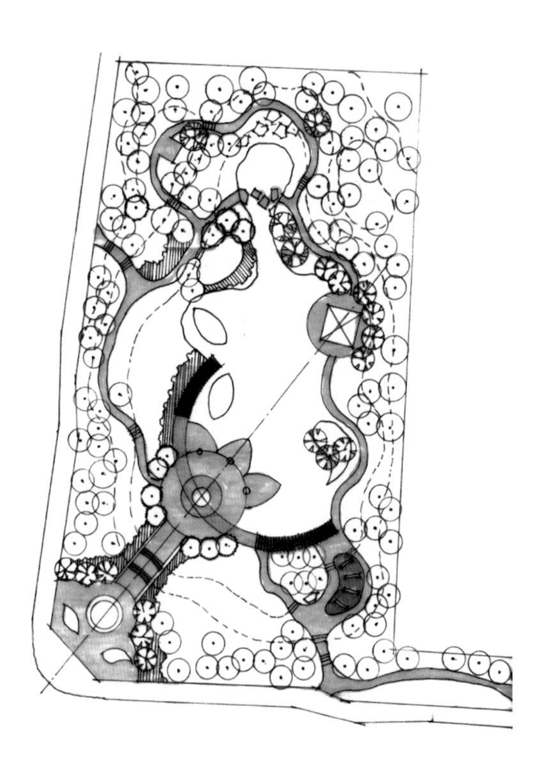

（5）第1次铺色，首先考虑硬质景观元素。因为硬质景观元素变化微妙，为了能够和植物形成对比，硬质景观元素一般选择暖灰色。在重要区域如广场，色彩可以有些变化。

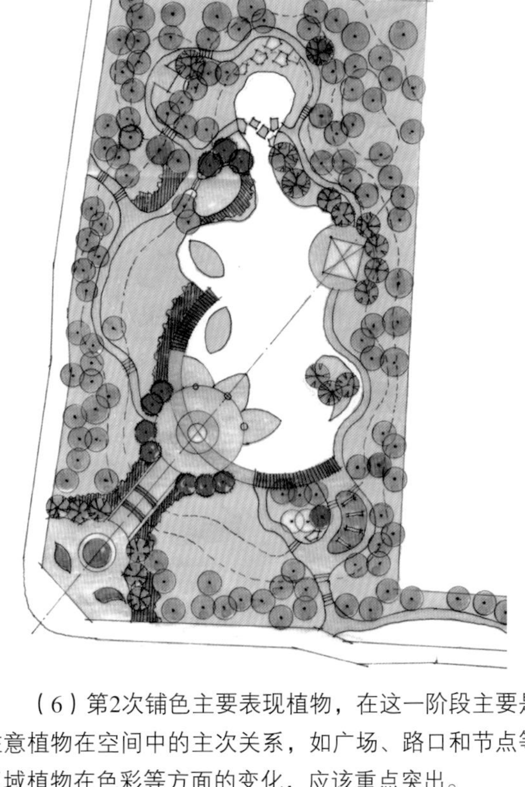

（6）第2次铺色主要表现植物，在这一阶段主要是注意植物在空间中的主次关系，如广场、路口和节点等区域植物在色彩等方面的变化，应该重点突出。

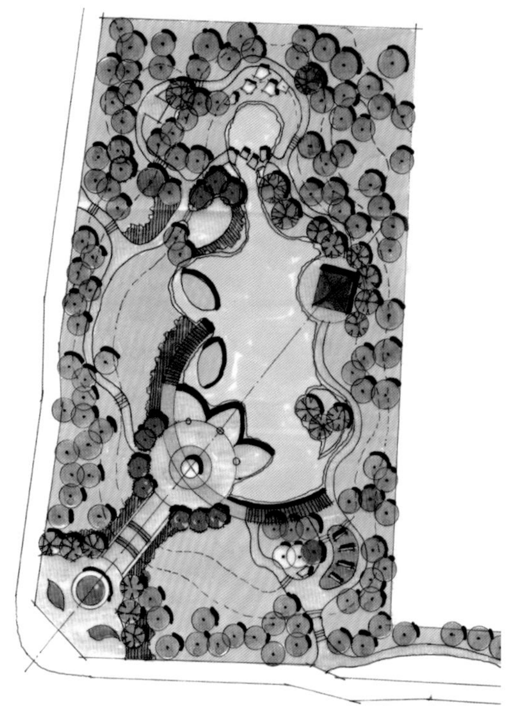

（7）第3次铺色主要表现景观小品、水面、园林建筑以及空间元素的投影。

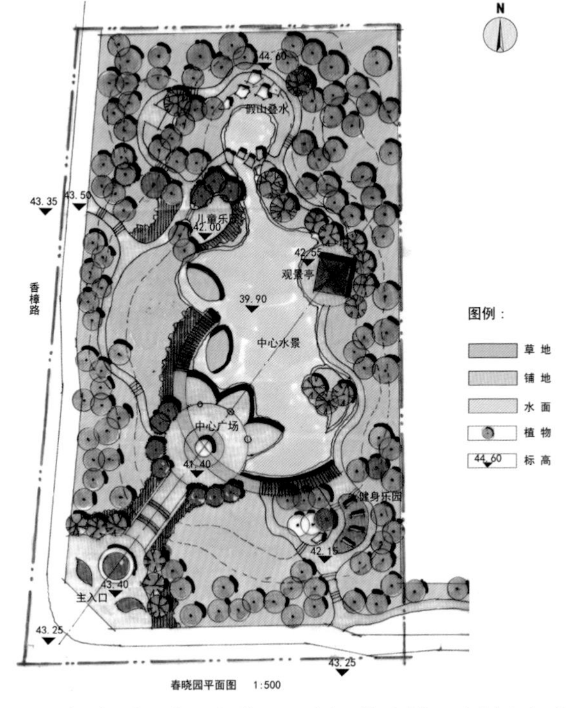

（8）对图名、红线、图例、指北针、比例和标高等进行标注，整体调整，如有部分区域无法修改，可以扫描借助计算机处理达到理想效果。

景观立面图基本画法

（1）与方案设计师充分沟通，了解设计意图，解读方案平面图中的各种信息，包括体量、材质和尺度等。在此基础上选择合适的比例，用铅笔依照投影原理轻轻将立面画出。

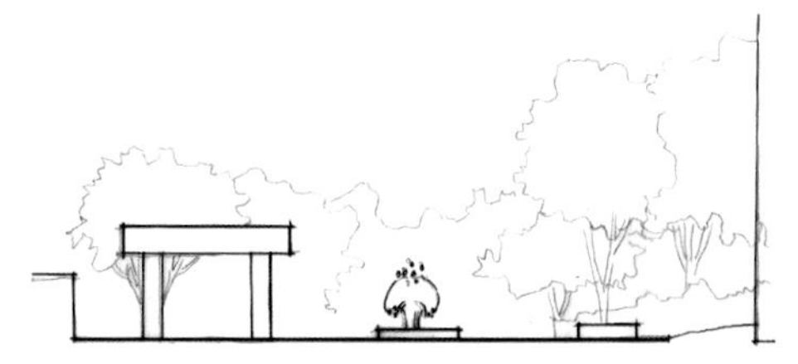

（2）在设计内容准确、比例尺度关系正确的基础上运用针管笔进行线稿绘制，在此要注意线型分层。如立面图地平线、立面图外轮廓线、主要结构外轮廓线、材质和小品等。

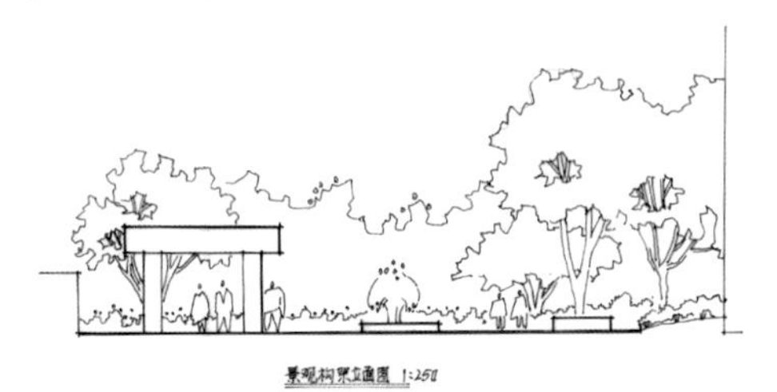

（3）在主体景观元素的基础上绘制植物，植物在景观立面图中主要以配景形式存在，因此不必过于复杂，在这个阶段先绘制植物的基本形态，如植物天际线、前后穿插关系和乔灌木分类等。

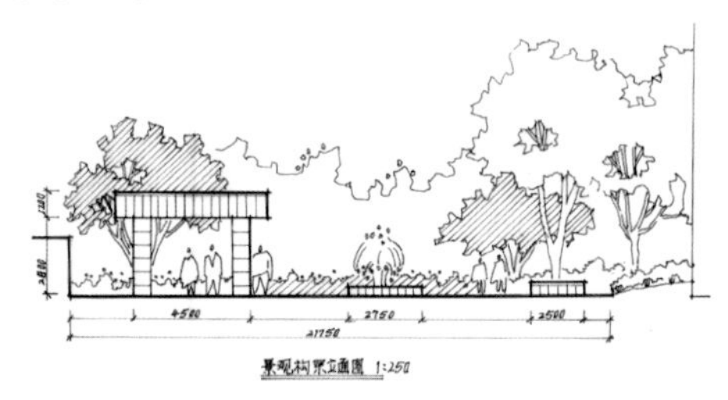

（4）在整体确认准确的情况下，标注主要空间尺度尺寸以及图名、比例等。

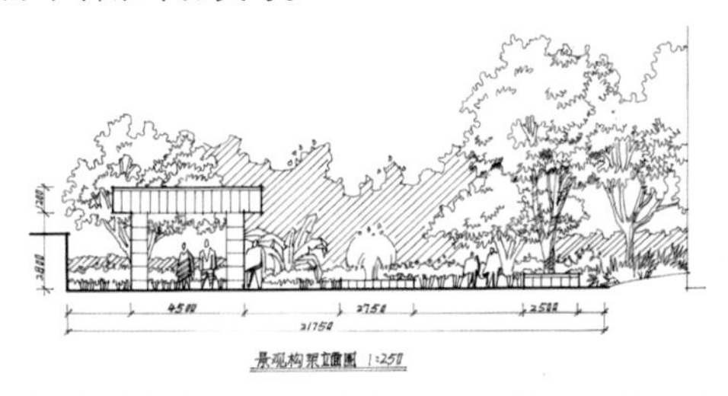

（5）大框架已基本确定，为了使图面能更加清晰地反映设计意图，需要对立面设计元素进一步调整，包括植物细节、材质细节和层次关系等。

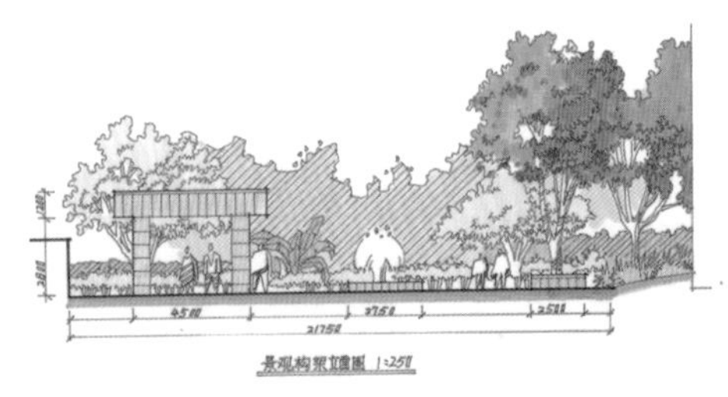

（6）第1次着色，要有一个系统的色彩关系安排。如冷暖关系安排、明暗关系安排及虚实关系安排，在本阶段主要解决这个问题。需要强调的是在着色时要在线稿反面着色，这样可以避免破坏线稿。

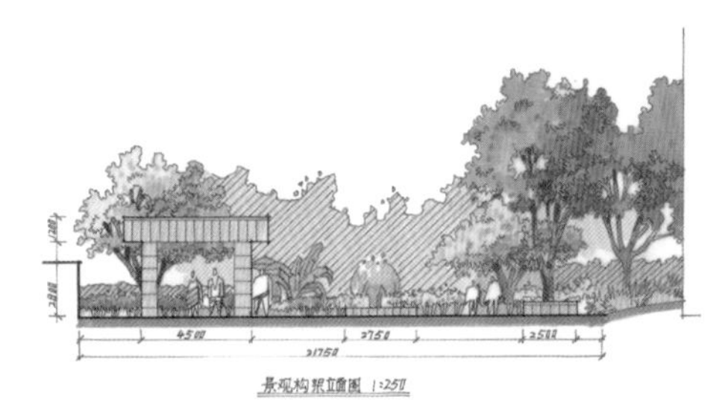

（7）在第1遍大关系的基础上进一步深入塑造植物的体积关系，进行画面色彩的平衡处理，画面的虚实关系进一步强调。

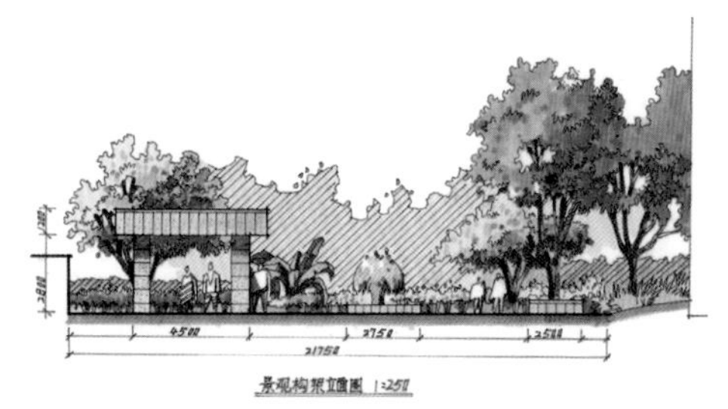

（8）整体调整。检查画面整体色调关系，尤其是画面冷暖明暗节奏是否到位，主次是否强调清楚。如果有些部位无法修改，可以扫描借助计算机进一步调整以达到理想的效果。

立面图设计案例

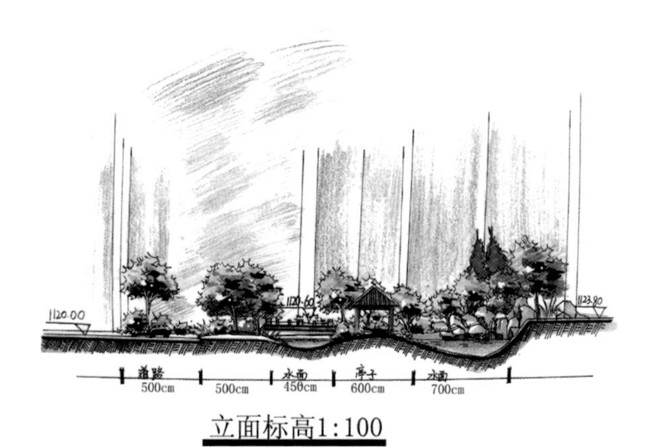

立面标高1:100

道路 700cm
绿化区域 1340cm
窄水面区域 820cm
木质亭区域 1300cm
宽水面区域 1300cm
坡地

南立面图1:100

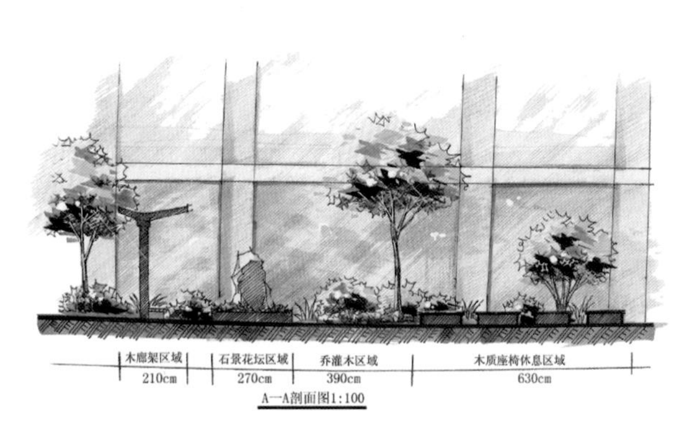

A—A剖面图1:100

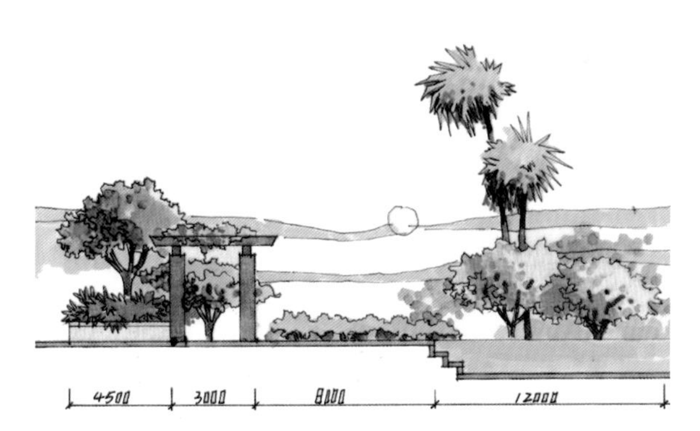

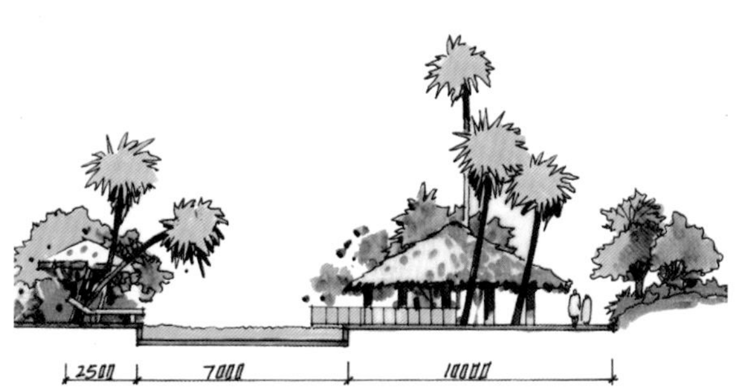

第23天 不同平面图例表达

《风景园林图例图示标准》一书中对园林图例进行了详细的描述，在此我们只对在手绘平面图中常用的图例手绘画法进行分析。

植物部分

按树种分类主要是常绿/落叶乔木、常绿/落叶灌木、针叶/阔叶疏林、密林、绿篱及草皮等。

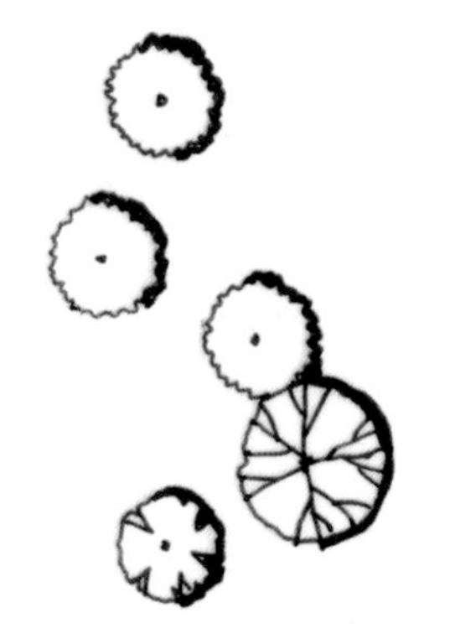

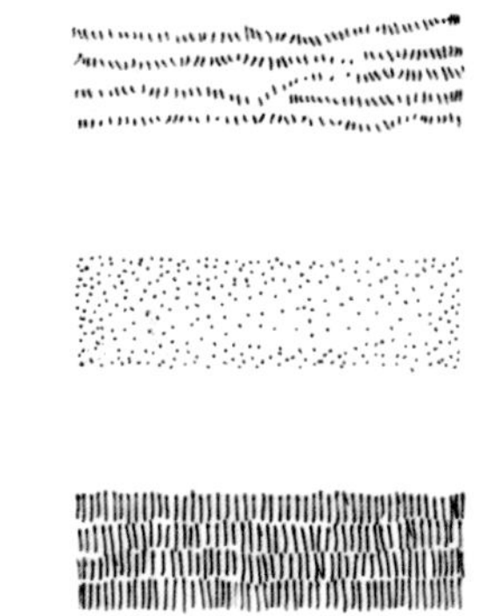

其他部分

主要分析水面、铺地和木材等常用的平面图例。

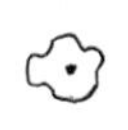

着色步骤示意（以阔叶乔木为例）

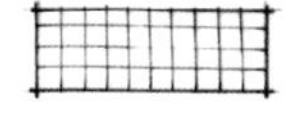

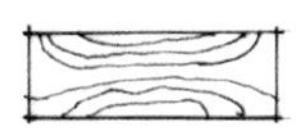
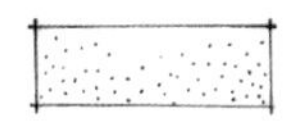

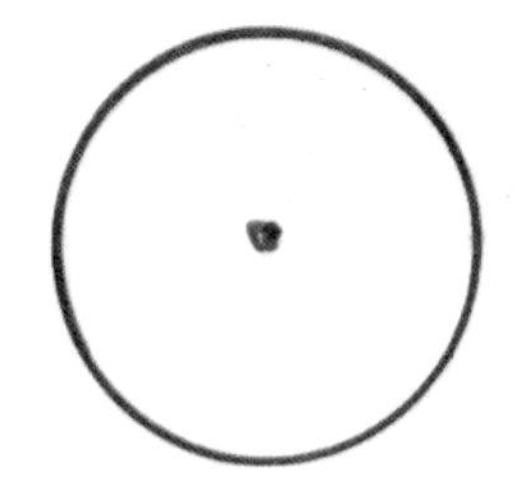

（1）根据比例用铅笔将植物冠幅基本轮廓画出。

（2）用B和0.5B针管笔分别将植物轮廓和内部枝干画出，形式可以变化多样。

（3）第一遍先铺整体颜色，可以根据设计要求选择冷暖等色彩倾向。

（4）第二遍画暗部，在此要注意暗部色彩与第一遍色彩的统一，另外要注意暗部不要画得过死，要留有反光和投影等。

主要着色图例表达

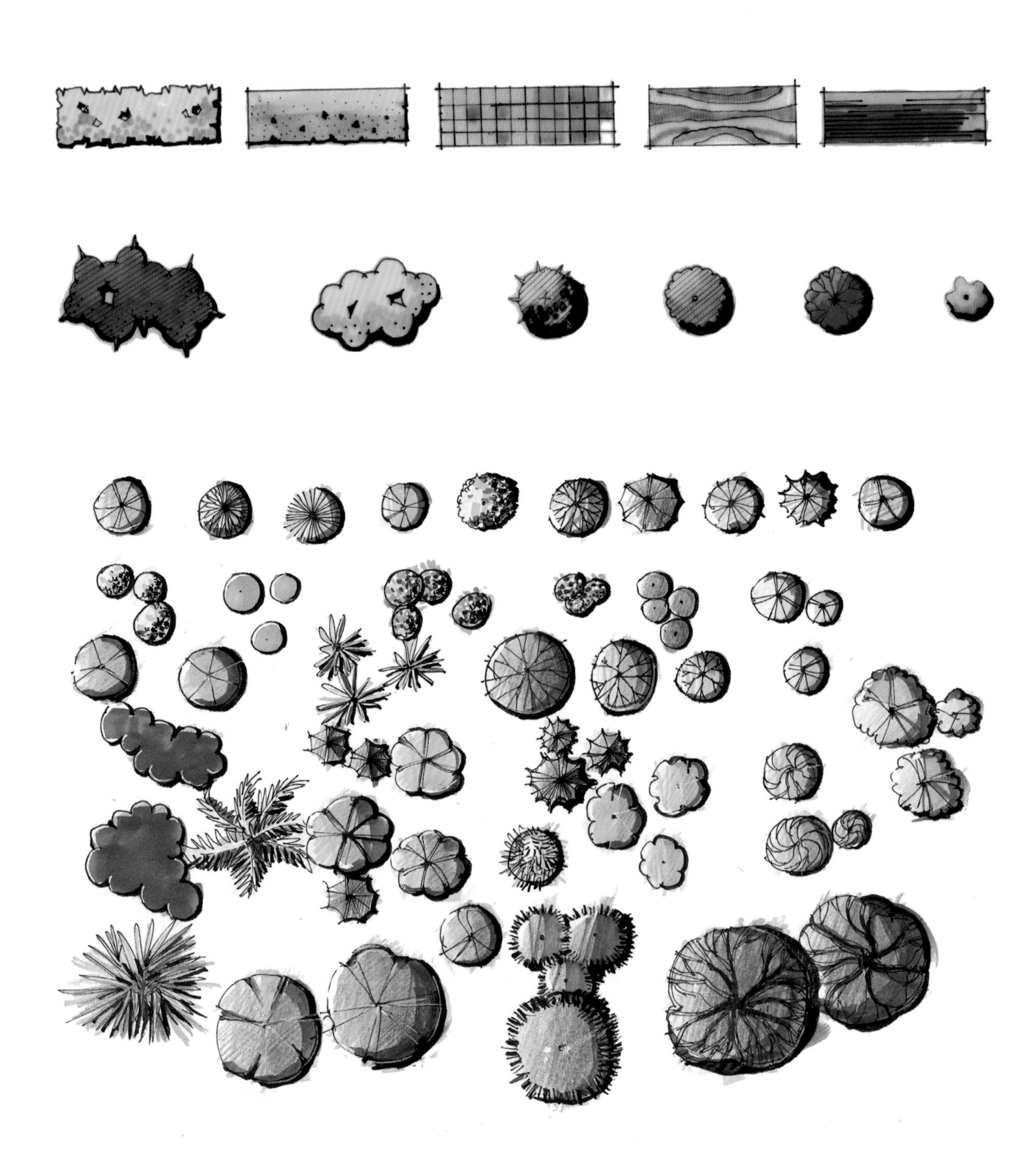

08 生成透视空间

SUN	MON	TUE	WED	THU	FRI	SAT
~~1~~	~~2~~	~~3~~	~~4~~	~~5~~	~~6~~	~~7~~
~~8~~	~~9~~	~~10~~	~~11~~	~~12~~	~~13~~	~~14~~
~~15~~	~~16~~	~~17~~	~~18~~	~~19~~	~~20~~	~~21~~
~~22~~	~~23~~	24	25	26	27	28

- 第24天 平面图生成立面图的基本原理与方法
- 第25天 平面图和立面图转换透视空间效果图

项目实践

第24天 平面图生成立面图的基本原理与方法

在一个方案设计中只有平面图是不够的，因为平面图主要反映二维信息，园林和建筑是一样的，是一个立体空间，需要对空间物体对象作明确表达，那就需要立面图。如何依据平面图绘制立面图呢？

基本原理

我们都知道平面图的基本原理就是在物体的正上方向下作水平正投影而形成正投影图，而立面图则是在与物体立面相平行的投影面上作垂直投影而形成的，以此来反映物体的外形、高度和材料等信息。

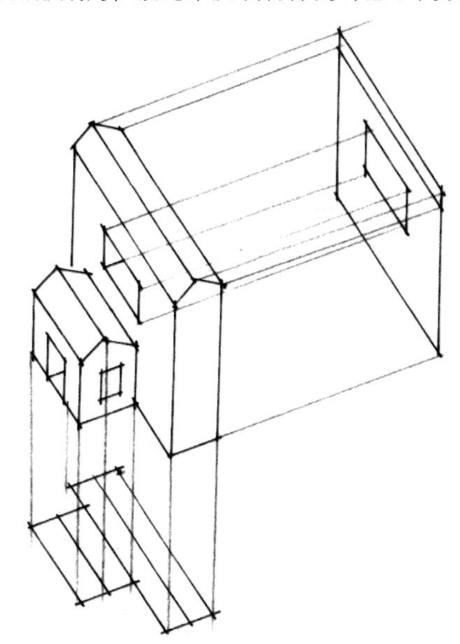

对称布局案例演示

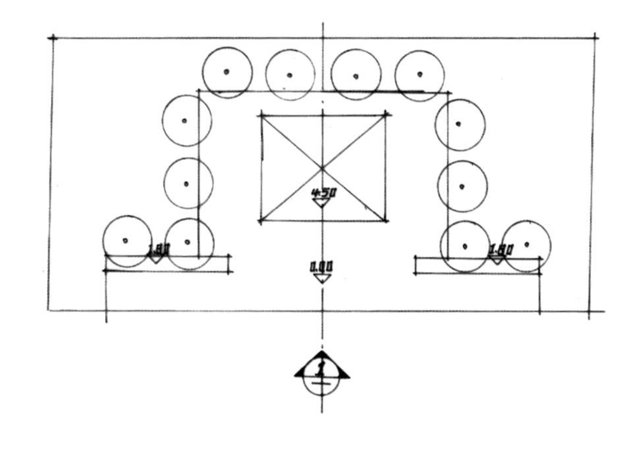

（1）确定平面图内容及立面图方向。

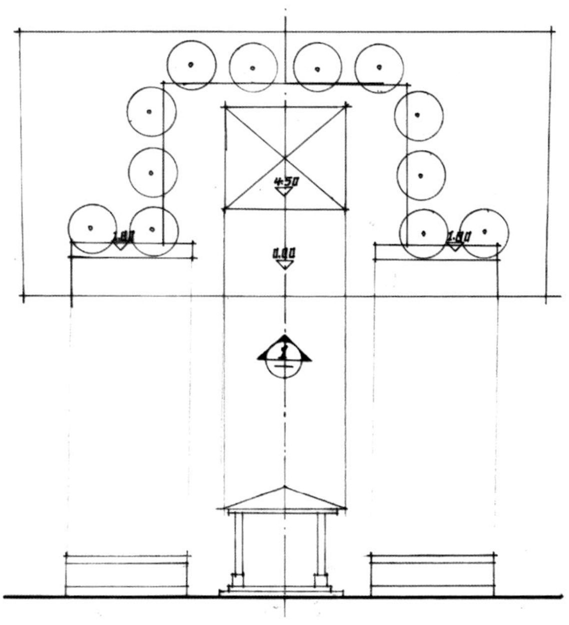

（2）依据平面图比例尺寸及竖向标高，绘制地坪和建筑物等主要景观元素框架。

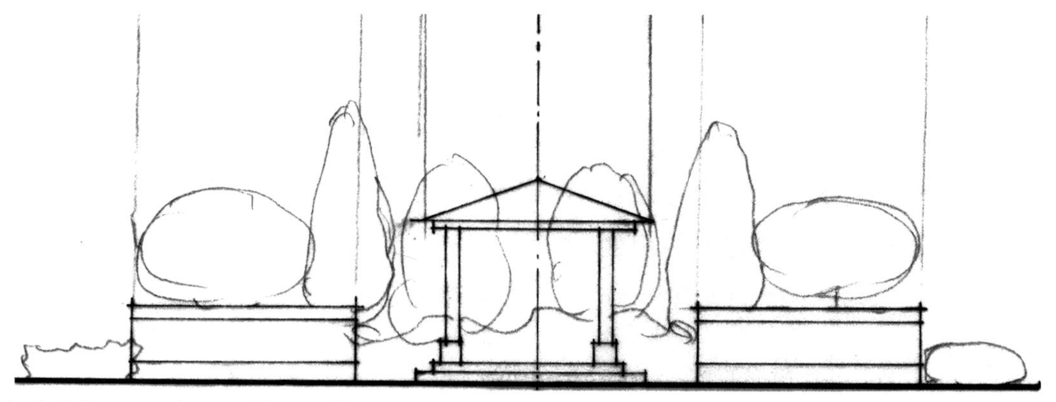

（3）依据景观元素空间特点和设计要求，对植物种植进行大体布局，注意植物天际线和前后关系的变化。

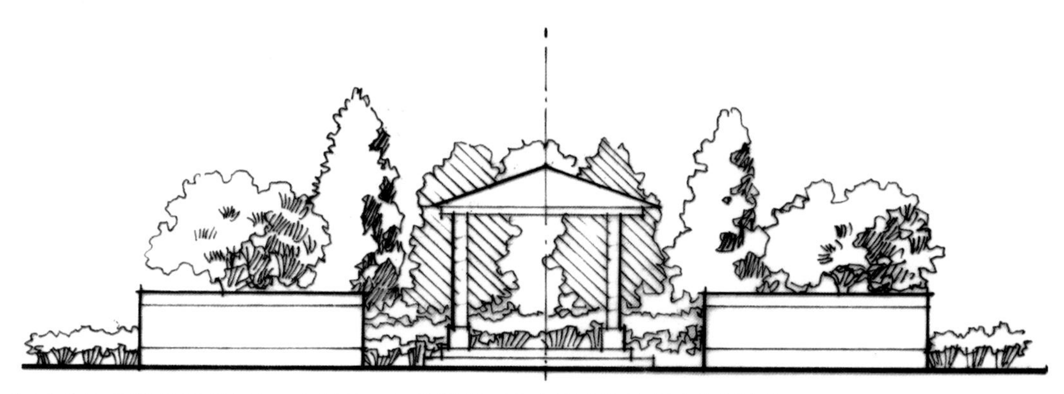

（4）在大构架的基础上进一步细化，包括线型、疏密关系和植物形态塑造等。

自由布局案例演示

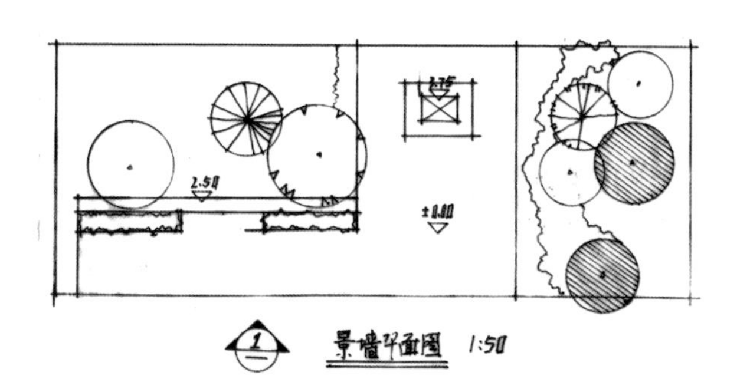

（1）解读平面图内容及立面图方向，本平面内容与一点透视相比属于自由布局，透视难度相对较大。

（2）在立面方向运用辅助线绘制。用铅笔根据立面尺寸将立面大体布局画出，这一步要注意比例关系以及平面图中各元素竖向高度。

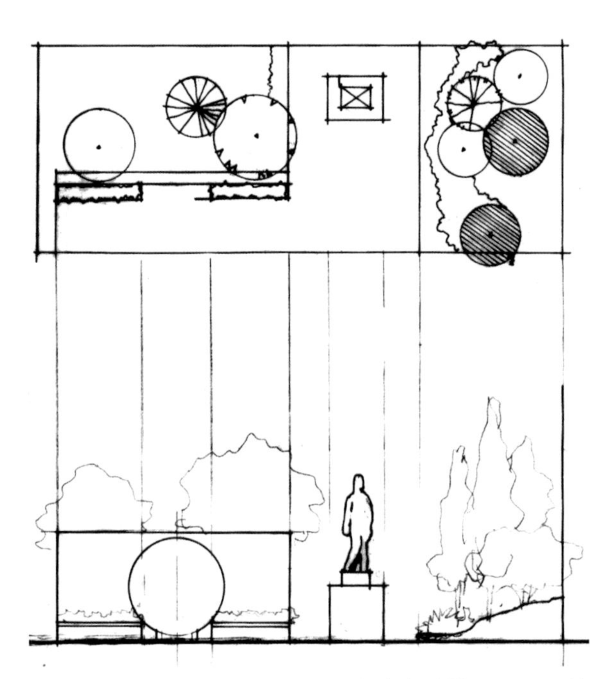

（3）在铅笔稿空间尺度基本确定的情况下，用针管笔把主要空间结构元素的基本轮廓画出，如景墙、雕塑和建筑等。在此需要提醒的是画时注意线型的区分。

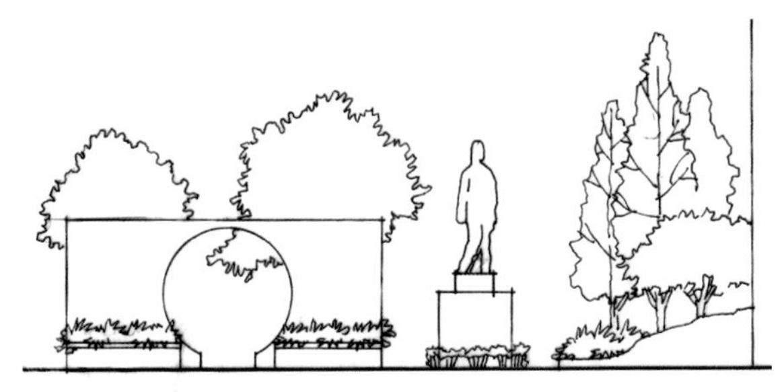

（4）在上一步的基础上把植物和雕塑等元素的基本轮廓线用针管笔确定，要注意植物天际线的变化节奏。

（5）主要塑造植物的体积关系，使画面更加丰富。

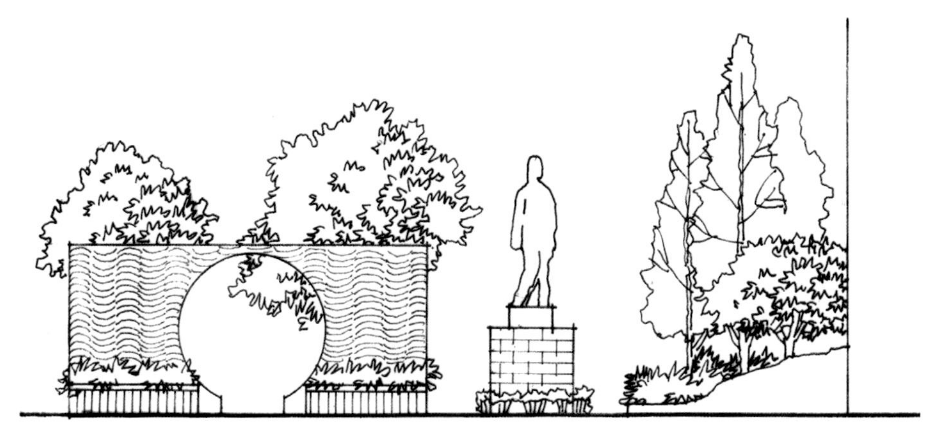

（6）主要表现元素的材质，体现景观元素各自的特点，注意线型的区分。

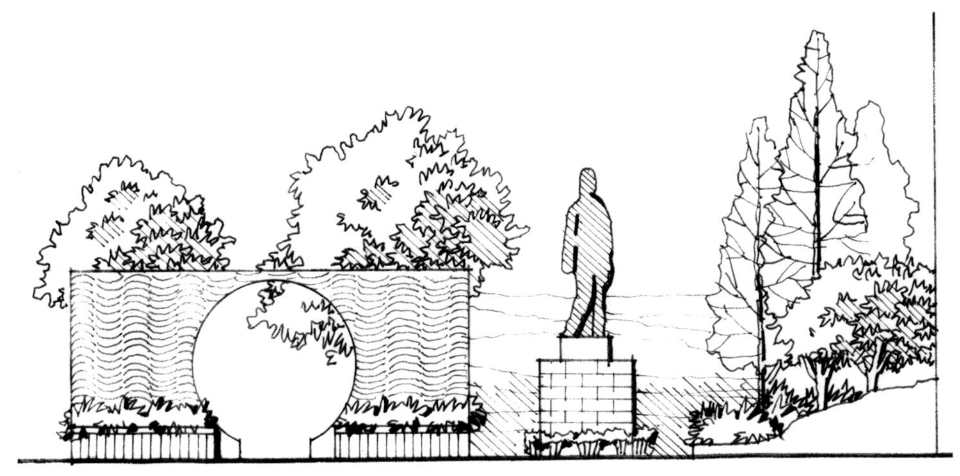

（7）在基本框架都已确定好的基础上，进一步强化画面的疏密关系和层次关系。

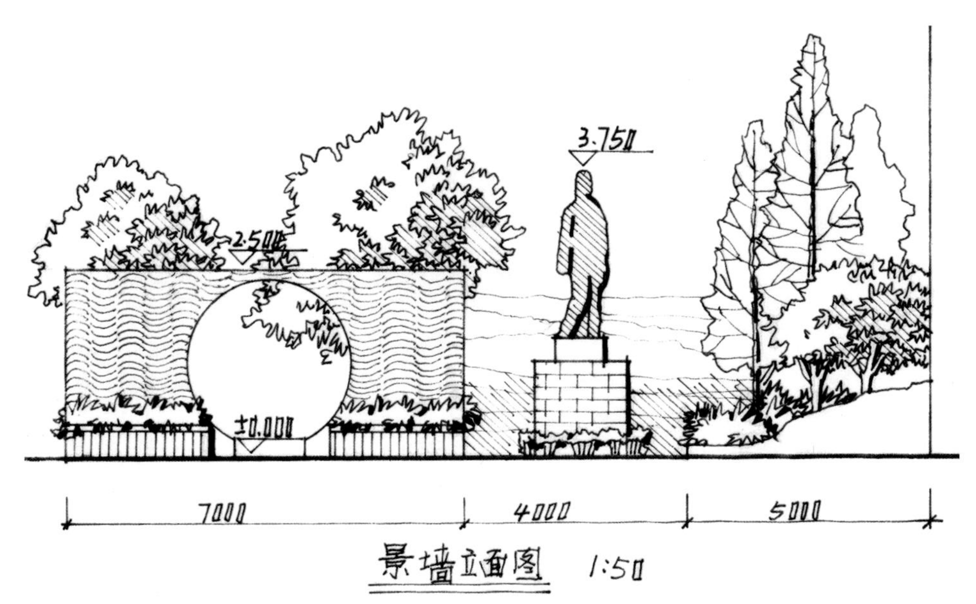

景墙立面图 1:50

（8）整体调整。用电脑扫描进行后期处理，包括对比度处理。此外要标注尺寸、竖向、图名和比例等立面图的要求。

第25天 平面图和立面图转换透视空间效果图

接下来以绘制一点透视和两点透视效果图为例，分析平面图转换空间效果图的方法。

一 一点透视案例演示

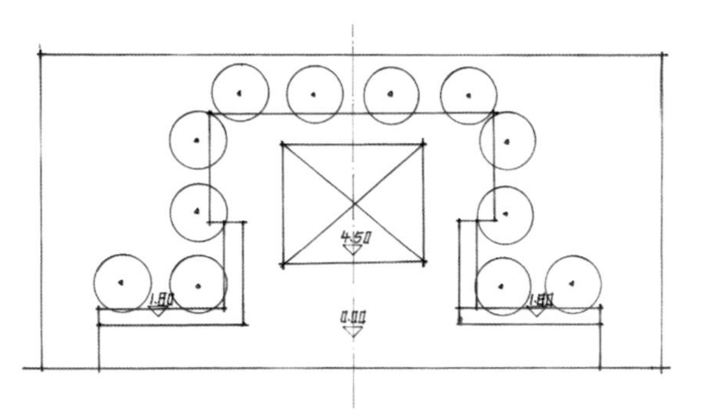

（1）了解平面布局，包括平面尺度、竖向高差和立面设计特点等。

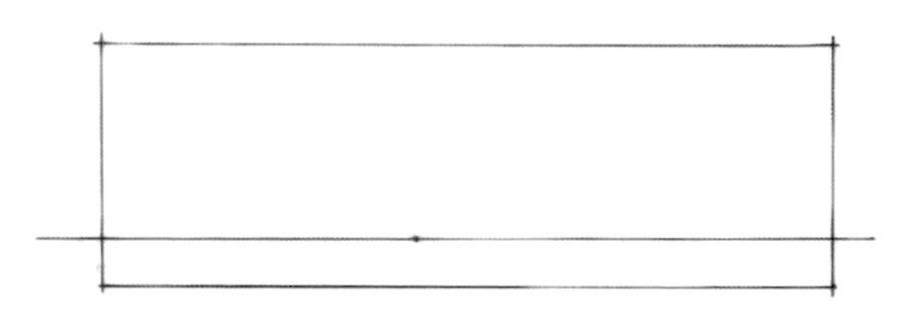

（2）确定视平线高度和灭点位置。在一点透视中一般以人的视线高度为准，也就是1.5m左右的高度；灭点位置的选择要注意不要放在整个画面正中间，可以偏左或偏右、偏上或偏下，这样画面出效果才不会显得呆板。

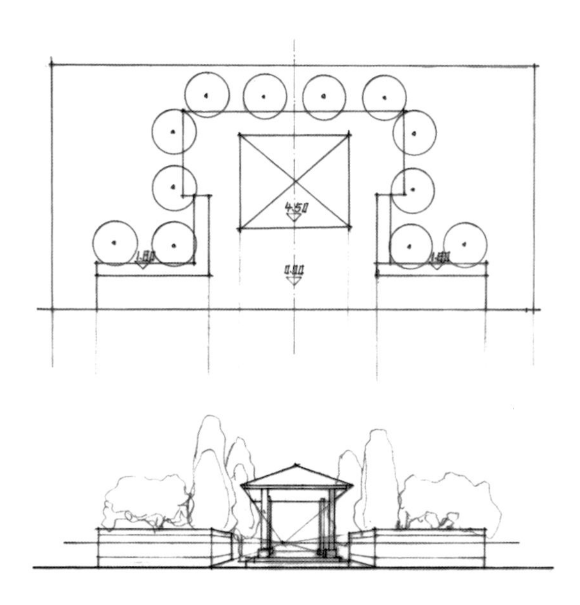

（3）根据平面布局尺寸，借助辅助线，画出主要空间透视结构。需要注意的是在一点透视中，与画面平行的线条都不发生透视变化，其他线条则要消失到灭点。

（4）在大结构的基础上进一步深入刻画体积和空间关系。

二 两点透视案例演示

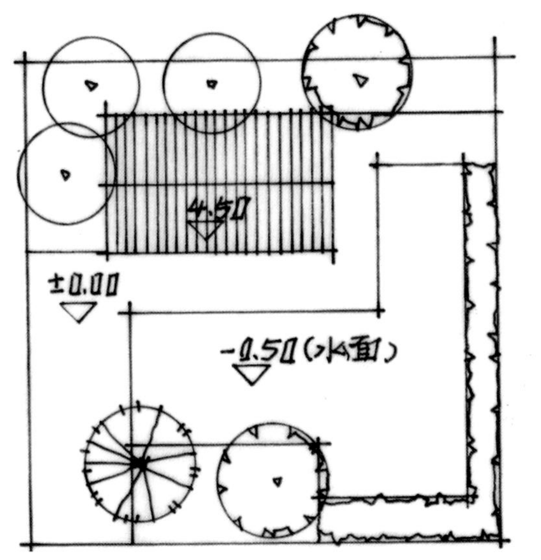

（1）分析平面布局，包括平面尺度、竖向高差和立面设计特点等。

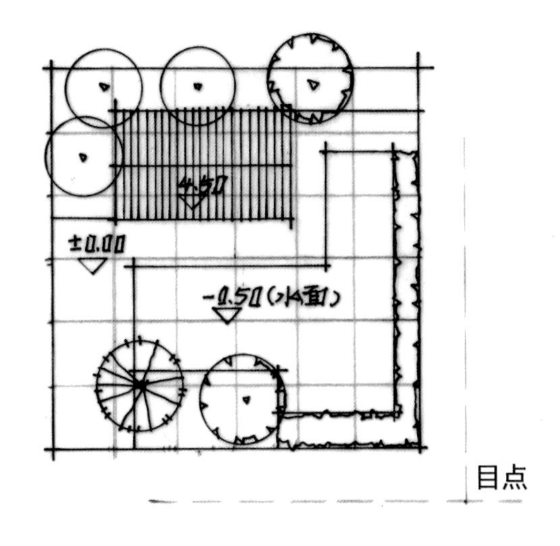

（2）确定将采用什么透视方法绘制两点透视效果，另外，要选择合适的透视角度及目点位置。在本次演示中选用网格综合两点透视法。

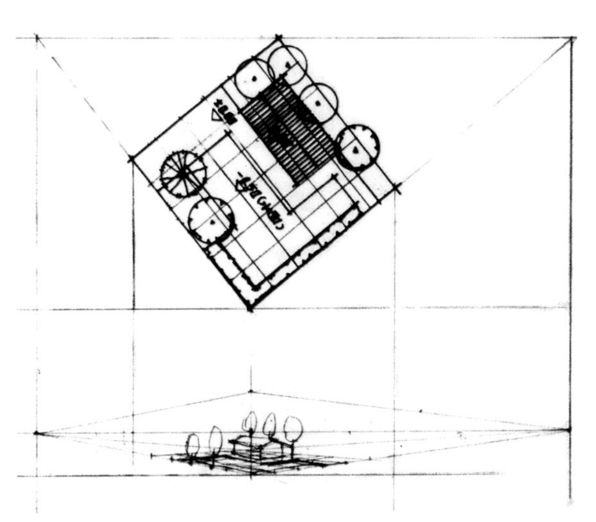

（3）运用方格网成角透视原理，确定两个灭点，视线确定在1.5m的人视高度。运用网格线确定元素在空间中的位置，绘制出空间透视草图。

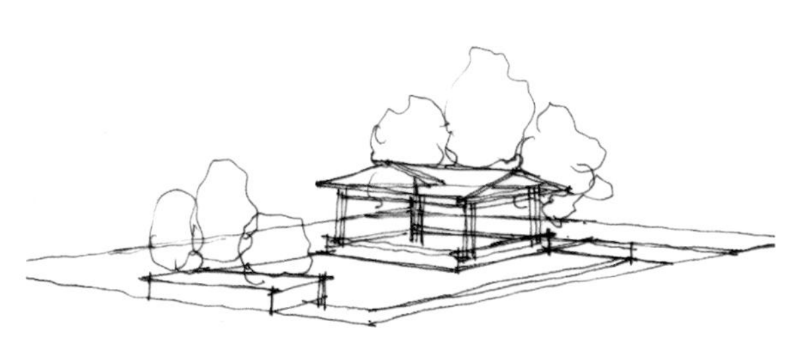

（4）根据草图以及竖向设计，对结构线条进一步确定，使得轮廓线更加清晰。

（5）在铅笔稿基本确定的情况下，运用针管笔把主要景观构架画出，在此进一步确定各元素尺度和透视关系。

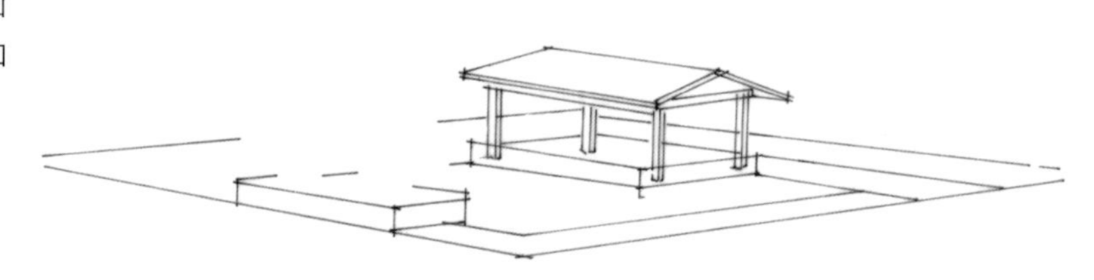

（6）在基本构架确定的情况下，绘制植物空间的基本轮廓线，要注意植物与建筑的关系以及植物的天际线变化。

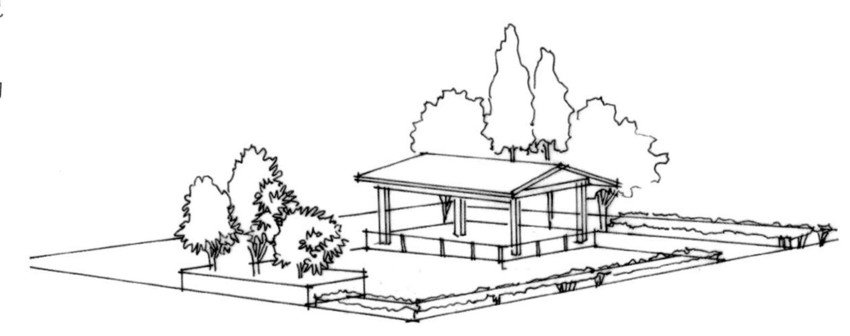

（7）在基本结构确定的情况下，塑造植物的体积关系和空间的前后疏密关系。

（8）进一步强调空间对比，如疏密、明暗关系和前后关系等。扫描后借助计算机进一步强调对比度等直至完成。

09 景观设计思维与方案表达

SUN	MON	TUE	WED	THU	FRI	SAT
~~1~~	~~2~~	~~3~~	~~4~~	~~5~~	~~6~~	~~7~~
~~8~~	~~9~~	~~10~~	~~11~~	~~12~~	~~13~~	~~14~~
~~15~~	~~16~~	~~17~~	~~18~~	~~19~~	~~20~~	~~21~~
~~22~~	~~23~~	~~24~~	~~25~~	26	27	28

- 第26天 设计案例分析与实际案例讲解
- 第27天 方案设计过程
- 第28天 设计构思表达

项目实践

第26天 设计案例分析与实际案例讲解

经常分析和研究一些设计案例，看看行业顶尖团队是如何设计的，他们的设计思路是怎样的；只有不断地取长补短，才能提高自己的审美能力，掌握正确的设计方法。

一 湖南湘阴水府庙白鹭岛景观规划设计

委托方对水府庙白鹭岛的总体定位为在生态环境得到保护的前提下把白鹭岛打造成度假、休闲娱乐、生态旅游及水上文化为一体的开放性岛屿。项目总面积约20.7万平方米。

区位图

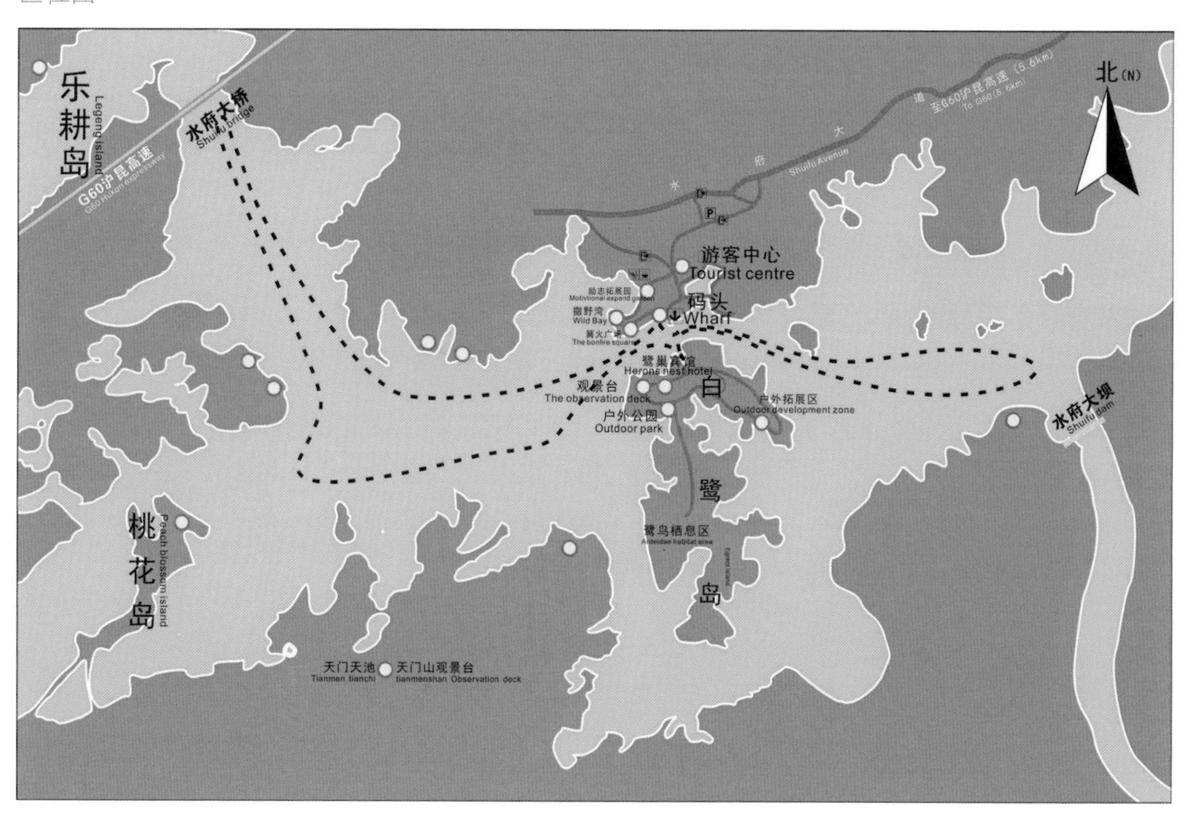

场地现状

白鹭岛位于水府庙库区的中心地带，中心感强，辐射周边岛屿。岛屿岸线长，曲折变化丰富，内向、外向空间多，便于根据不同功能进行开发利用；场地四周环水，高差变化大，自然地形变化丰富。现有水资源保护良好，水质清澈见底，是湘中地区规模最大、保存完整的一片人工与天然完美结合的湿地。另外，岛内陆生植物有596种，湿地植物有206种；园内共有脊椎动物236种，隶属30目82科。正因有白鹭鸟类在此栖息而得名。

设计理念

全面维护湿地生态系统的基本功能和生物多样性，发挥湿地在改善生态环境、科学研究、科普教育和休闲游乐等方面所具有的生态、社会和经济效益，有效地遏制经济建设中对湿地的不合理利用现象，保障湿地资源的可持续利用，实现人与自然和谐共存。

第1点：保护好湿地生态环境，为水禽生存、栖息提供理想场所，最大限度地减少人为活动对湿地生态环境的破坏和干扰。

第2点：加强原有白鹭种群的保护，使它们能正常地生存、繁衍、不受侵害；采取多种措施，使迁徙来此越冬和歇息的珍稀水禽的种群、数量稳定发展。

第3点：在实行有效保护自然资源和湿地生态环境的前提下，合理利用自然资源和景观资源，使白鹭岛成为集游乐、休闲和科普教育为一体的快乐岛屿。

第4点：完善岛屿的基础设施，改善岛屿旅游环境，同时要注意生活污染对岛屿生态环境的影响，以及运用科学手段予以解决。

设计原则

第1点：遵循与湿地有关的国家法律、法规，符合国际有关公约的原则。

第2点：坚持保护优先、科学修复、适度开发、合理利用的原则。

第3点：坚持以人为本、与当地社区协调发展原则。

第4点：坚持可持续发展的原则。

第5点：坚持保护地方文化遗产原则。

第6点：坚持合理调控原则。

第7点：合理布局，因地制宜。

设计主题

“白鹭展翅，璀璨南岛”作为设计主题。

通过保护利用原有地形地貌、植被、水资源等多样性生态环境，分析解读空间特点并合理开发利用空间。开发多样休闲空间，吸引周边地区休闲娱乐的人群。同时丰富岸线功能结构，把白鹭岛（南岛）打造成周边地区节假日休闲的首选之地，成为水府庙水域一颗璀璨的明珠！

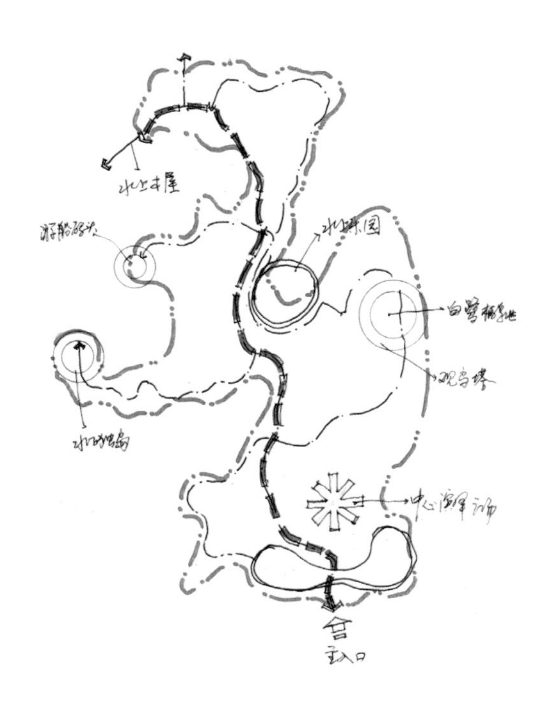

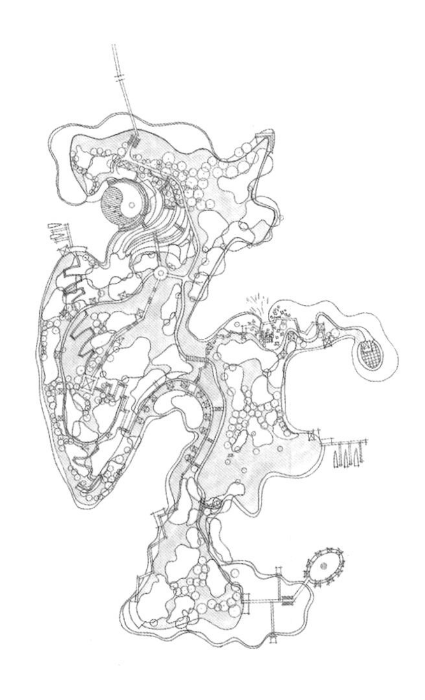

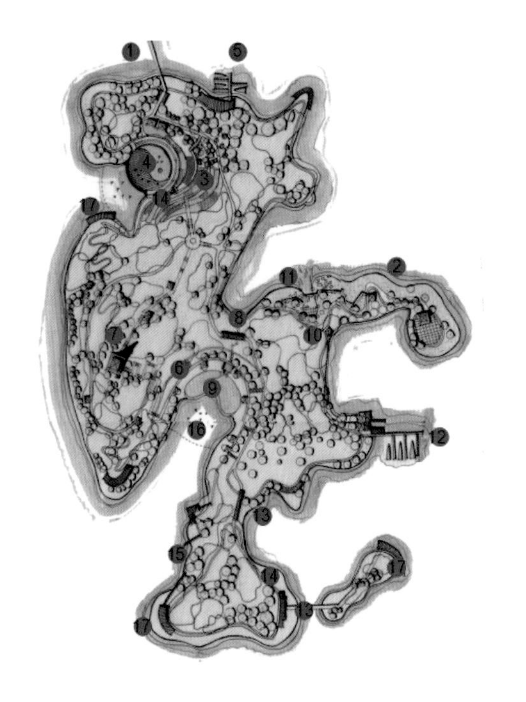

图例
1. 白鹭岛入口
2. 休闲沙滩
3. 阶梯花田
4. 露天演绎中心
5. 游船码头
6. 半岛木屋
7. 观鸟灯塔
8. 吊桥
9. 户外泳池
10. 奇石沙滩
11. 阳光沙滩
12. 游船码头
13. 吊桥
14. 厕所
15. 木栈道
16. 水上乐园
17. 观景平台

设计构思

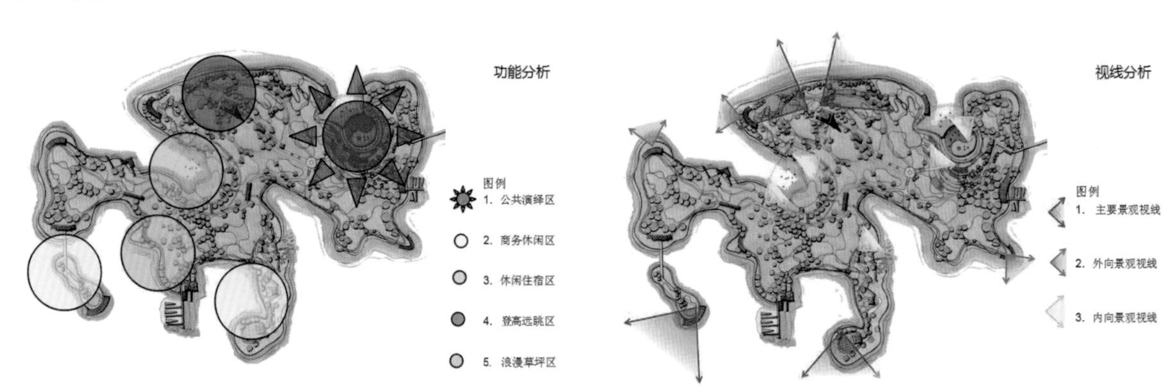

空间分析图

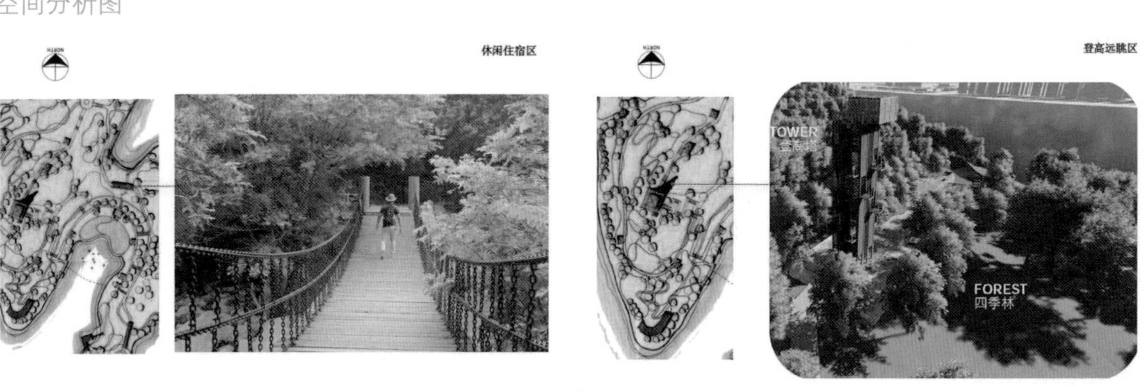

局部平面图

亲水平台效果图

水边栈道效果图

湿地草滩效果图

湖南某市观光大道景观规划设计

主要空间透视图

本案位于湖南某市中心城区，设计范围由两条城市主干道沿岸履带组成，宽度在7m~10m不等，总设计面积5.4万平方米左右。

设计任务要求

根据农产品控规将黄莺路打造为农产品精深加工园景观形象主入口，并对黄莺路（含羞草路—海棠路）、香樟路（海鸥路—黄莺路）高压走廊景观工程设计进行策划，结合黄莺路、香樟路两厢出让用地及出入口位置、围墙等情况进行设计。黄莺路南侧高压塔改造及定位方案策划。前期第一阶段先考虑设计一条道路——黄莺路。

项目区位图

现状分析

黄莺路（含羞草路—海棠路）、香樟路（海鸥路—黄莺路）即将完成建设，香樟路西和黄莺路北侧的110KV高压线已建设完成。道路两线有7m~10m宽度不等空间需进行景观设计，道路两边有高压塔，对造景有一定影响。

设计原则

第1点：体现以人为本的原则。考虑居民生活的需求，力求创造环境宜人、人景交融的公共开放空间。

第2点：生态性原则。植物除了具有观赏性以外，更重要的是能为人们提供舒适的生态环境。选择适合当地生长的植物，体现植物多样性特点。

第3点：文化延续性。以本地地理条件和植物群落为基础，将本地民俗文化、风俗习惯融入景观设计中，使景观设计具有明显的地域文化特点。

第4点：经济实用性原则。在达到生态、美观、实用的同时，必须考虑工程造价。材料选用、植物规格选择一定要考虑实用、生态、易管理等原则。

设计主题与构思

本案设计主题定位为“五型”景观大道。通过文化、生态、功能、服务和绿色等概念来体现观光大道。

根据设计任务要求，以区域农业文化为切入点，挖掘本地农业文化特点。设计者通过展现本地农业文化和通过参与性很强的农具，让旅游者亲身体验农产品加工过程。此外，以小品形式展示产品成就、制作过程和工具等。

设计构思平面草图之一

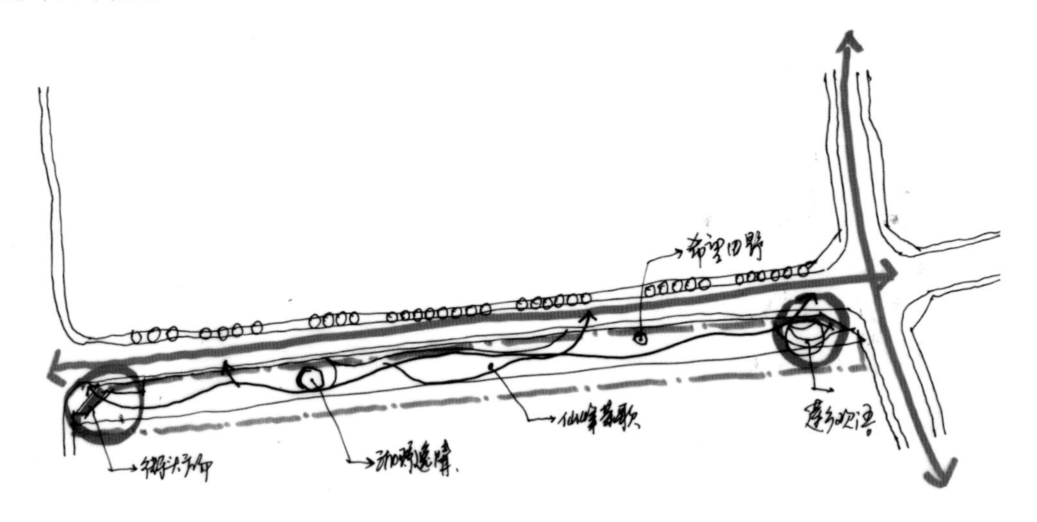

设计构思空间草图

稻草人小品空间意象

打麦场空间草图

槟榔加工孔家安草图意象

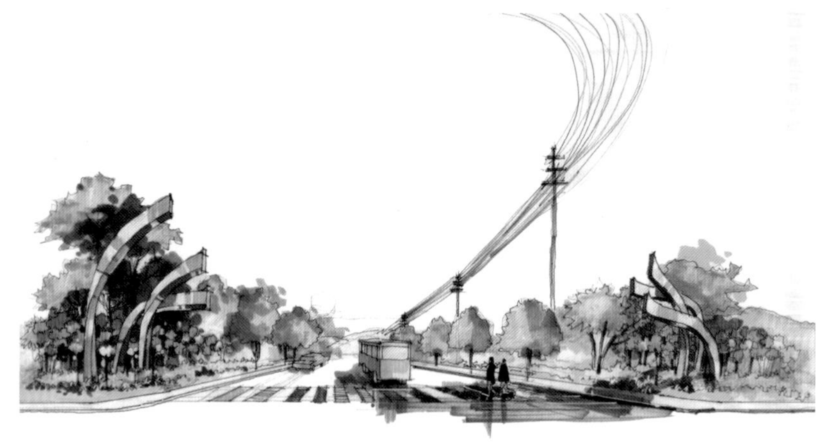

主题雕塑空间草图

方案设计总平面图

● 总平面图

黄莺路平面图

● 黄莺路平面图

设计分析图

● 黄莺路交通分析图

● 黄莺路景点分析图

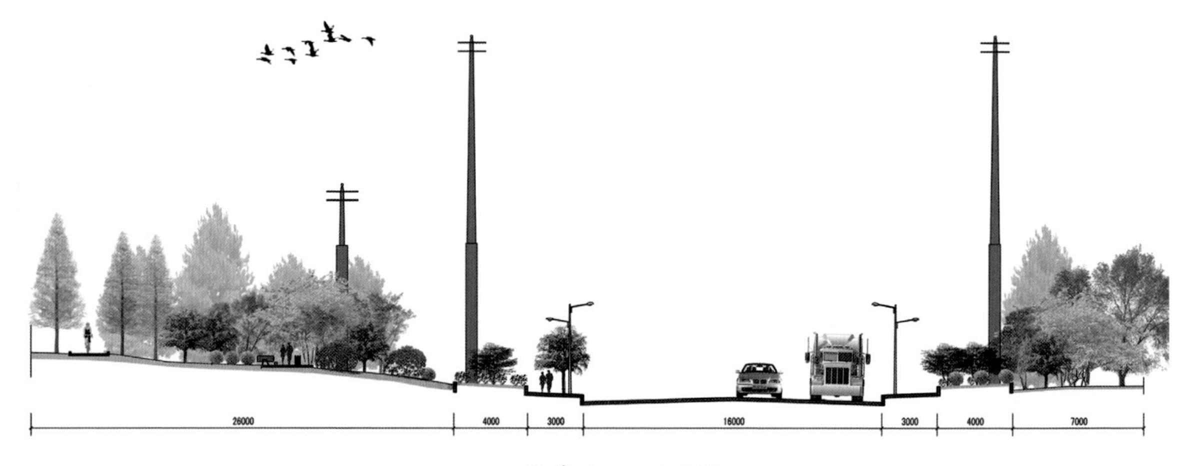

● 黄莺路A-A剖面图

投资估算表					
序号	分部分项工程	工程量	单位	单价（元）	合价（元）
一	道路部分				
1	绿道	7134	M^2	170	1212780
2	游道	1775	M^2	230	408250
3	铺装广场	681	M^2	230	156630
二	绿化部分				
1	绿化种植	44832	M^2	220	9863040
2	地形处理	22416	M^3	75	1681200
三	园林小品部分				
1	湘琼逸情	1	项	300000	300000
2	莲香欢语	1	项	700000	700000
3	希望田野	1	项	200000	200000
4	仙峰茶歌	1	项	180000	180000
5	五谷丰登	1	项	200000	200000
6	乡村记忆A	1	项	80000	80000
7	乡村记忆B	1	项	120000	120000
8	稻菽守望	1	项	100000	100000
9	春华秋实	1	项	120000	120000
10	乡村记忆C	1	项	150000	150000
四	基础设施部分				
1	座椅	120	条	700	84000
2	垃圾箱	30	个	700	21000
五	其他				
1	亮化	53741	M^2	25	1343525
六	工程总造价				16920425
七	工程均价（景观面积53741M^2）				315

第27天 方案设计过程

一个完整优秀的景观设计方案都有一个专业、严谨而复杂的设计过程。整个过程都有哪些环节，每个环节需要解决哪些问题，是我们今天需要讨论的重点。一个环节没有把控好，将直接影响设计成果和质量。

在景观方案设计中，一般的设计流程是接受任务→调研→方案构思→成果制作→成果提交。

接受任务

一般委托方会把设计要求、想法、成果要求和设计深度等以文字的形式提供给设计方，设计方会根据甲方的要求进行设计。

湘潭天易示范区农产品精深加工园

入口景观方案策划

设计任务书

目　录

一、项目概况

1.1 项目范围：　项目位于湘潭天易示范区农产品精深加工园黄莺路（含羞草路一海棠路）道路及两厢高压走廊和香樟路（画眉路一黄莺路）道路及西侧高压走廊用地。

1.2 现状情况：黄莺路（含羞草路一海棠路）、香樟路（海鸥路一黄莺路）即将完成建设，香樟路西和黄莺路北侧的110KV高压线已建设完成（见附图）。

二、设计依据及基础资料

2.1 国家、省、市等相关法律法规

2.2《长株潭城市群两型社会示范区湘潭易俗河片区规划（2010—2030）》

2.3《湘潭县县城城市总体规划（2009-2020）》

2.4《湘潭（湘潭天易示范区）农产品精深加工园控制性详细规划》

2.5 设计范围详总平面图，见“附图”

三、设计目标及功能定位

3.1 根据农产品控规将黄莺路打造农产品精深加工园景观形象主入口，并将黄莺路（含羞草路—海棠路）、香樟路（海鸥路—黄莺路）高压走廊景观工程设计进行策划。

3.2 结合黄莺路、香樟路两厢出让用地及出入口位置、围墙等情况进行设计。

3.3 黄莺路南侧高压塔改造及定位方案策划。

四、设计策划要求

3.1 设计内容

3.1.1 总图分析。

3.1.2 黄莺路（含羞草路一海棠路）、香樟路（海鸥路一香樟路）两厢用地景观规划总体布置图。

3.1.3 海棠路与黄莺路交叉口景观效果策划。

调研

设计方对设计任务书的信息进行全面解读以后，就要进入下一个阶段，也就是调研收集信息的阶段。在这个阶段需要在甲方的配合下掌握以下资料信息。

第1点：与场地设计相关的电子文件，如地形图、用地红线范围、地质勘测和地下隐蔽工程信息等。

第2点：场地内外的自然景观和人文景观信息、周围交通、人流、气候和建筑等。

第3点：场地内外植被情况。

第4点：甲方大概投资估算。

方案构思

在充分了解甲方要求和场地相关信息后，就要进入方案设计构思阶段，在这一阶段主要是提出设计理念、设计主题、构思表达方法以及功能定位。所有的构思想法都必须符合场地特点，遵循甲方的基本要求，以草图的形式展现出来。如下图，在大的空间平面布局确定的情况下，可以随手绘制一些构思透视图来检验空间，以便于和甲方沟通。

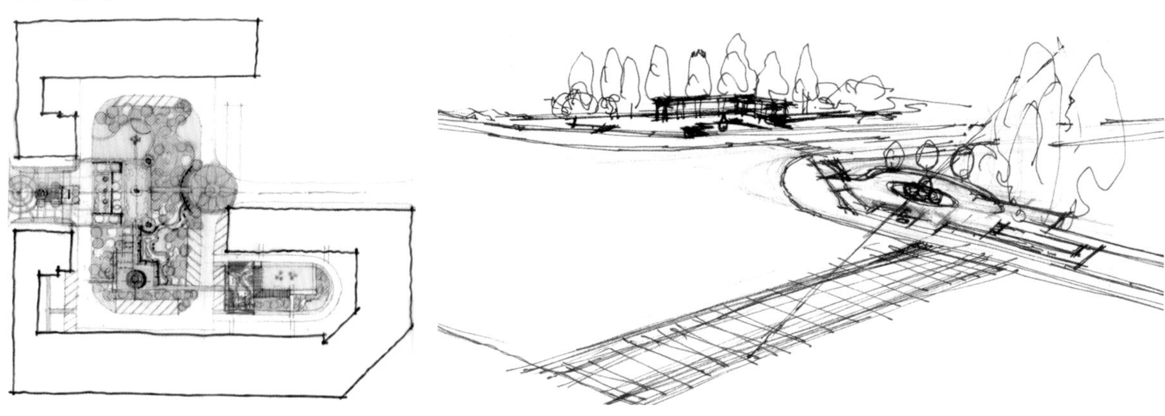

方案设计构思平面布局草图

在前期与甲方的沟通过程中需要绘制相对具体的空间透视，便于甲方理解你的设计思想。

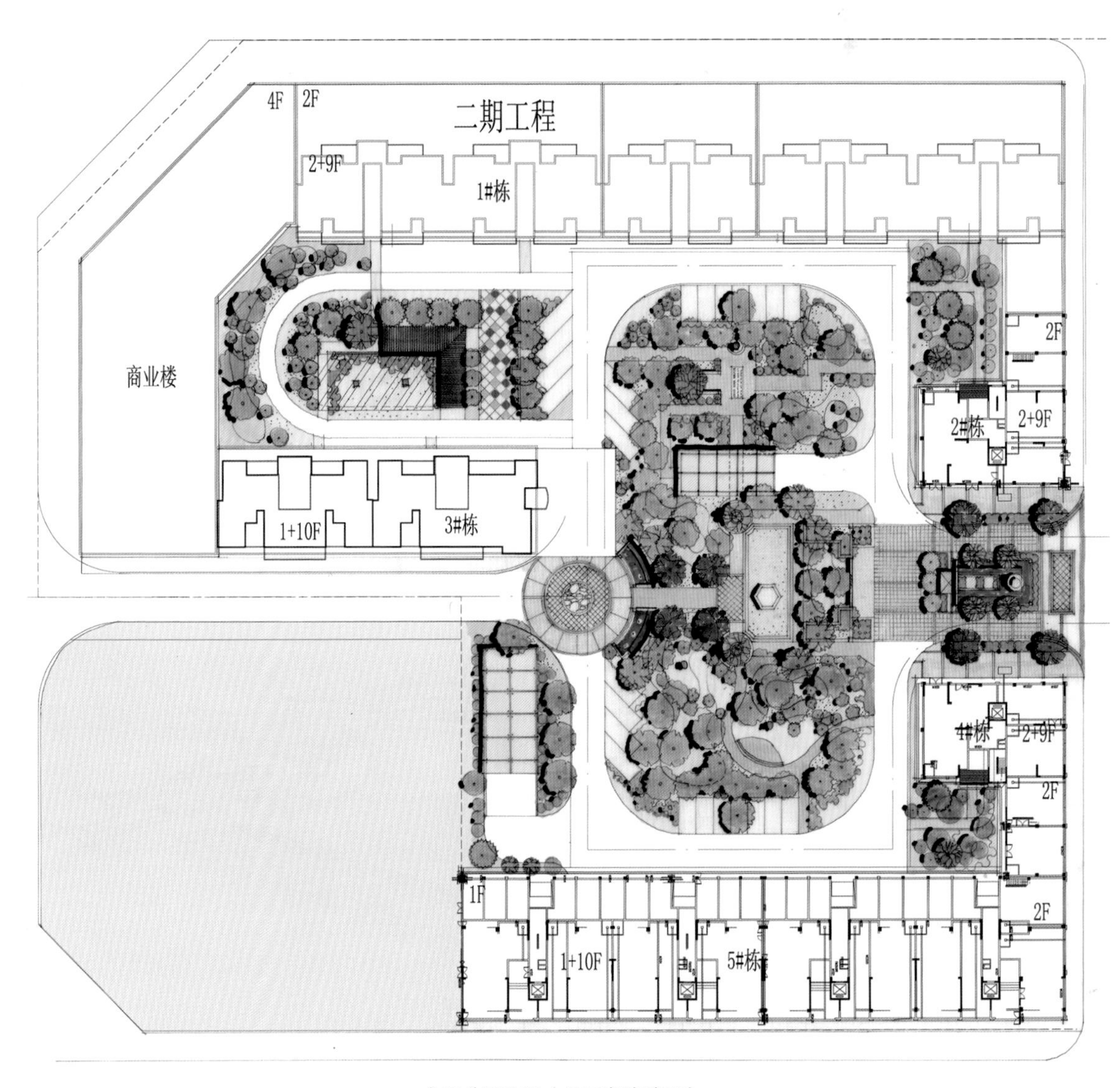

方案总平面图（最后定稿总图）

空间最终效果图

成果制作

在完成方案构思并和甲方确定以后，就要进行设计成果制作。在方案设计阶段的主要设计成果有以下几个。

①方案设计总平面图。

②主要空间剖立面图。

③交通分析、功能分析、景观节点分析、竖向设计分析和视线分析等分析图。

④主要空间透视图、鸟瞰图。

⑤主要空间局部放大平面图。

⑥植物种植分析图。

⑦城市家具及铺装设计构思。

⑧投资估算。

以上成果最终以PPT或者文本的形式提供给甲方。

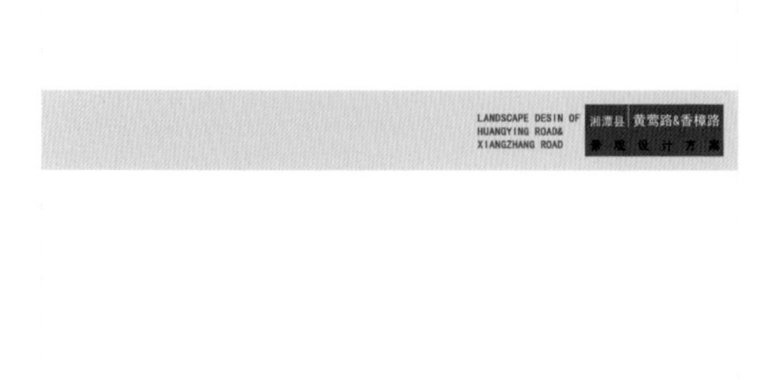

湖南华森园林建设工程有限公司

第28天 设计构思表达

设计构思

设计构思是指通过整合各种信息，对空间安排进行周密思考，是意象物态化之前的心理活动。没有周密的构思，就不会有好的设计。

设计构思表达

为了能够记录和解释设计构思，我们需要用一定的构思表达形式和符号展现出来，以达到交流和沟通的目的。

表达符号：在构思阶段，图纸上的一些景观元素信息还不是很具体，处于空间分析阶段，这就需要一定的符号来体现设计构思。

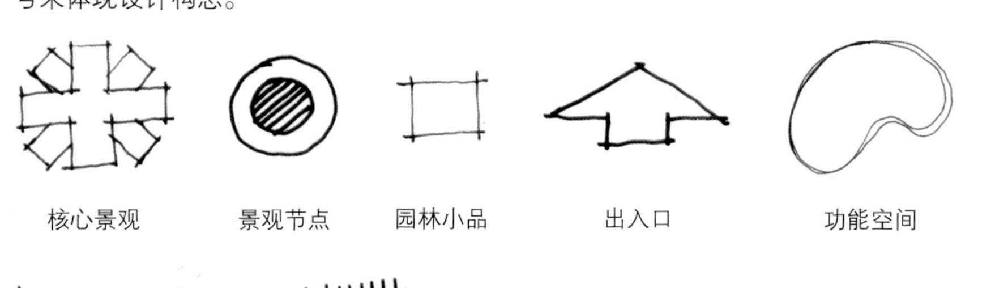

绿篱

次要人行通道

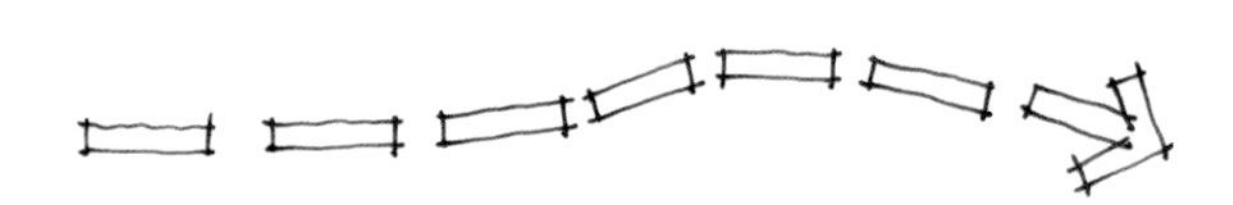

主要人行通道

车行通道

表达形式：构思阶段主要以草图的形式存在，不要把时间浪费在如何使图面漂亮上。主要是借助各种符号对空间功能、交通流线、植物种植和空间划分等进行分析。主要形式内容为平面构思草图和空间透视。

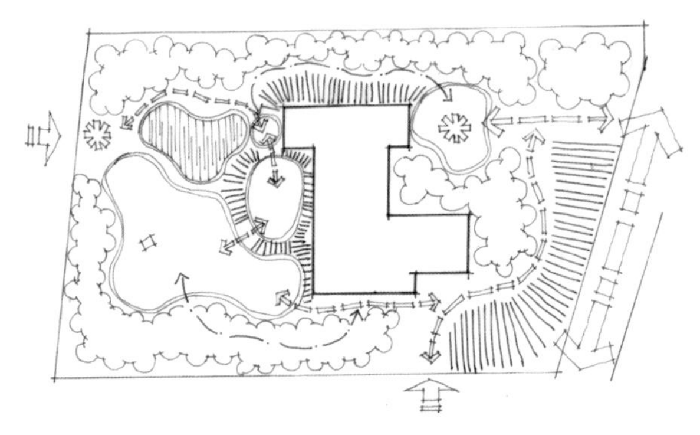

实战练习

以下为某景观空间平面图，试着运用以上空间分析符号对空间进行分析。从中分析和了解设计者是如何进行空间构思的。

图例

1. 花坛
2. 叠水
3. 树池
4. 平台
5. 木质平台
6. 水池
7. 拱桥
8. 阳光草坪
9. 花廊
10. 平板桥
11. 假山叠石
12. 健身场地
13. 欧式廊架
14. 儿童乐园
15. 喷泉

10

景观方案设计快速表达

SUN	MON	TUE	WED	THU	FRI	SAT
1	2	3	4	5	6	7
8	9	10	11	12	13	14
15	16	17	18	19	20	21
22	23	24	25	26	27	28

项目实践

一 快速手绘方案设计主要内容及意义

1.基本概念

景观快速设计是指在设计任务时间紧迫的情况下，给既定的场地进行景观设计构思与表达，包括功能、交通和空间布局等完整表达。这类设计主要用于方案前期构思、升学考试以及时间紧迫的设计任务等。

2.快速设计特点

第1点：完成时间短，速度要快，短时间内抓住设计要点。
第2点：对设计者的素质要求较高，经验要丰富。
第3点：徒手表达为主，设计基础要求较高。
第4点：内容简明扼要，突出重点。
第5点：便于沟通交流，提高效率。

3.快速设计的意义

俗话说得好，“要想快起来，必须先慢下来”。这句话主要的意思是深入浅出的概念，要想把快速设计做好必须在平时多积累，打下扎实的基础。而对于初学者来说，可以提高概括能力和规划思想，从而提高设计能力。

4.快速设计主要表达形式和内容

快速设计根据不同的设计要求和目的，内容会有差别。

景观快题设计

景观快题设计主要是针对升学考试设置的一种考试方式，包括方案布局总平面图、方案构思设计说明、空间分析图、主要竖向设计部分的剖立面图、主要空间透视效果以及排版。

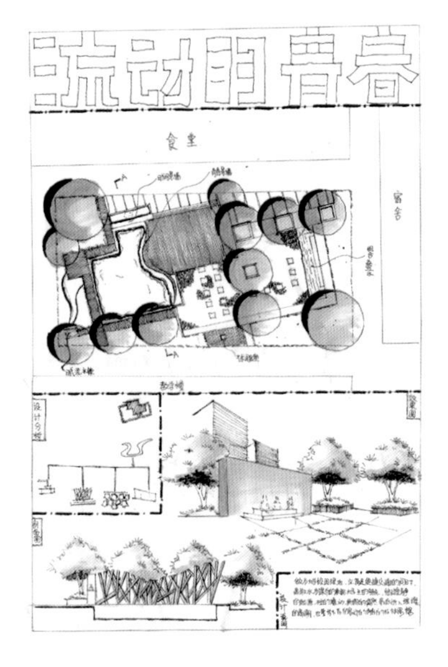

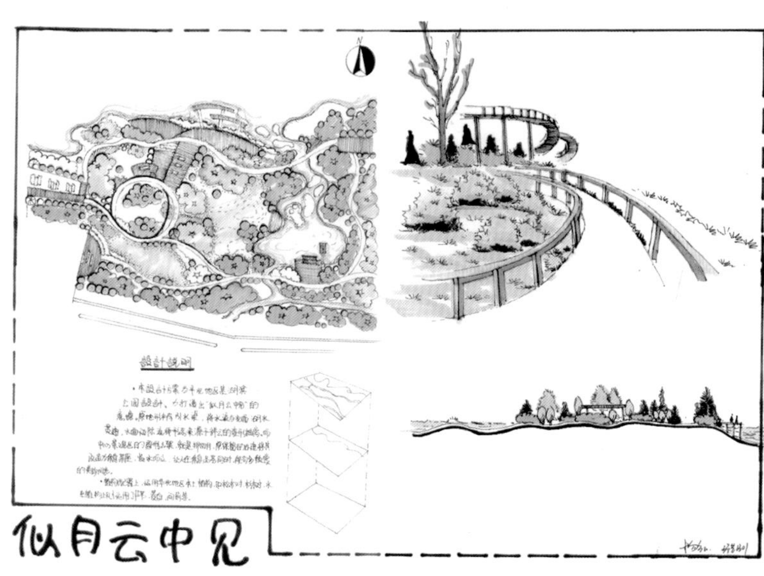

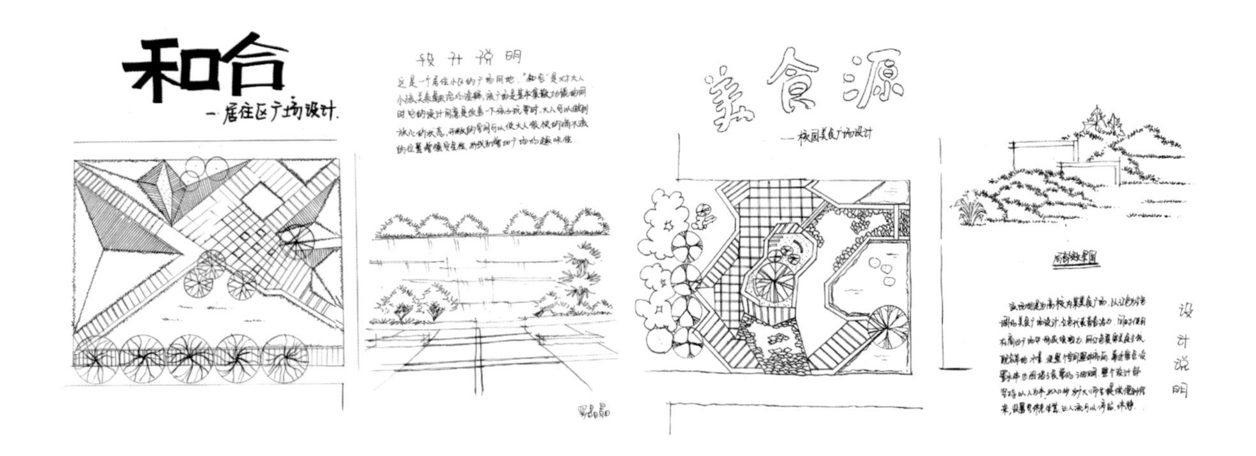

景观快速设计

景观快速设计主要是指在实际设计项目操作中，遇到一些特殊情况，要在短时间内完成设计构思任务。例如笔者就曾遇到下午刚和甲方沟通协调，第2天上午领导就需要听取设计思路和方案构思想法，那么这就需要快速运用手绘方式表达出对项目的解读。这一类设计内容需要根据设计师要表达的内容确定，也没有具体格式，一般总平面布局图需要有。

形式一：以方案设计平面图、立面图和空间透视为主的成果。

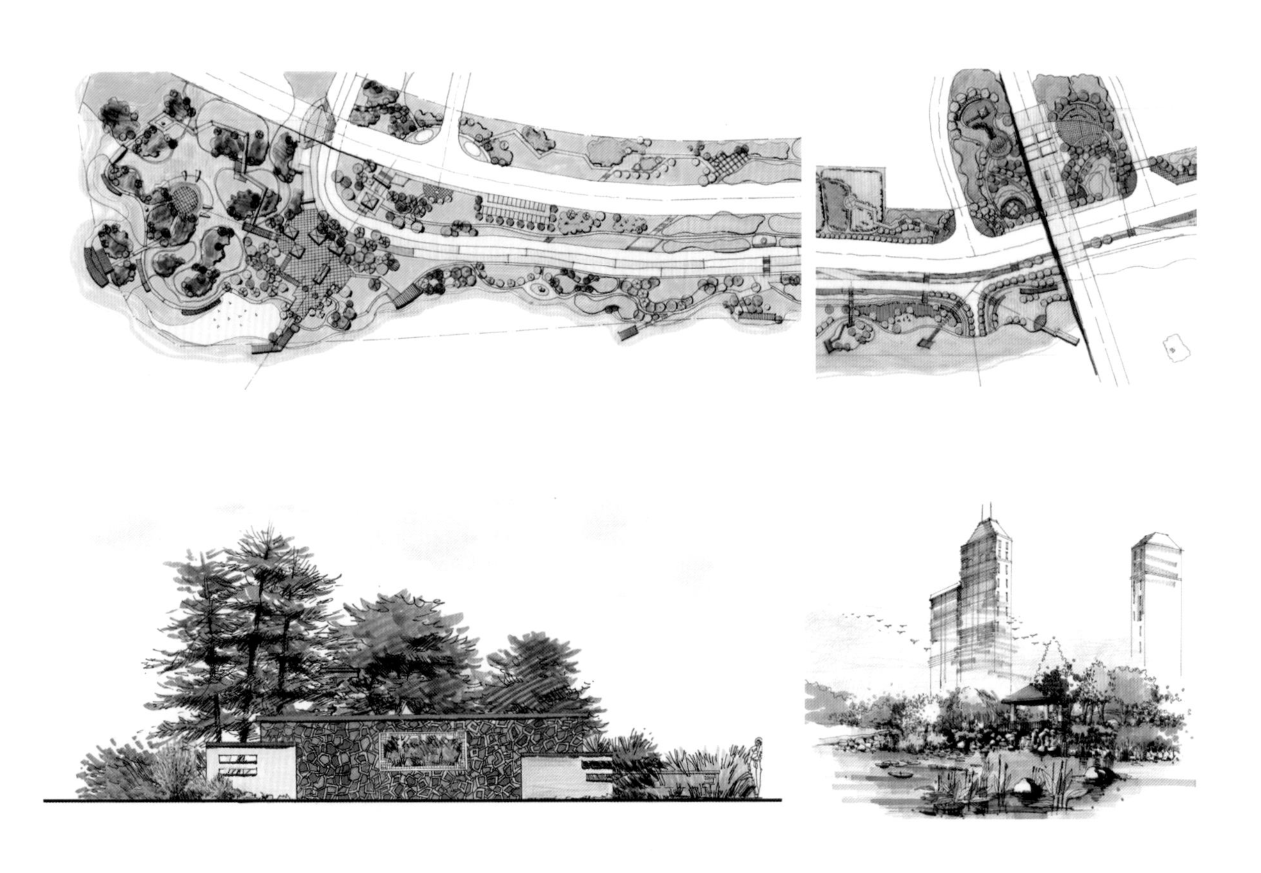

形式二：将平面图、设计说明和透视图等设计成果整理到一定图幅的纸张中并排版。这种形式相对工整、条理性强，给甲方良好印象。

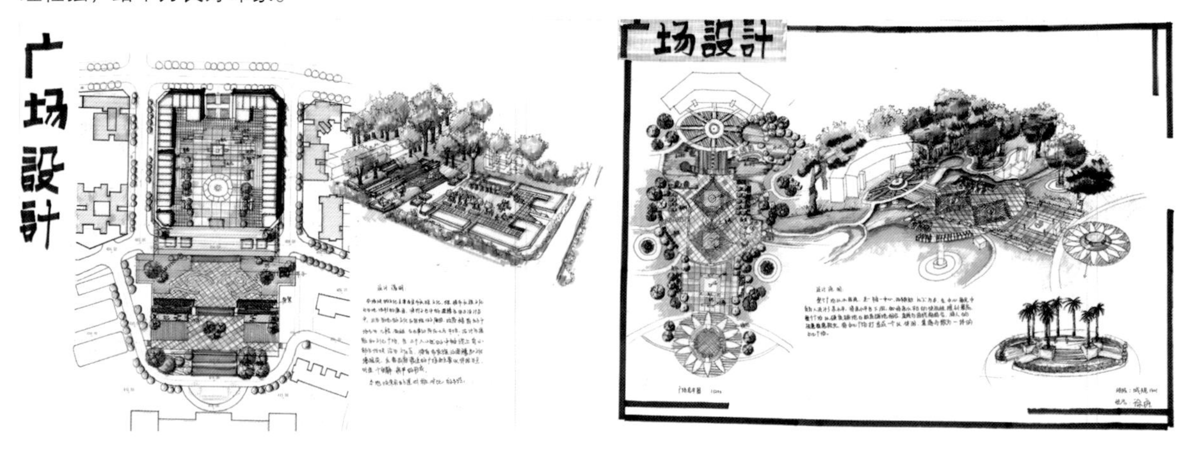

5.快题表达排版

俗话说“人靠衣装马靠鞍”。设计也是一样，好的设计构思固然重要，但是如果不能很好地组织编排，会给甲方留下混乱、思路不清的印象，以至于无法接受该设计方案。快题设计中，只有熟知排版中的一些常见问题和规律，才能更好地节省时间，得到认可。

符合设计任务要求

在排版前一定要看明白设计任务书对设计内容的要求，不要根据平时经验不假思索就开始安排内容，从而导致有些多了，有些又没有表达清楚。

色调形式和谐统一

排版的色调和形式也是很重要的，它起到强化和突出设计思想的作用。如设计的是中式园林，那么在排版时可以选用冷灰色调作为版式的基调；如果设计的是西班牙风格，可能就要选择暖色调，这样就和设计内容融为一体，增强图片观赏性。

内容安排主次明确

在景观快题设计中，主要是总平面图、剖立面图、分析图、设计说明以及空间透视等，根据设计任务不同会有所差别。在这些内容中，总平面图和空间透视是相对比较重要的，因此从位置、所占面积等方面都应该处于主要位置，其他内容则处于次要位置。

文字工整和有特点

文字在快题设计中主要出现在标题、图注和设计说明等处，是很重要的内容，字写得好给人感觉设计者有涵养、有态度。字写得不好，有些都不能辨认，给人的感觉就是很乱，态度不好，自然留不下好的印象。另外，在字体上要寻求一定的变化，如标题字体就可以醒目点，给人以很强的设计感。

排列顺序符合规律

人一般看图的规律是从左到右，从上到下。在排列设计内容时要注意这个基本行为规律，这样别人审阅和欣赏你的作品时会感觉很舒服而不感觉别扭。

6.提高快设计能力的途径

“多读、多看、多画”是提高设计能力的有效方法。要在短时间内快速设计，大脑中必须有平时积累的内容，在关键时刻才能拿出来用。

多读：多读一些设计构思之类的书籍，如《景观创作》《从概念到形式》和《人性场所》等。这类书籍对景观构思有很多独到的讲解，对于提高构思能力很有帮助。

多看：多看实际案例，多看实际场景。平时多注意周边及代表性较强的景观实景作品，结合平面图和实际空间进行分析。同时注意园林元素处理方式，包括造型和材质等。

多画：多画空间速写、景观透视、多临摹抄绘成功设计案例方案布局。这样可以提高空间想象力和表达能力，同时可以提高自身处理空间、解读空间布局的能力。

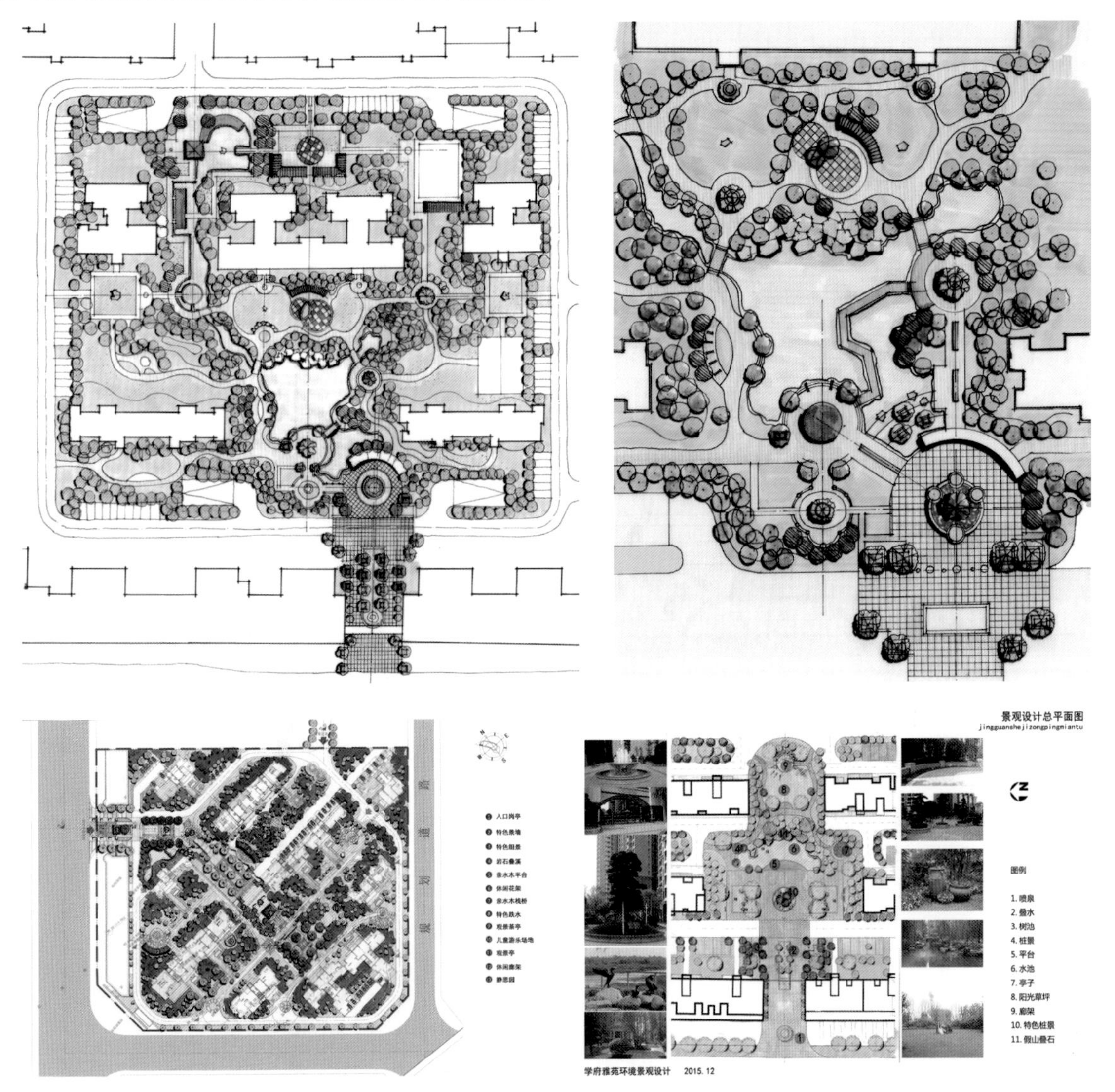

设计方案抄绘练习

设计空间透视练习

实际案例快速设计构思过程

1.解读设计任务

这一步非常重要，往往很多人因为这一步没做到位而前功尽弃。设计任务中一般都会对设计要求作详细说明，包括文字中的一些数据、场地面积、比例和地形特点等。还有一些信息需要你从读图中得到，检验你的读图识图能力。

设计任务书主要内容

以下为某市污水处理厂现状平面图，西临湘江，东侧为办公空间与城市道路相接，南北均为建筑用地。占地4.5万平方米。市政府为了提高市民休闲空间品质，在污水处理厂地埋建筑顶部做城市公园。由于项目时间紧迫，希望设计方在两天之内拿出手绘构思方案，以便少走弯路，节约时间。主要设计要求如下。

第1点：体现市民运动休闲空间。

第2点：融入海绵城市理念。

第3点：对一期、二期高差的处理。

第4点：成本控制在1000万元左右。

第5点：风格与办公建筑相协调。

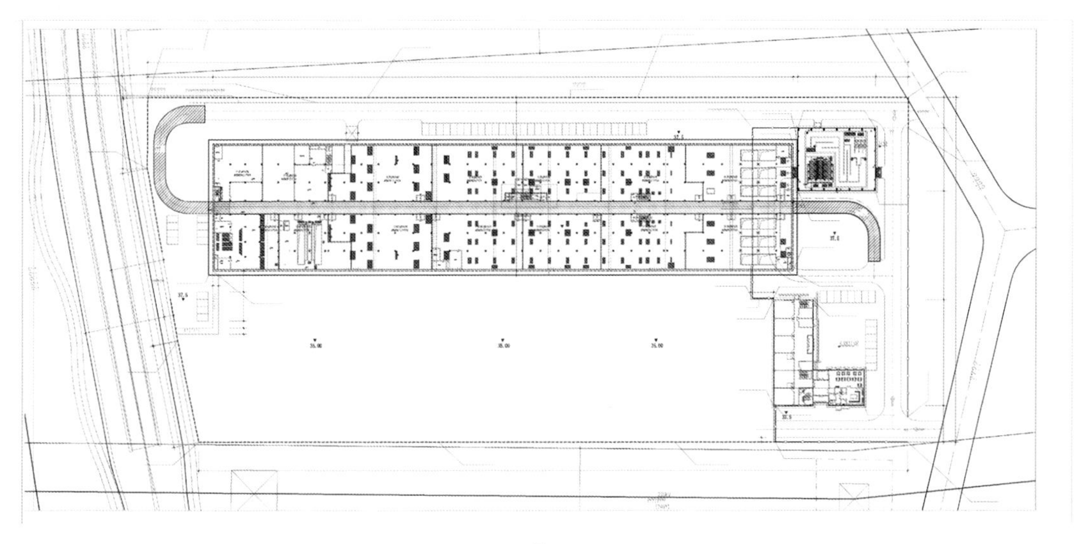

附图

2.工作计划与时间安排

从任务书了解到只有两天时间甲方就要看到设计构思，所以必须对设计内容和时间有个安排。

	上午	下午
第1天	实地勘察	资料整理，方案构思
第2天	内部讨论整理	成果完成，准备汇报

第1天上午：实地勘察

第1天下午：资料整理，方案构思

第1步：整理现场图片，分析场地优缺点。

通过现场观察，得出场地东侧临滨江路和湘江，视线好、交通便利。

一期二期高差将近2.5m，如何衔接是个难题。

一期为屋顶绿化，必须考虑承重和施工工艺特点。

第2步：根据场地特点和甲方要求开始构思方案。

根据甲方要求我们确定主题为“滴水文体公园”。在文体健身的同时融入“水”文化，体现海绵城市特点。

主要构思元素

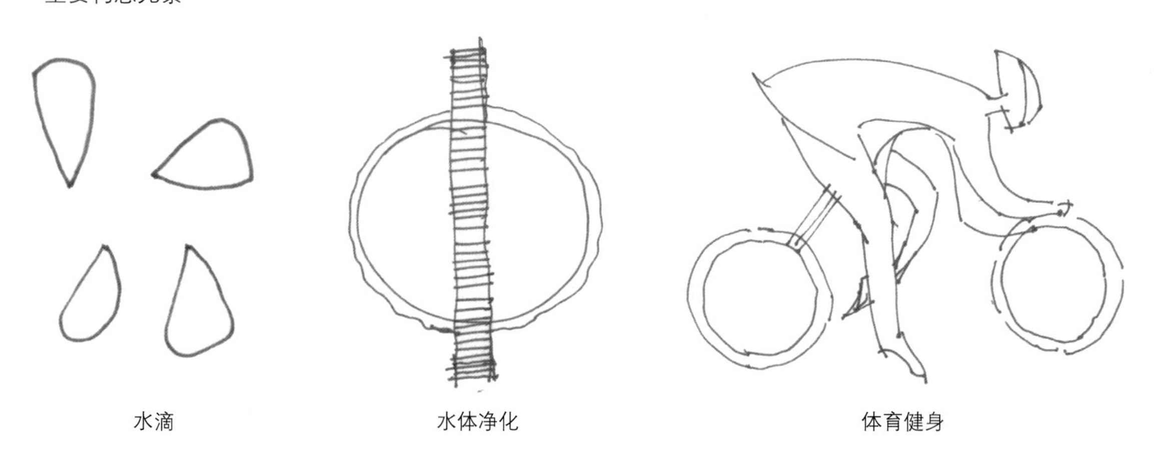

水滴　　水体净化　　体育健身

构思草图

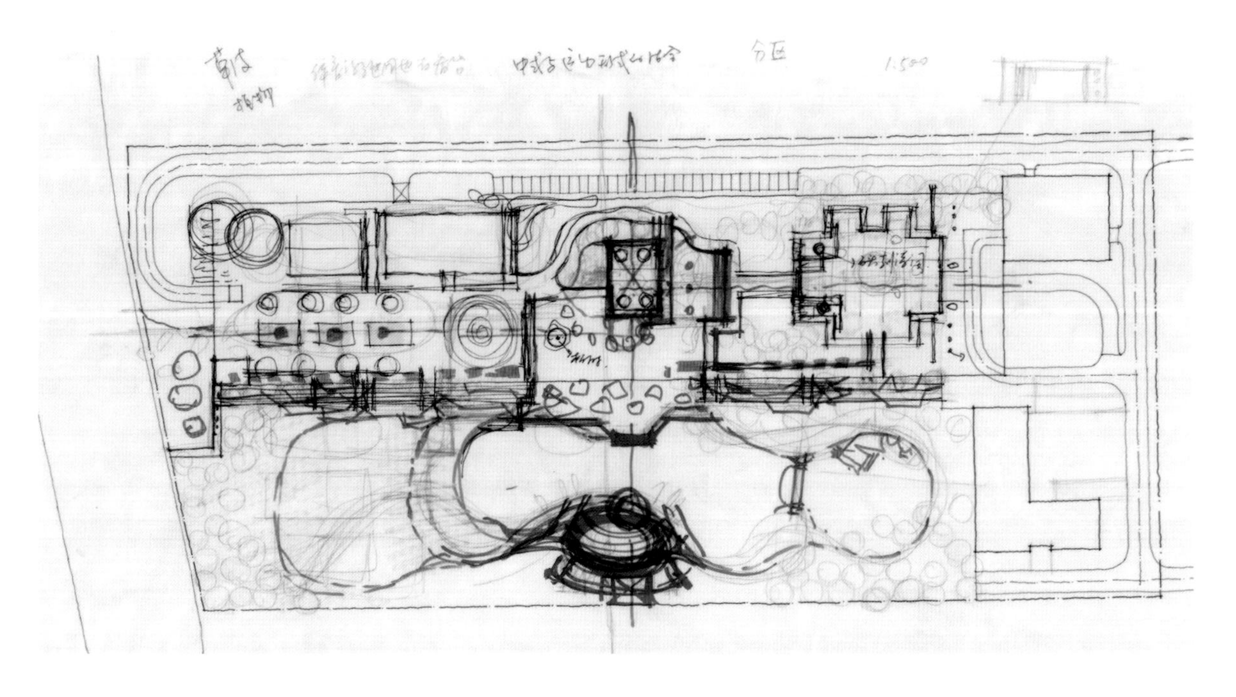

构思结构“一轴一心三节点”

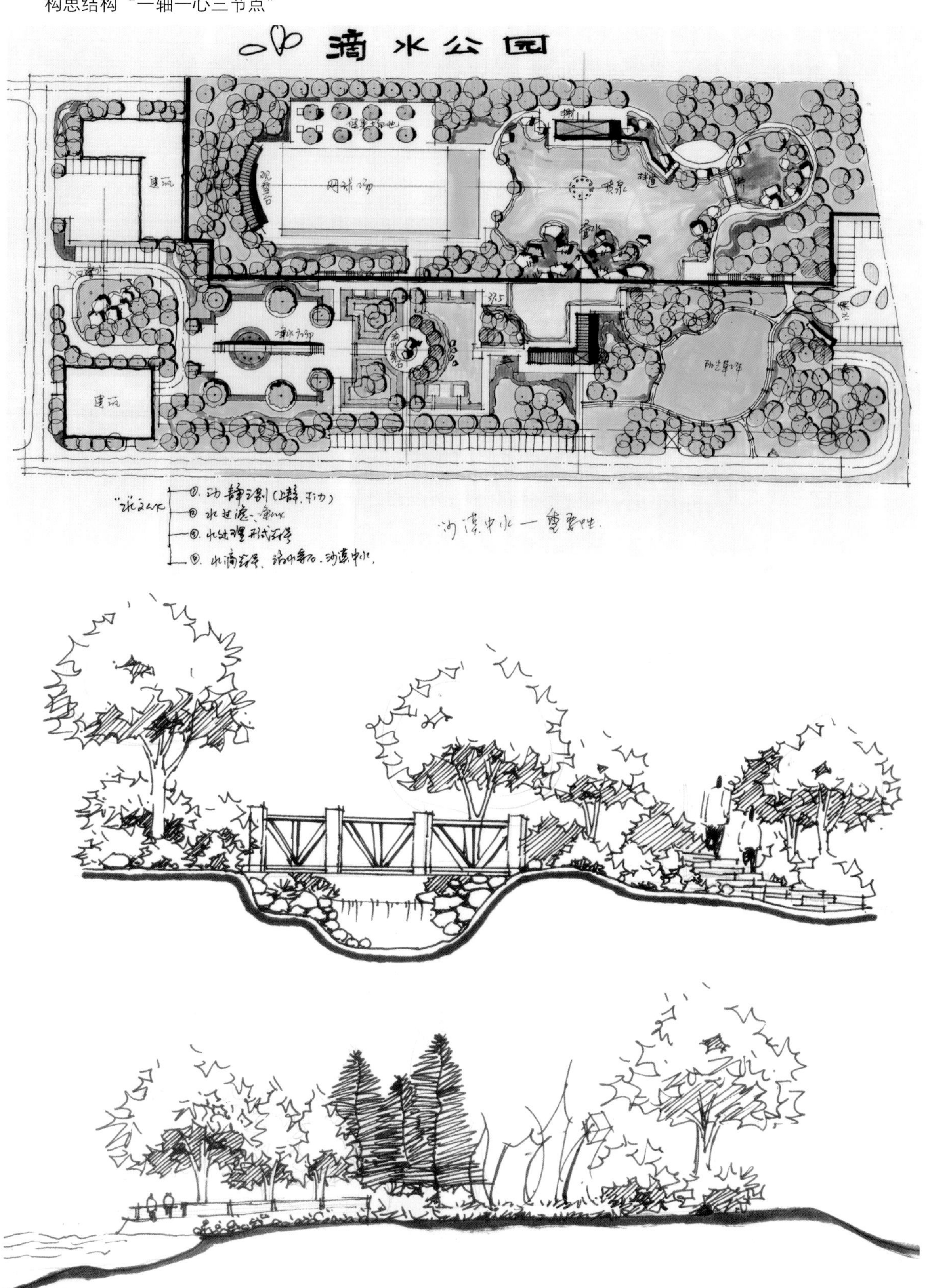

第3步：确定方案，构思整体平面草图。

在定稿前一定要检查是否满足了设计任务的要求以及是否符合设计条件，这种情况在很多项目中出现过。在确定无误的情况下定稿，在定稿中要注意以下几点。

第1点：除主要框架外，全部用徒手线条表达，这样可以节省时间。

第2点：注意线型区分和比例关系。

第3点：注意图面疏密等美观处理。

总平面二

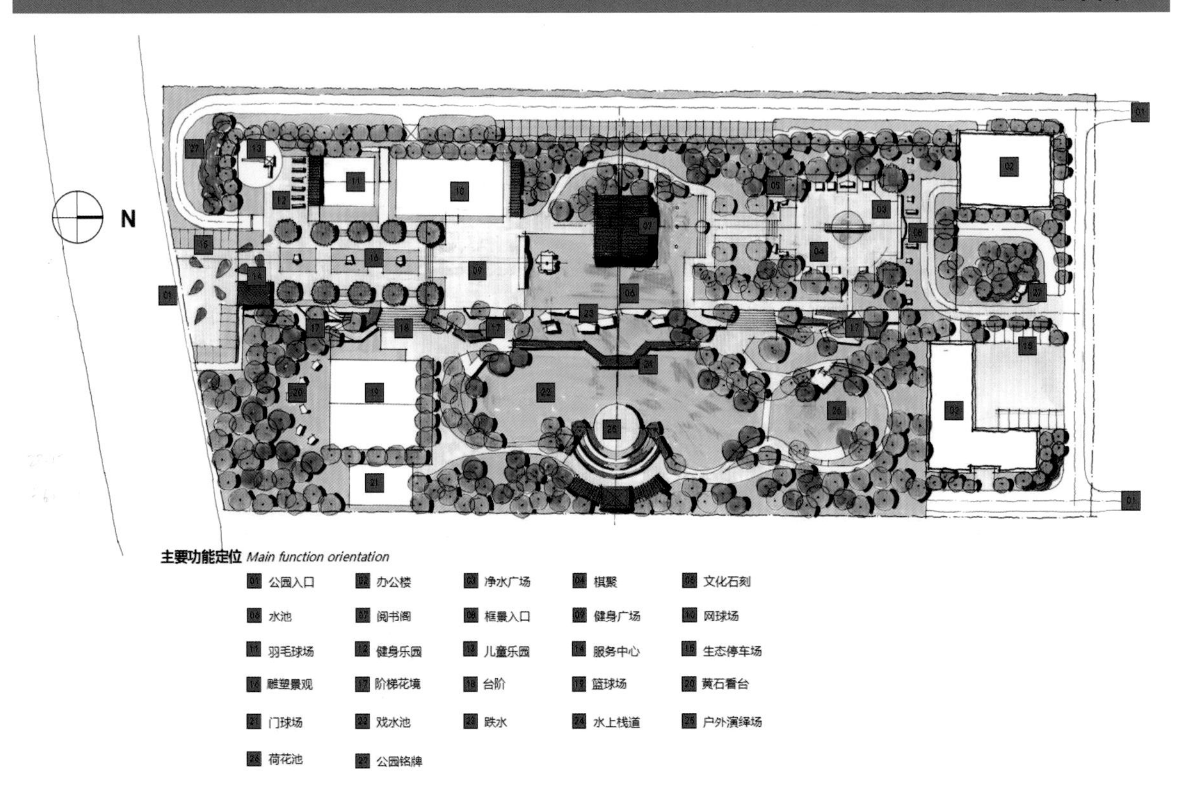

快速设计表达和其他设计不同，有时间限制，所以要选择速度快、效果好的方法来着色。因此，建议设计者最好在平时根据自己的习惯整理一张色卡，如树用什么颜色、道路用什么颜色等，这样可以节省时间。